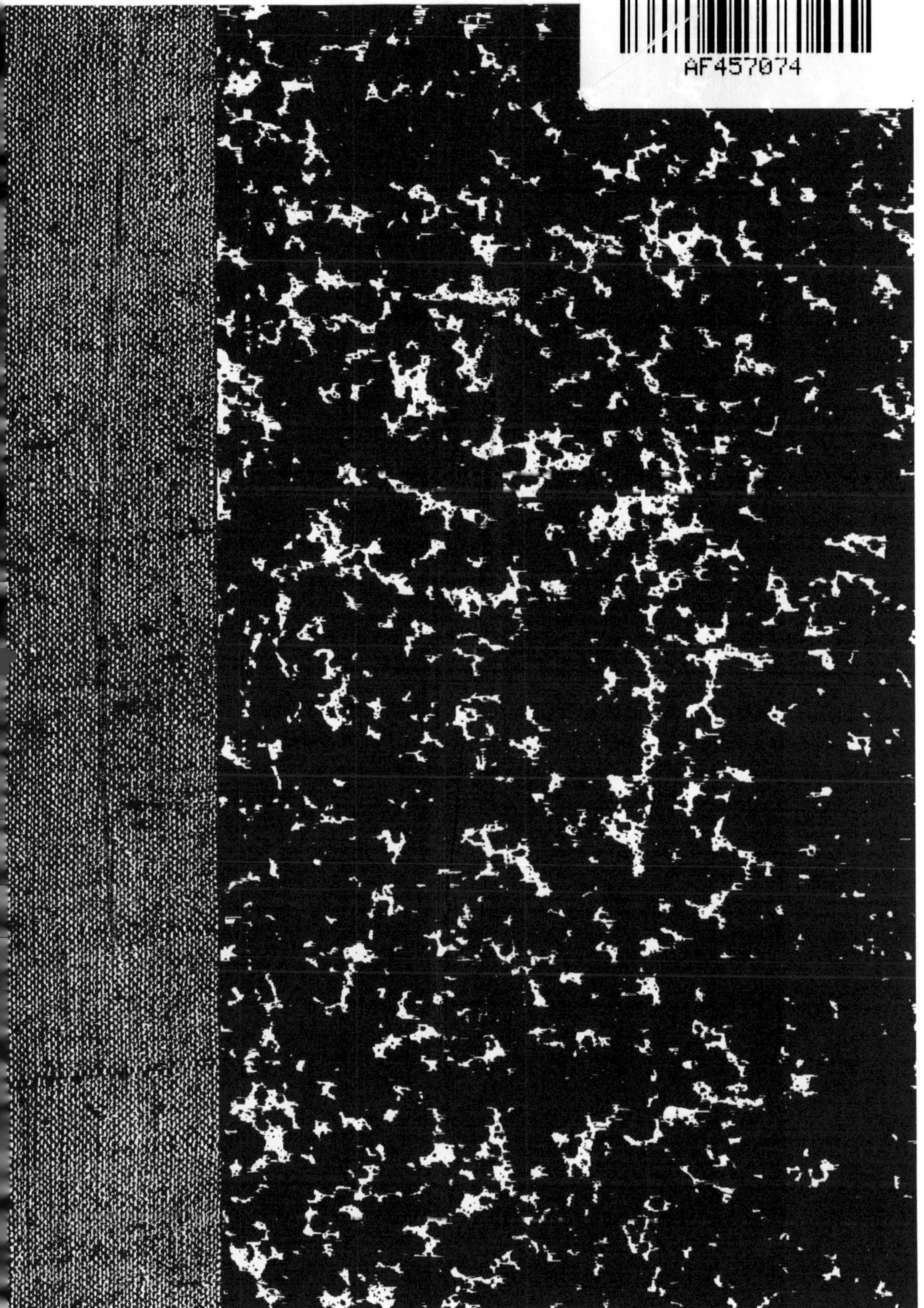

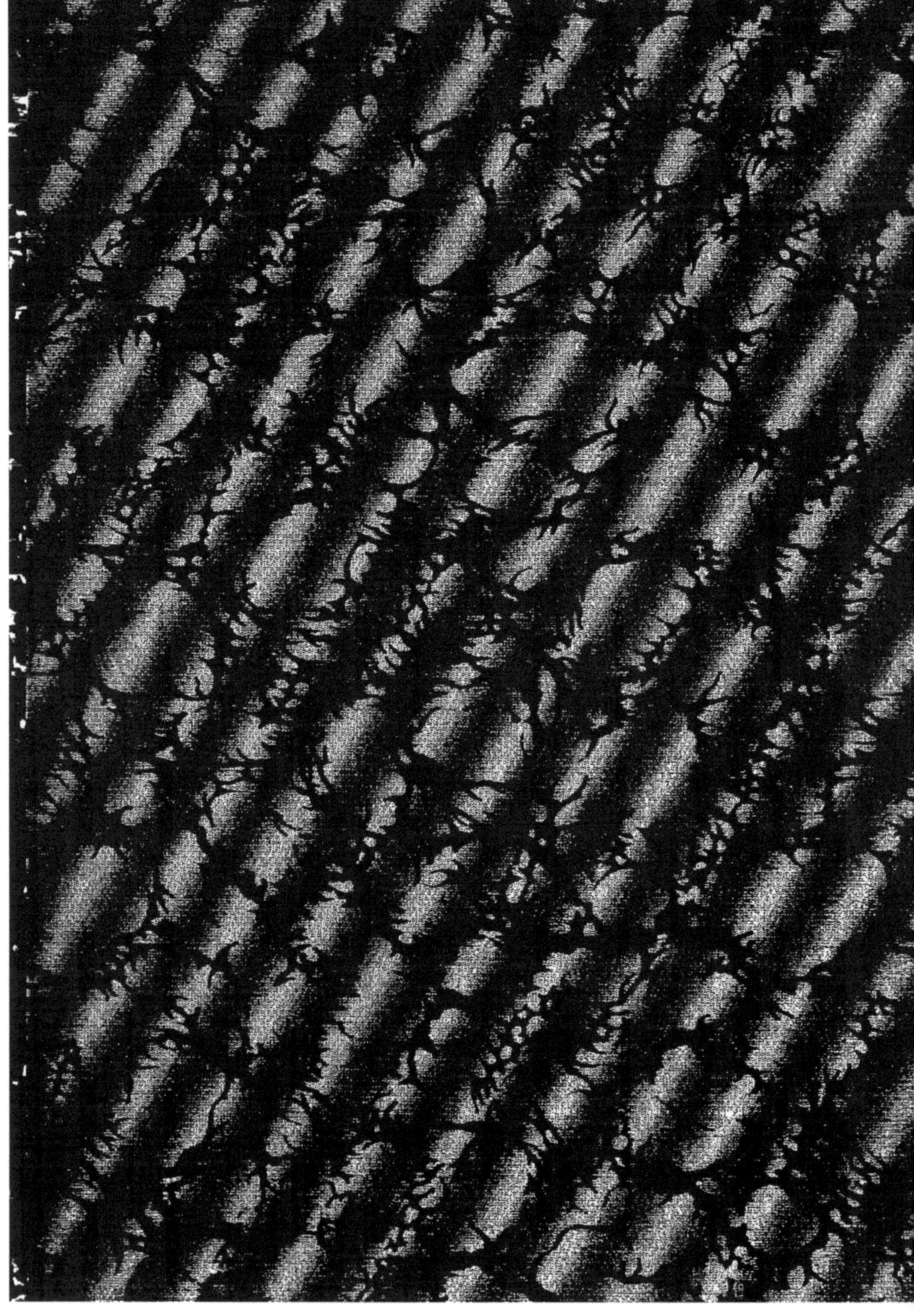

L'ÉGYPTE ET LA MER ROUGE

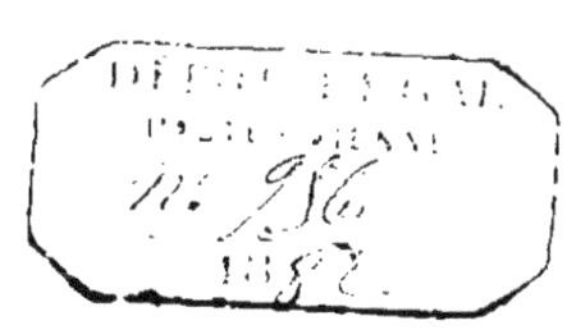

BIBLIOTHÈQUE DES VOYAGES

L'ÉGYPTE ET LA MER ROUGE

VOYAGE AUX SOURCES DU NIL

EN NUBIE ET EN ABYSSINIE

— 1768-1772 —

PAR JAMES BRUCE

LIMOGES

MARC BARBOU & Cie, Imprimeurs-Libraires

RUE PUY-VIEILLE-MONNAIE

AVANT-PROPOS

Les récits de voyage ont toujours été recherchés avec empressement et lus avec le plus vif intérêt. Le progrès des sciences géographiques, le rapprochement des distances par suite des nouveaux moyens de communication, et le développement des rapports commerciaux et industriels entre les peuples naguère les plus étrangers les uns aux autres, amené par les expositions internationales, sont venus ajouter encore à cet intérêt.

Cependant, il est difficile, pour ne pas dire impossible, de mettre entre toutes les mains les collections de voyages publiées jusqu'à ce jour. En ce qui concerne la jeunesse, que nous avons ici spécialement en vue, certains détails de mœurs, certaines observations d'histoire naturelle, sans parler de redites parfois fatigantes et d'appréciations surannées, en rendent la lecture tout au moins peu convenable.

Il importe cependant que les jeunes intelligences, avides de savoir, puissent remonter aux origines des découvertes si importantes qui, depuis le xve siècle, ont plus que doublé le monde des anciens.

Nous estimons donc que c'est entreprendre une œuvre utile que de publier une nouvelle bibliothèque de voyages, dans laquelle seront très fidèlement respectés la manière et le style de l'auteur dont nous reproduirons le récit d'après l'édition de ses œuvres réputée la meilleure.

Nous nous bornerons à supprimer les passages précités et à rectifier les changements survenus au point de vue de la science actuelle par des notes géographiques, statistiques, etc.

L'intérêt particulier qui s'attache en ce moment à tout ce qui touche aux explorations et découvertes en Afrique, nous a engagée à commencer notre collection par les voyageurs africains les plus célèbres, tels que Le Vaillant, Bruce, etc.

Nous comptons sur le concours des propagateurs nombreux et zélés des connaissances géographiques en France pour nous aider à répandre une publication que nous dédions à la jeunesse française.

C^sse^ DROHOJOWSKA,

Née Symon de Latreiche.

Paris, ce 12 février 1880.

JAMES BRUCE

Pendant que Le Vaillant cherchait à pénétrer jusqu'aux sources du Nil par le cap de Bonne-Espérance, un Écossais, James Bruce, se dévouait à la même entreprise, mais par une voie différente : il abordait directement la vallée même du grand fleuve et entrait en Afrique par l'Égypte et la mer Rouge.

C'est cette première partie de son curieux, intéressant et très long voyage que nous offrons aujourd'hui au lecteur.

Avant de donner la parole au savant voyageur, quelques détails nous semblent nécessaires sur sa personnalité d'abord, et ensuite sur le Nil et ses sources.

James Bruce, que son voyage aux sources du Nil devait rendre à jamais célèbre en le plaçant au rang des plus hardis et des plus heureux voyageurs des temps modernes, naquit le 14 décembre 1730, à Kinnaire, comté de Stirling (Écosse). Issu d'une famille très ancienne, dont la généalogie remontait aux anciens rois d'Écosse, il fut destiné par son père à la carrière du barreau. Ses études de droit achevées, il débuta par des plaidoiries qui eurent du succès ; tout présageait au jeune avocat un brillant avenir, lorsque son mariage avec la fille d'un riche négociant de Londres l'engagea à tourner son activité et ses talents du côté de l'industrie; il y fit une fortune considérable et rapide.

Rien n'eût manqué à son bonheur, si la santé de sa femme ne lui eût cause de trop justes inquiétudes; on l'engagea à la conduire passer l'hiver dans le midi de la France, et il eut la douleur de la perdre à Paris.

Désespéré, il eut recours à l'étude; mais ce fut en vain qu'il demanda des consolations au travail le plus assidu. Pensant alors qu'un changement de lieu, qu'un autre ordre de pensées et d'occupations pourraient le distraire, il visita le Portugal et l'Espagne. A Madrid, le désir de compulser les manuscrits arabes de l'Escurial le porte à étudier la langue arabe; cette étude le conduit à entreprendre celle de l'éthiopien et à se passionner pour les questions relatives à l'antique histoire des peuples pasteurs.

Quelques travaux publiés sur ce sujet attirent l'attention des érudits, et lord Halifax propose à leur savant auteur de porter ses investigations du côté de la découverte des sources du Nil.

Bruce accepte cette proposition; il est nommé consul à Alger, en 1763, et, cinq ans plus tard, lorsque les études préparatoires qu'il pousse avec ardeur lui semblent achevées, il part pour l'Abyssinie (juin 1768).

Ce voyage dura cinq ans, pendant lesquels il ne lui fut que très rarement possible de faire parvenir en Europe de ses nouvelles.

On le crut mort, et ses héritiers se partagèrent sa fortune. Grand fut son étonnement, à son retour, de se trouver dépossédé de ses biens qu'il ne recouvra qu'avec de longues difficutés.

La précipitation et la cupidité apportées par sa famille à s'emparer de son patrimoine l'irritèrent au point de le décider à se remarier. L'espoir d'avoir ainsi des héritiers directs ne se réalisa pas; la mort le frappa de nouveau dans ce qu'il avait de plus cher, et, veuf pour la seconde fois, il n'eut ni la volonté, ni le courage de réagir contre sa douleur et ses regrets.

Il se retira dans sa terre de Kinnaire, où il acheva sa vie dans une solitude presque absolue et entièrement occupé de la rédaction de son voyage

Une chute qu'il fit dans son escalier, en 1791, amena sa mort, après quelques jours de cruelles souffrances.

LE NIL ET SES SOURCES

Depuis la plus haute antiquité, le Nil a été l'objet des plus persévérantes investigations. Hérodote, qui le premier a dit ce mot si souvent répété : l'*Égypte est un présent du Nil*, affirme que de son temps nul ne connaissait les sources de ce fleuve mystérieux, dont les débordements ne s'expliquaient, dit-il, par aucune cause appréciable.

Deux siècles plus tard, Ératosthènes, bibliothécaire d'Alexandrie, décrit le cours supérieur du Nil, parle de ses trois branches et attribue ses débordements à la masse d'eau qui s'arrête périodiquement sur les hauts plateaux d'où il descend.

Neron reprend les recherches ordonnées par les Pharaons et poursuivies tour à tour par Sésostris, Alexandre et Cambyse; il envoie à la recherche de ces sources mystérieuses deux jeunes et hardis centurions qui remontent le Nil blanc jusqu'à 600 mètres au-dessus de l'antique Méroé (jusqu'au lac Nô des voyageurs modernes, par 9° de lat. n.), hauteur qui n'a été atteinte, depuis leur tentative, qu'en 1839.

Ptolémée, au 2e siècle de notre ère, fait faire un pas à la question : il signale les sommets couverts de neige où, dit-il, naît et s'alimente ce grand fleuve.

Ensuite, la question reste stationnaire jusqu'au XVIe siècle, époque à laquelle les Portugais pénètrent en Abyssinie par la mer Rouge et arrivent aux sources du Nil d'Abyssinie (*Albara*).

En 1698, le docteur Poncet, se trouvant au Caire, fut mandé auprès de l'empereur d'Abyssinie, alors malade; il profita de cette occasion pour faire quelques recherches dont le résultat concorde avec les observations des Portugais.

Un siècle plus tard, c'est-à-dire en 1770, James Bruce, dont nous allons donner les relations de voyage, atteignit à son tour ce qu'il crut être les sources du vrai Nil, du Nil blanc (*Bahr-El-Abiad*), et qui n'étaient que celles du Nil bleu (*Bahr-El-Azrek*).

Ce voyage s'accomplit néanmoins dans des conditions telles qu'il jeta un jour tout nouveau sur la question et qu'il figure parmi les documents les plus curieux et les plus exacts que l'on puisse consulter sur l'histoire, les mœurs et la géographie de l'Afrique orientale.

Après Bruce, rien de sérieux ne fut tenté jusqu'à l'expédition envoyée, en 1819, par Mehemet-Ali; expédition qui atteignit le point de jonction du Nil blanc et du Nil bleu, à l'endroit où s'élève la ville de Kartoum. Un de nos compatriotes, Caillaud, de Nantes, savant minéralogiste, fut adjoint comme ingénieur à cette expédition. Caillaud place la source du Nil blanc dans les montagnes de la Lune; mais il n'atteint pas ce point.

En 1840, une expédition se réunit à Kartoum; elle atteint le 4° N. et réunit un nombre considérable de curieuses et importantes observations mais sans parvenir toutefois au but principal qu'elle se proposait.

En 1851, le Savoisien Brun-Rollet fait faire encore un pas à cette grande entreprise. Il est arrêté au-delà de Belenta par des cataractes infranchissables, il remonte la rive et rencontre des peuplades qui lui parlent de grands lacs situés plus haut, d'où ils prétendent que sort le fleuve. Il ne peut y atteindre, revient en France, fait part à la société de géographie des divers incidents de son voyage et en entreprend un nouveau. Cette fois il ne dépasse pas Kartoum; il succombe dans cette ville à la peine et à la fatigue.

Une mission autrichienne, en 1851; Bolognesi (de Ferrare), en 1856; le Français Maizan, en 1842; les Anglais, en 1849, se dévouent à cette glorieuse entreprise et font de précieuses découvertes.

En 1856, la société de géographie de Londres confie aux capitaines Borton et Speke, et, un peu plus tard, au capitaine Speke et au capitaine Grant, le soin de vérifier l'exactitude de ces découvertes et d'en poursuivre le cours. Sir Samuël Backer joint, en 1861, ses efforts à ceux du capitaine Speke et du capitaine Grant; il se sépare d'eux ensuite et continue ses explorations en compagnie de sa femme. Il poursuit avec elle ses recherches du côté de l'ouest et ne rentre en Europe qu'après plusieurs années de fatigues, d'efforts et de périls, mais de grandes découvertes, qui jettent un nouveau jour sur l'histoire et la configuration du centre de l'Afrique ont été faites : deux grands lacs équatoriaux qui n'ont pu malheureusement être entièrement explorés, sont, d'après Speke et Grant, d'une part, Baker de l'autre, ces sources si souvent cherchées.

Ce résultat est contesté; mais, ce qui ne saurait l'être, c'est que de l'un de ces lacs, le lac Victoria, sort un large cours d'eau qui se jette dans le lac Albert, d'où sort le grand fleuve qui descend à Gondokoro, puis à Kartoum, et continue sa course jusqu'à la Méditerranée, en fécondant l'Égypte.

En résulte-t-il que le Nil prenne sa source dans le lac Victoria, ou venant de plus loin, le traverse-t-il seulement?

La question a été vivement débattue. Un de nos compatriotes, Le Saint, est mort au seuil de la zone qu'il allait explorer, à cet effet, d'après les instructions de la société géographique de Paris. Le docteur Livingstone a également payé de sa vie ses courageuses recherches; mais, plus heureux que Le Saint, il a pu faire faire un pas important à la question. D'après ses observations, le Nil a sa source beaucoup plus au sud que le lac Victoria.

« J'ai pu constater, écrivait-il dans une de ses dernières lettres, que les eaux du Nil descendent d'un vaste plateau situé entre le 10° et le 12° de latitude S., et qui s'élève de 4000 à 5000 pieds au-dessus du niveau de la mer. Sur divers points, on rencontre des montagnes de 6000 à 7000 pieds. Le plateau a plus de 700 milles (1130 kil. environ) de longueur de l'est à l'ouest. Les cours d'eau qui y prennent naissance sont innombrables..... »

» Ces sources multiples se réunissent en quatre cours d'eau appelés Luabala par les indigènes; deux de ces grandes rivières coulent dans le Luabala central ou rivière du lac de Webb; laquelle, d'après l'illustre explorateur, serait le Nil lui-même.

» Reste encore à démontrer si le Luabala constitue réellement la partie supérieure du Bahr-el-Ghazal ou fleuve des Gazelles, qui deviendrait ainsi le vrai Nil, ou plutôt si, laissant au nord et à l'est le Bahr-el-Ghazal, il ne se dirige pas directement vers le Luta-N'zigé ou lac Albert... » (M. Lavallée).

Les recherches qui se poursuivent avec ardeur et persévérance ne tarderont probablement pas à donner la solution de ce grand problème.

Quoi qu'il en soit de l'erreur en laquelle est tombé James Bruce, son voyage n'en a pas moins le mérite, ainsi que nous l'avons dit, d'une rare exactitude touchant les mœurs et les usages des peuples si peu connus, parmi lesquels il lui a été donné de séjourner, et sur la topographie, l'aspect et les productions des vastes contrées qu'il a parcourues.

Par suite de l'immobilité dans laquelle ont jusqu'à présent vécu les peuples africains, cette exactitude s'est maintenue et elle est chaque jour reconnue et attestée par les voyageurs.

INTRODUCTION

Pour peu que l'on soit versé dans l'histoire ancienne, on n'ignore pas que la découverte des sources du Nil, principal objet du voyage dont je publie ici les premiers incidents, a, dès les premiers siècles du monde, intéressé toutes les nations savantes.

Rien ne fut alors épargné pour l'exécution d'un si grand projet. Les hommes les plus renommés par leurs connaissances, par leur sagesse et leur courage, l'une des qualités les plus essentielles dans une pareille entreprise, s'attachèrent avec ardeur à trouver les sources de ce fleuve fameux. Mais les obstacles succédèrent rapidement aux obstacles; les conséquences produisirent d'autres conséquences si funestes, qu'ils renoncèrent à un dessein qui sembla, même d'après les efforts les plus hardis, absolument impraticables. On vit des conquérants, à la tête d'armées nombreuses, après avoir découvert et soumis une grande partie du globe, obligés de s'humilier ici, et de borner presque à des vœux stériles l'ambition qu'ils avaient de parvenir à cette découverte. Enfin, si elle ne fut point oubliée totalement, elle paraissait du moins abandonnée, et avec elle s'arrêtèrent aussi toutes les recherches topographiques qui en dépendent.

Lors de la renaissance des lettres en Europe, la curiosité se porta avec une nouvelle vigueur vers cet intéressant objet. Mais les tentatives modernes éprouvèrent les mêmes obstacles qui avaient existé autrefois. Ce n'est qu'au commencement du règne de notre monarque que le courage de la nation, se trouvant élevé au plus haut degré par les travaux d'une guerre longue et glorieuse, se changea naturellement, au retour de la paix, en cet esprit aventureux qui a besoin d'entreprendre; et un de ses premiers succès fut la découverte de ces fontaines, qui jusqu'alors demeu raient ignorées du monde entier.

Les difficultés et les dangers d'un tel voyage étaient bien connus, mai on savait pourtant qu'il venait d'être exécuté complètement et heureuse ment. On savait qu'il y avait été employé un appareil de livres et d'instru ments qui rarement accompagne les voyages d'un simple particulier. Ce pendant seize ans se sont écoulés, sans qu'on en ait vu paraître aucun relation; et le voyageur semblait par là montrer à la fois une excessiv indifférence pour sa propre gloire et pour les vœux du public.

Plusieurs personnes cherchèrent, d'après leur différent génie et leu dispositions particulières, à pénétrer la cause de ce silence. Les gens sa ges, les gens instruits, cette classe d'hommes enfin pour qui seuls on do voyager ou écrire, supposant, et peut-être non sans quelque fondemen que cette cause provenait d'un peu trop de négligence de la part de ceu qui auraient dû m'encourager, employèrent, pour la faire cesser, u moyen qui semblait le plus propre à réussir, parce qu'il était le plu noble.

Ils s'efforcèrent de me présenter sous un point de vue plus favorable le dispositions des nouveaux ministres, quand je leur montrerais le dro que me donnait à leur bienveillance l'honneur d'avoir étendu la gloire d la nation. Mais d'autres hommes, dont je ne parle ici que pour mieu faire sentir la générosité des premiers, et qui, à tout autre égard, sont in dignes d'être cités, essayèrent de piquer mon amour-propre par des lettre anonymes et des paragraphes dont ils chargèrent les gazettes, et ils cr rent follement pouvoir réussir de cette manière à me faire publier la rel tion d'un voyage, qu'ils affectaient en même temps de croire que je n' vais point achevé.

Cependant, je m'empresse de déclarer que ce n'est ni pour avoir é trop négligé, ni par aucun caprice de ma part, ni surtout par indifféren pour le jugement du public, que j'ai retardé si longtemps à faire paraît cette relation. Je regarde, au contraire, l'impatience qu'on m'a témoign comme infiniment honorable pour moi, et comme un gage de l'approb tion qu'on daignera accorder à mon ouvrage; et si j'ai eu quelques moti pour en différer l'impression, ils n'ont pu être fondés que sur le désir le polir davantage, et de le rendre plus digne des lecteurs. Le public ho nête et éclairé et les étrangers impartiaux composent le tribunal auqu on doit naturellement en appeler, quand on prétend à quelque mérit L'homme qui en a est sûr d'y être défendu contre l'influence des cabal et les atteintes de la malice, de l'envie et de l'ignorance.

Plein du désir de satisfaire, autant qu'il est en mon pouvoir, ceux q liront cette relation, je vais leur exposer ici les divers motifs qui m'ont fait entreprendre mes voyages, et la manière dont ils ont été exécutés; et je dirai en même temps un mot de l'ouvrage même, tant par rapport au sujet que par rapport à la manière dont il est distribué.

Tout le monde se rappelle les dernières années du ministère du comte de Chatam, époque à jamais glorieuse pour l'Angleterre. Je revenais alors de voyager dans la plus grande partie de l'Europe, principalement en Espagne et en Portugal, États entre lesquels la guerre était déjà au moment d'éclater. J'allais me retirer dans le petit héritage que j'ai reçu de mes ancêtres, et je voulais consacrer ma vie à l'étude et à la réflexion, parce qu'il n'était pas en mon pouvoir de choisir des occupations plus actives; mais, dans le temps où je m'y attendais le moins, le hasard me procura un moment de conversation avec lord Chatam.

Peu de jours après, M. Wood, l'un de mes plus sincères amis, et alors sous-secrétaire d'État, m'apprit que lord Chatam désirait m'employer d'une manière particulière; et il me dit en même temps que je pouvais aller passer quelques semaines en Écosse pour arranger mes affaires, mais que je m'y tinsse prêt au premier avis. Rien ne pouvait être plus flatteur pour moi qu'un pareil discours. Dans ma première jeunesse, me voir jugé digne par lord Chatam d'être chargé de sa confiance, c'était sans doute un double avantage. Je ne perdis pas une minute; mais au moment où je venais de recevoir l'ordre de retourner à Londres, lord Chatam quitta sa place et partit pour Bath.

Ce contre-temps fut d'autant plus sensible pour moi, qu'il était le premier que j'eusse éprouvé dans la carrière de l'ambition. Lord Égremont et M. Georges Greenville me promirent de m'en dédommager. Le premier était mon ami dès longtemps; mais malheureusement il se trouvait attaqué d'une maladie léthargique, qui bientôt le conduisit au tombeau, et, à sa mort, mes nouvelles espérances s'évanouirent. De plus longs détails à ce sujet deviendraient superflus; mais ils resteront à jamais dans mon cœur, et je croirai toujours que n'être pas tout à fait oublié, ce n'est pas demeurer au moins sans récompense.

J'avais déjà employé sept ou huit mois à Londres à faire une cour très dispendieuse, et qui ne m'avait rien produit, lorsque lord Halifax voulut bien, non-seulement me proposer d'entreprendre un voyage très important et qui devait durer plusieurs années, mais encore en tracer lui-même le plan. Il me représenta en même temps que rien ne serait moins honorable que de songer, à l'âge où j'étais, encore tout frais de mes études, plein de vigueur et de santé, à devenir un campagnard, et à m'ensevelir dans une vie oisive et obscure; que, quoique la guerre fût prête à se terminer, il restait encore de grandes ressources aux hommes de courage qui voudraient se distinguer dans l'utile et dangereuse carrière des aventures et des découvertes.

Il ajouta que les côtes de Barbarie, qu'on pouvait regarder comme étant à notre porte, n'avaient encore été découvertes qu'en partie par le docteur Shaw, qui s'était borné à vérifier et à faire connaître très judicieusement les travaux géographiques de Samson (1); mais que ni le docteur Shaw ni Samson n'avaient pu prétendre donner au public aucun détail de ces vastes et magnifiques ruines d'architecture que l'un et l'autre ont dit pourtant être pleines d'élégance et de perfection, et répandues en grande quantité dans tout ce pays-là.

Lord Halifax reconnut qu'à la vérité leur genre d'étude ne comportait point ce travail, mais il prétendit que le goût actuel l'exigeait; et que, pour lui, il désirait que je fusse le premier qui, au commencement du nouveau règne, ajoutât de pareilles richesses à la collection royale. Il s'engagea, en conséquence, à me servir d'appui et de patron, et à faire remplir, pour prix des nouvelles obligations qu'on m'aurait, les promesses que les anciens ministres m'avaient faites pour d'autres services.

La découverte des sources du Nil fut aussi le sujet de notre conversation; mais lord Halifax ne m'en parlait jamais qu'avec une sorte de défiance, et comme s'il avait dû attendre une pareille entreprise d'un voyageur plus expérimenté que moi. Il m'est impossible de dire si c'était un moyen qu'il prenait pour m'exciter mieux à tenter cette découverte; mais mon cœur en fut plus enflammé, et j'eus le juste orgueil de penser que ce projet serait accompli par moi, ou qu'il resterait, comme il était resté les vingt derniers siècles du monde, et l'effroi des voyageurs et la honte de la géographie.

La fortune sembla favoriser le plan de lord Halifax. M. Aspinwall, indignement traité par le dey d'Alger, venait de résigner le consulat de la nation anglaise, et M. Ford, négociant, et anciennement lié avec le dey, nommé à la place de M. Aspinwall, était mort peu de jours après sa nomination, laissant de nouveau le consulat vacant. Lord Halifax me pressa aussitôt de l'accepter, me représentant que, par ce moyen, l'entreprise que nous avions projetée deviendrait bien plus facile.

Il n'en fallut pas davantage pour achever de me déterminer. Toute ma vie je m'étais appliqué, avec peut-être plus d'amour que de talent, à l'étude du dessin. J'avais aussi constamment pratiqué les mathématiques et particulièrement la partie qui a le plus de rapport à l'astronomie. Le pas-

(1) Samson fut longtemps esclave du bey de Constantine; et on voit, par ce qu'il a fait, qu'il avait beaucoup de capacité.

ge de Vénus sur le disque du soleil ne pouvait pas tarder. Il était certain 'il serait au moins une fois visible à Alger, et il y avait grande ison de croire qu'il pourrait l'être deux fois.

Je m'étais muni d'un très grand appareil d'instruments les plus propres faire des observations astronomiques. J'avais été aidé dans ce choix par on ami l'amiral Campben et par M. Russel, secrétaire de la compagnie glaise du Levant; je me pourvus également de tous les autres objets nt je prévoyais avoir besoin. Ce fut une satisfaction pour moi, je l'avoue, savoir que ce n'était point de dessus la pointe d'un rocher, ou du mi-u d'un bois, mais bien de ma propre maison à Alger, que je pourrais, nt à mon aise, travailler à me placer dans la liste des savants de toutes s nations, qui se préparaient alors à observer le passage de Vénus.

Je partis donc dans le dessein de traverser la France et de me rendre Italie. Quoique la guerre durât encore, et que le ministère français eût fusé plusieurs passeports particuliers, sollicité par le gouvernement glais, M. de Choiseul fit très obligeamment une exception en ma fa-ur, et il m'assura, dans une lettre polie qui accompagnait mon passe-rt, que les difficultés qu'on faisait sur cela ne me regardaient en aucune anière, et que j'étais parfaitement libre, ainsi que toutes les personnes i m'accompagneraient, et dont il ne fixait pas le nombre, de voyager en ance, et même d'y séjourner aussi peu ou aussi longtemps que je le uverais agréable.

A mon arrivée à Rome, je reçus une lettre qui m'enjoignait de me ren-e à Naples, pour y attendre de nouveaux ordres. Sir Charles Saunder, i commandait alors une flotte en station devant Cadix, était chargé de siter l'île de Malte, avant de retourner en Angleterre. Le grand-maître tait, dit-on, conduit, au commencement des hostilités de l'Espagne, une manière si étrange envers M. Hervey, depuis lord Bristol, et il avait ontré tant d'injustice et de partialité durant tout le cours de la guerre, 'une explication de notre part était devenue indispensable. Mais le and-maître ne fut pas plus tôt instruit de mon arrivée à Naples, qu'il fit rtir le chevalier Mazzini pour Londres, où il fit sa paix, et présenta ses mpliments à Sa Majesté sur son avènement au trône de la Grande-Bre-gne.

Il ne me restait plus rien à faire qu'à me mettre en possession de mon nsulat. Je retournai à Rome sans perdre de temps. De là je passai à Li-urne, et, m'étant embarqué dans ce port sur le vaisseau de guerre *Montréal*, je me rendis à Alger.

Tandis que j'étais à Naples, je reçus, par des esclaves qui avaient été chetés dans la province de Constantine, beaucoup d'informations sur les magnifiques ruines qu'ils avaient vues en divers endroits, quand ils suivaient le camp du bey, leur maître. Je sentis alors que, sans le secours de quelques collaborateurs, il était impossible à l'homme le plus laborieux et le plus habile d'exécuter tout le travail qui allait s'offrir à moi. Cependant, tous mes efforts avaient été jusque là inutiles pour persuader aux Italiens de s'exposer à tomber entre les mains des Algériens, qu'ils ne pouvaient s'accoutumer à regarder que comme un peuple de pirates.

En choisissant à Londres mes instruments, j'avais songé à une chose qui, bien que fort petite et dans un état imparfait, m'avait été tout ensemble agréable et utile dans mes premiers voyages; c'était une chambre obscure, dont la première idée m'était venue en lisant le Spectacle de la Nature, de Pluche. Je confiai la taille des verres à MM. Nairne et Blunt, ouvriers fameux pour les instruments de mathématique, et dont, par ma propre expérience et plusieurs épreuves réunies, j'ai droit de louer les talents et l'exactitude.

Cette nouvelle chambre obscure me revenait fort cher, et formait un assez gros volume lorsqu'elle était montée; mais, le bas pouvant être séparé du haut et se replier par le moyen de charnières, elle n'était ni pesante ni embarrassante, et ce qu'il en coûtait pour les additions et les changements se trouvait plus que compensé par les avantages qui en résultaient. La chambre même formait un hexagone de six pieds de diamètre, dont le sommet était en cône. Là le dessinateur s'asseyait sans être vu, comme dans un cabinet de jardin, et il travaillait à son aise. Il y a maintenant une de ces machines faite, je crois, d'après les mêmes principes que la mienne, et ayant les mêmes dimensions, qu'on montre dans les rues de Londres, et qu'on appelle un *délinéateur*.

Par le moyen de cette machine, une personne d'un médiocre talent, mais habituée aux effets de la chambre obscure, peut, en dessinant des ruines d'architecture, faire plus d'ouvrage et d'un meilleur goût en une heure, que le plus habile dessinateur n'en pourrait faire en sept heures, sans un pareil secours. Avec un peu d'attention et de patience, non-seulement l'élévation de l'objet qu'on dessine et toutes les autres proportions sont rendues avec la plus grande vérité, mais le jour et les ombres, les brèches que le temps ou la main des hommes y a faites, les vignettes, les plantes même qui en font un des ornements, et qui croissent ordinairement sur les projections et sur les bords des ruines, y sont parfaitement exprimées, et de plus on y apprend à les changer de place et à les mettre dans les endroits où elles peuvent produire encore plus d'effet.

Un plus grand et plus précieux avantage est encore dû à la chambre obscure. Tous les paysages, tous les points de vue qui constituent le fond du tableau sont réels et d'une vérité frappante; et c'est d'autant plus utile que, dans un pays tel que l'Afrique, la nature offre sans cesse des scènes pittoresques, bien supérieures à tout ce que peut enfanter l'imagination la plus brillante. Les nuages passagers, surtout ceux qui sont les plus épais et qui couvrent un ciel orageux, peuvent être fixés par deux ou trois coups de crayon sans art. Les figures, dans leurs vêtements et leurs attitudes les plus agréables, s'y présentent de manière qu'une main ordinaire peut les bien saisir très promptement; et ce qui vaut encore mieux, avec ces esquisses on est à même d'employer ensuite les meilleurs artistes, et alors il est aisé de donner la plus grande perfection à ce qu'on veut rendre.

Il est pourtant vrai que la chambre obscure a un défaut d'optique fondamental; mais il est frappant, et on le reconnaît immanquablement tout de suite; et il faudrait avoir bien peu de capacité et être bien borné dans la théorie et dans la pratique, si l'on ne trouvait pas le moyen d'y remédier sans peine et en très peu de temps.

Je fus si satisfait des premiers essais que je fis de ma chambre obscure, à Julia Cæsarea, maintenant Chershell, à soixante milles d'Alger, que j'en demandai une plus petite en Italie. Celle-ci fut exécutée avec assez d'ignorance et d'incapacité; mais elle me devint cependant utile, parce qu'elle fut cause que la première, n'étant point perdue dans mon malheureux naufrage (1), à Bengazi, l'ancienne Bérénice, située sur la côte de Cérénaïque, je fus à même d'accomplir tout ce que je désirais de mon voyage à Palmyre.

Je m'étais donc procuré toutes les choses qui m'étaient nécessaires, ou du moins toutes celles dont j'avais prévu avoir besoin; mais malgré cela il m'en manquait encore beaucoup. Indépendamment des ruines d'architecture que je voulais faire connaître au public, il y avait plusieurs autres objets non moins dignes de son attention. L'histoire naturelle du pays, les mœurs et le langage des habitants, ainsi que tout ce qui avait rapport à la physique et à l'astronomie, et qui pouvait servir à faire tracer une carte intelligible et utile de cette partie de l'Afrique, étaient sans doute de la plus grande importance.

Le temps qu'il fallait pour plier et replier mes divers instruments, pour les monter et les rectifier, aurait presque suffi pour occuper un seul homme, si il avait eu besoin de s'en servir souvent, et qu'il n'eût pas été très au fait. C'est pourquoi je voulus me procurer un certain nombre d'ai-

(1) Ceci sera expliqué par la suite. En conservant ce passage sur la chambre obscure et ses avantages, notre but est de faire ressortir la merveilleuse supériorité de l'invention qui a supprimé et remplacé cet appareil si précieux au temps de Bruce : nos lecteurs comprendront que nous voulons parler de la photographie.

des, c'est-à-dire, trois ou quatre au moins, qui pussent chacun se charger d'une partie différente. Je m'étais engagé, et mon orgueil se trouvait intéressé à montrer combien il était facile de tromper les prophéties oiseuses des ignorants, qui prétendaient qu'un pareil voyage était un objet de plaisir pour celui qui l'entreprenait, et non d'utilité publique. J'écrivis à plusieurs de mes amis, tels que M. Lumisden, M. Strange, M. Byers, et quelques autres personnes, en différentes parties de l'Italie, pour les instruire de mon dessein et leur demander leur secours. Ces messieurs n'épargnèrent point leurs peines, mais ce fut longtemps en vain.

Le seul artiste qui se présenta fut M. Chalgrin, jeune architecte français, qui me fit passer des dessins d'architecture rectiligne fort bien faits. Il m'eût sans doute pu être très utile, s'il ne s'était pas dédit. L'honneur de l'entreprise le flattait; mais il eût voulu l'obtenir sans éprouver les fatigues du voyage. Enfin, M. Lumisden entendit parler par hasard d'un jeune Bolonais, nommé Luigi Balugani, qui étudiait l'architecture à Rome.

J'en appelle à M. Lumisden lui-même, qui est maintenant en Angleterre; il peut rendre témoignage des connaissances et de la pratique que ce jeune homme acquit bientôt, quoiqu'il sût très peu de chose quand il vint me joindre. Son application et les instructions que je lui donnai pendant les vingt premiers mois qu'il fut à Alger, me le rendirent d'un très grand secours. Aussi, fut-il le seul que j'employai jamais, soit pour m'aider dans quelques moments, soit pour lever quelques plans d'architecture particulier. Mais malheureusement il fut attaqué en Palestine d'une maladie incurable, et après avoir souffert constamment depuis notre départ de Sidon, il mourut en arrivant en Ethiopie.

Dans le temps de mon voyage en Espagne, j'avais souvent songé au peu de notions qu'on a sur l'histoire de ce royaume. Ce qui concerne même les Maures n'est guère connu que d'après quelques romans, quoique ces conquérants se soient rendus doublement célèbres par leurs richesses et par leur science. Il me semblait donc que c'était une entreprise digne d'un homme de lettres, que de retirer du sein de l'oubli cette époque trop long-temps négligée.

Les matériaux ne manquent point; car il y a un nombre considérable d'ouvrages qui y ont rapport, dans la langue arabe, qui, à la vérité, est presque inconnue. Je cherchai à pouvoir visiter les manuscrits arabes, dont l'immense collection périt tous les jours dans la poussière de l'Escurial, et j'eus, en conséquence, plusieurs entretiens avec M. Wall, alors ministre; mais tout ce qu'il me dit ne servit qu'à me convaincre que les objections qu'on faisait à ce que je demandais étaient appuyées sur des préjugés si fortement enracinés, qu'il ne lui était pas possible à lui-même de les détruire.

Tous les succès que j'obtins à cet égard en Europe se bornèrent à l'acquisition de quelques livres arabes imprimés, que je trouvai en Hollande ; encore ces livres étaient-ils plutôt biographiques qu'ils ne traitaient de l'histoire en général ; ils ne fournissaient donc qu'une instruction fort partielle. Cependant l'étude de ces ouvrages et du Koran de Maracci m'avait rendu la langue assez familière ; et lorsque l'Afrique m'offrit un champ plus vaste pour l'acquisition de manuscrits, je ne manquai pas d'en profiter.

Après un an de séjour à Alger, les conversations continuelles que j'avais avec les gens du pays, dès que je sortais, et la lecture de mes manuscrits, tant que je me tenais dans ma maison, me mirent à même de parcourir tout le continent d'Afrique, sans avoir besoin d'interprète. Ludolf assure que la connaissance de quelque langue orientale que ce soit facilite singulièrement l'étude de l'éthiopien ; aussi ne me manquait-il que d'avoir le même nombre de livres, pour faire marcher d'un pas égal l'étude de la langue éthiopienne et celle de l'arabe. Le projet que j'avais de partir bientôt pour visiter l'intérieur de l'Afrique me faisait redoubler de zèle. Je travaillais nuit et jour sans relâche, quoique je puisse dire sans vanité qu'aucune des langues que j'ai apprises ne m'a jamais coûté beaucoup de temps, ni ne m'a offert de grandes difficultés.

Cependant, lorsque je fus prêt à commencer mon voyage, au lieu d'obtenir la permission de partir, ainsi que je l'avais sollicitée, le roi me fit mander d'attendre ses ordres à Alger, et de ne point songer à en sortir jusqu'à ce que la querelle occasionée par les passe-ports fût terminée. Je n'avais pourtant d'autre part dans cette affaire que l'intérêt que j'y pouvais prendre, comme étant au service de l'Angleterre ; car elle provenait entièrement de la négligence de mon prédécesseur, qui n'avait point écrit ce qu'il fallait au secrétaire d'Etat, avant que j'arrivasse à Alger.

Les Français avaient conquis Minorque ; et quand le fort Saint-Philippe se rendit, il fut stipulé, par un article commun à toutes les capitulations, que les papiers qui étaient dans le fort seraient livrés aux vainqueurs. Il se trouva que parmi ces papiers il y avait un grand nombre de passe-ports en blanc pour la Méditerranée, et ces blancs furent remplis par les Français, qui naturellement désiraient de nous brouiller avec les Etats barbaresques. Ils vendirent les passe-ports aux Espagnols, aux Napolitains, et à tous les autres ennemis des Africains. La paraphe (1) qui est la

(1) C'était une espèce de vignette qui se trouvait au milieu, et qui ressemblait à celle d'un billet de banque.

seule preuve qu'ont ces pirates qu'un vaisseau soit leur ami, se trouv parfaitement bien dans les passe-ports remplis par les Français ; mais capitaine algérien, qui voyait que les équipages avaient un teint basa portaient des moustaches, et ne parlaient point anglais, conduisait le va seau à Alger, où le consul de la nation britannique découvrait bientôt fraude, et se trouvait dans la dure nécessité d'abandonner une foule chrétiens à l'esclavage.

Deux ou trois aventures pareilles firent croire aux pirates que les pas ports de tous les vaisseaux qu'ils rencontraient, même de ceux qui s taient de Gibraltar, étaient faux, et ne servaient qu'à protéger leurs en mis. Cette idée excita la violence de la soldatesque, que plusieurs cons neutres ne manquaient pas d'échaufler par dessous main. J'avais pro de toutes les occasions pour mander la cause du désordre en Angleter mais en vain. Aussi le dey ne voulait point croire qu'elle fût telle que lui disais, parce qu'il ne voyait point de réponse. Notre gouvernem s'occupait alors des moyens de terminer la guerre, et le peu de soin qu eut de répondre à mes lettres me mit souvent en péril. Mais enfin on v lut y remédier d'une manière passagère. Je n'ai jamais su si les mesu qu'on prit pour cela venaient de Londres, de Gibraltar ou de Mahon ; m il n'y en eut certainement jamais de plus propres à faire massacrer tous Européens qui étaient à Alger.

Des carrés de papier commun, de la grandeur d'un quart de feuil furent scellés avec les armes du gouverneur de Mahon, tantôt en c rouge, tantôt en cire noire, suivant que l'exigeaient les circonstances p ticulières qui avaient rapport à la famille de cet officier. Puis ces papie étaient revêtus de sa signature et de celle de son secrétaire, et certifiaie seulement que le vaisseau du porteur était anglais. On appelait cela passavant. Les pirates, inaccoutumés à ces passavants, demandaient, d qu'ils abordaient un vaisseau, le passe-port pour la Méditerranée. Le ca taine anglais répondait qu'il n'en avait point, et présentait son passavan qui, se trouvant sans paraphe, était cause qu'on amenait le vaissea comme de bonne prise, à Alger.

Lorsque je réclamais ces vaisseaux, ainsi que mon devoir me l'ordo nait, j'étais immédiatement appelé devant le dey et son divan ; et si n'eût été par rapport à quelque considération personnelle que les Tur me témoignèrent toujours, je n'aurais certainement point été à l'abri d insultes de la soldatesque, quand je me rendais au palais. Le dey m demanda, sur ma foi de chrétien et d'Anglais, si ces certificats étaie conformes aux traités, et si le mot de passavant se trouvait même da aucun article de nos accords avec les régences maures.

Toute équivoque était inutile. Je lui répondis que ces certificats n'étaient int conformes aux traités, que le mot de passavant n'était, à ma conissance, dans aucun de nos traités avec les puissances barbaresques; ais que c'était un moyen nécessaire dont on se servait, depuis que Minor-e était tombée entre les mains des Français. J'ajoutai que c'était la emière fois qu'on avait employé une pareille ressource, et qu'on y médierait aussitôt que la conclusion d'une paix générale donnerait au inistère anglais le temps de respirer. A ces mots, le dey me montrant usieurs passavants qu'il tenait dans sa main, prononça ces paroles mé-orables :

» Le gouvernement anglais n'ignore pas que nous ne savons ni lire, ni écrire, même dans notre propre langue. Nous sommes des soldats et des matelots grossiers ; même si vous voulez, des voleurs, quoique nous ne dérobions rien à vous autres ; mais la guerre est notre commerce, et nous ne vivons que par la guerre. Dites-moi comment mes corsaires peuvent connaître que tous ces différents écrits et ces sceaux sont du gouverneur Moystin, ou du gouverneur Johnston, et non pas du duc de Sidonia, ou de don Barcello, capitaine des vaisseaux garde-côtes d'Espagne. »

Il me fut impossible de répondre à un argument si simple et si pres-.nt. Je touchais à l'instant d'être taillé en pièce par les soldats, ou de oir tous les navigateurs anglais de la Méditerranée conduits dans les orts d'Algérie. Mais la manière ouverte et franche dont javais parlé au ey, l'estime particulière qu'il avait toujours eue pour moi, et la méthode ont je m'étais toujours servi avec les membres de la régence, éloignèrent n fatal dénouement, et me firent accorder le temps dont j'avais besoin. es passe-ports de l'amirauté revinrent enfin, et toute cette affaire se rmina heureusement ; mais tandis qu'elle dura, elle fut extrêmement ésagréable, et me fit courir un des plus grands dangers que j'aie éprouvés e ma vie.

Pendant tout ce temps, je continuai de me livrer à l'étude, et je me .miliarisai encore davantage avec tout ce qui pouvait m'être nécessaire ans le voyage que je projetais. M. Ball, chirurgien du roi à Alger, omme plein de mérite et de capacité, et qui vivait dans ma famille, btint un congé pour retourner en Angleterre ; mais avant son départ, e tâchai d'apprendre de lui tout ce qui pouvait m'être utile dans son art . Ball ne m'épargna ni son temps ni ses soins. Je devins adroit à sai-ner ; car je trouvai qu'il ne fallait pour cela que de l'attention et de la onfiance ; et je m'exerçai aussi à faire plusieurs sortes de ligatures et à resser des blessures et d'autres plaies. Les leçons multipliées que je reçus ensuite à Alep, de mon ami le docteur Russel, achevèrent de r rendre assez habile dans la médecine et la chirurgie.

J'avais une petite malle remplie des remèdes les plus efficaces, et u instruction pour apprendre à composer les plus usuels. J'avais au quelques petits traités sur les maladies aiguës des climats situés ent les tropiques. Ainsi endoctriné, je me flatte, sans offenser personne, j'c père, que je ne dus pas occasioner plus de mortalité parmi les mahon tants et les païens, loin de chez nous, que quelques-uns de mes confrère les médecins, n'en occasionent parmi les chrétiens dans notre patrie.

M. Tonyn, chapelain du roi à Alger, était absent par congé, lorsque j'a rivai dans cette régence. Les capitaines protestants qui y venaient, et q avaient besoin des secours spirituels du ministre de leur religion, tro vaient un vide difficile à remplir. Aussi je crus que je serais obligé de r charger moi-même du désagréable emploi d'enterrer les morts, et l'office plus gai, quoique non moins embarrassant, de marier et de baptis les vivants. Cela n'était nullement de mon ressort, mais le clergé catho que ne voulait nous donner aucune assistance.

Cependant il y avait à Alger un prêtre grec, né dans l'île de Chyp Cet homme vénérable, âgé de plus de soixante-dix ans, s'était attach moi dès le jour de mon arrivée. Il était d'un caractère très-gai et tr sociable, et il avait plus de connaissance de sa propre langue que les ge de sa nation n'en ont ordinairement. Je le logeai dans ma maison, et je pris pour mon chapelain. Je lisais du grec tous les jours avec lui, et parlais même de temps en temps dans cette langue, pour profiter de s instructions. Ce n'est pourtant pas que j'eusse alors besoin de commenc à étudier le grec. Il y avait longtemps que je l'entendais parfaitement ; m il me manquait la prononciation, et cet accent que les érudits angl ignorent parfaitement. Aussi quand ils prétendent que le grec qu'on pa et qu'on écrit dans l'Archipel est tout à fait différent de celui qui est da les livres, et que quelques semaines de séjour dans les îles de la Grè doivent suffire pour l'apprendre, ils se trompent beaucoup.

Je n'avais alors d'autre vue, en me fortifiant dans le grec, que de m' servir en traversant l'Archipel, que je voulais voir, mais sans aucun de sein de m'y arrêter pour étudier. Cependant l'on verra combien la conna sance du prêtre dont je viens de parler me devint utile dans le cours mon voyage. Ce bon vieillard contribua plus que qui que ce soit au succ de mes projets en Abyssinie.

A mon départ d'Alger, le padre Christophoro, ou Christophe (c'e ainsi qu'il se nommait), ne se trouvant plus avec assez d'agrément Barbarie, s'embarqua pour l'Egypte. Arrivé au Caire, il fut élu po remplir la seconde place sous Marc, patriarche d'Alexandrie. C'est au Caire que je devais le retrouver.

Une affaire particulière m'obligea alors de me rendre à Mahon, où une personne que j'avais besoin de voir m'avait promis de se trouver. En conséquence, je partis d'Alger, après avoir pris congé du dey, qui me donna toutes les recommandations que je demandai, avec des ordres très-pressants pour tous les officiers qui commandaient dans ses états, ainsi que des lettres pour les beys de Tunis et de Tripoli, souverains indépendants, il est vrai, du dey d'Alger, mais sur lesquels les circonstances lui donnaient une influence toute puissante.

Les disputes occasionées par les passe-ports avaient augmenté l'estime du dey pour moi. Aussi ses lettres me furent accordées d'une manière très-gracieuse, et les ordres qu'elles contenaient furent exécutés en tout point, durant le temps que je demeurai en Barbarie. N'ayant point trouvé l'homme que je cherchais au rendez-vous qui m'avait été donné à Mahon, je demeurai trois jours dans l'Ile de la Quarantaine, quoique le général Townsend, alors lieutenant-gouverneur, s'efforçât de m'engager à venir à terre, où il désirait de pouvoir me donner de plus grandes marques de politesse et d'attention.

L'esprit alors rempli d'idées plus agréables que celles qui m'avaient occupé depuis quelque temps, je m'embarquai dans un petit vaisseau, et je fis voile du Port-Mahon avec un bon vent, qui en peu de temps me conduisit à la côte d'Afrique. Nous découvrîmes bientôt un cap nommé Ras-El-Hamara ; et nous abordâmes à Bona, ville considérable, qui est l'ancienne Aphrodisium, bâtie des ruines d'Hippo-Regius, dont elle n'est éloignée que de deux milles.

Cette ville est située dans une grande plaine, qui paraît avoir été entièrement couverte par la mer. Son commerce consiste dans l'exportation du blé, que le gouvernement permet dans les années abondantes. Je fis un voyage délicieux le long de la côte, où je vis la petite île de Tabarca, appartenant naguère aux Génois, qui l'avaient fortifiée, et à présent entre les mains des Tunisiens, qui s'en sont emparés par surprise, et ont rendu tous les habitants esclaves. Cette île est fameuse par la pêche du corail.

Le long de la côte qui est vis-à-vis, il y a d'immenses forêts de chênes, plus que suffisantes pour fournir du bois de construction à toutes les puissances maritimes du Levant, si la qualité de ce bois répond à la hauteur et à la beauté des arbres.

De Tabarca, nous allâmes jeter l'ancre à Biserte, l'Hippozaritus de l'antiquité ; et de là, plein de respect pour la mémoire de Caton, j'allai visiter les ruines d'Utique. J'étais pourtant loin de m'attendre à y trouver rien de bien remarquable; et, en effet, je vis que le nom seul d'Utique était encore digne de mémoire. Il ne reste plus de ses murailles qu'un monceau de décombres et de petites pierres; mais les tranchées et tous les travaux de ceux qui en firent anciennement le siége sont parfaitement bien conservés.

Après avoir doublé le cap de Carthage, nous mouillâmes devant la forteresse de Colette, place fort peu redoutable aujourd'hui, mais cependant encore renommée par l'expédition de Charles-Quint en Afrique. En me promenant en canot entre la baie et le cap, je vis des édifices et des colonnes encore debout, que les eaux couvraient entièrement. Cela me prouva que la mer avait contribué beaucoup à la destruction de l'ancienne Carthage; on peut ainsi juger combien il est absurde de vouloir représenter sur le papier la situation de cette ville fameuse. En outre, elle a été détruite et relevée dix fois; et la place où ses premiers citoyens périrent en combattant pour leur liberté, profondément ensevelie sous des décombres et sous les flots, est bien loin d'être foulée par les pas des indignes esclaves qui en sont aujourd'hui les maîtres.

Tunis est à douze milles de distance de Carthage. C'est une ville grande et florissante. Ses habitants sont plus civilisés que ceux d'Alger, et son gouvernement plus doux. Mais le climat n'y est pas, à beaucoup près, aussi sain. Tunis est enfoncé, l'air y est excessivement chaud, très-humide; et de plus il n'y a pas de bonne eau dans la ville, au lieu qu'Alger en voit jaillir mille sources d'excellente.

Je remis les lettres que m'avait données le dey, et j'obtins la permission de visiter le pays de quelque côté que je voudrais. Je pris pour cela avec moi un renégat nommé Osman, qui me fut recommandé par M. Barthélemi de Saizieux, consul de France à Tunis, l'un des hommes que j'ai vus dans mes voyages dont l'entretien et l'amitié me fournissent encore les plus agréables souvenirs. Avec Osman, je choisis dix spahis, qui sont des cavaliers bien armés de carabines et de pistolets; mais autant que je puis le distinguer, ceux qui m'accompagnaient n'avaient pas moins de poltronnerie que d'adresse à manier leurs chevaux. Pour Osman, il était très-brave. Il avait seulement besoin qu'on prît garde qu'il ne nous embrouillât pas trop souvent là où il y avait du vin.

Je reçus une faveur très-distinguée d'une des femmes du bey. Elle me fit fournir deux petites charrettes couvertes, semblables à celles dont se servent les boulangers en Angleterre. Ces charrettes me servirent à mettre mon quart de cercle (1) et mon télescope à l'abri des injures du

(1) Quart de cercle, ou quadrant. Les Anglais ont divers instruments qu'ils désignent sous le nom de quadrant, tel, par exemple, que l'instrument d'Hadley, qui est un sextant, etc.

temps ; et quelquefois les plus faibles de mes compagnons y montaient pour voyager plus à l'aise. Indépendamment d'Osman et des spahis, j'avais dix domestiques, dont deux irlandais, déserteurs des régiments espagnols en garnison à Oran. Quoique esclaves, comme soldats de l'Espagne, le dey d'Alger m'en avait fait présent à mon départ, parce qu'ils étaient nés dans les états du roi d'Angleterre.

La côte le long de laquelle j'avais navigué faisant partie de la Numidie et de l'Afrique propre, je n'y avais point trouvé de ruines. Je résolus donc de diriger ma route à travers les états d'Alger et de Tunis. Afin de les parcourir en entier, je commençai par suivre la rivière de Majerda, qui arrose un pays bien cultivé, et habité par un peuple vivant sous l'inspection immédiate du gouvernement. La rivière de Majerda est l'ancienne Bagrada.

J'arrivai bientôt à Basil-bab, où je vis un arc triomphal d'un assez mauvais goût. Le lendemain je me rendis à Tugga, que les gens du pays nomment Dugga. J'y trouvai de vastes ruines, parmi lesquelles il y avait un édifice fort remarquable. C'était un grand temple d'ordre corinthien, et en marbre de Paros, ayant des colonnes élégamment flûtées, et une corniche sculptée dans le plus beau style. Sur le tympan du fronton on voit un aigle qui porte un homme sur son dos, et qui prend son vol vers les cieux. Les différentes inscriptions qu'on lit sur ce temple semblent être dédiées à Trajan, et annoncer que son apothéose est l'objet de ce monument, qu'Adrien consacra à la mémoire de ce prince, son prédécesseur et son ami. J'employai quinze jours à dessiner ce temple sans éprouver ni le moindre dégoût, ni la moindre impatience ; et cet ouvrage est encore tout entier dans mon porte-feuille.

Ces superbes restes du goût et de la magnificence des anciens, qu'on peut si aisément se procurer en se promenant le long du Bagrada, avec non moins d'agrément et de sécurité que le long de la Tamise, entre Londres et Oxford, sont totalement inconnus à Tunis. Le docteur Shaw a parlé de la situation de Dugga, sans dire un seul mot des ruines curieuses qu'on y trouve.

En quittant Dugga, je continuai à monter vers Keff, appelée anciennement Sicca Venerea, ou Venereàm ad Siccam ; et je traversai, pour m'y rendre, les plaines charmantes habitées par les Welled-Yagoubé. De là, je marchai à Hydra, qui est la Thunodrunum de l'antiquité. Hydra, ainsi que Keff, sert aujourd'hui de limite entre les deux royaumes d'Alger et de Tunis. Elle est habitée par une tribu d'Arabes, dont le chef est un marabout ou saint ; et ces Arabes portent le nom de Welled-Sidi-Boogannim, c'est-à-dire les enfants du père des troupeaux.

ils sont extrêmement riches, et ils ne payent aucun tribut, ni à Tunis ni à Alger. La cause de ces exemptions est vraiment singulière. D'après une loi de leur fondateur, ils sont obligés de se nourrir de la chair des lions qu'ils peuvent prendre à la chasse. Ils l'observent rigoureusement; et en considération de l'utilité d'une telle coutume, on ne leur a point imposé de taxes, comme aux autres Arabes de ces états. La vie qu'ils mènent continuellement les rend excellents cavaliers et chasseurs intrépides. Aussi ces qualités, et l'avantage qu'ils ont de demeurer sur les frontières, sont peut-être autant cause qu'ils sont affranchis des tributs, que l'utilité de la loi qui les oblige de faire la guerre aux lions.

On voit à Thunodrunum un arc de triomphe, que le docteur Shaw croit plus remarquable par sa grandeur que par l'élégance de l'exécution. Mais sa grandeur n'est point extraordinaire, au lieu que le goût qui règne dans son exécution est admirable. Il est avec tous ses détails dans la collection du roi; et en le considérant dans son entier, il offre un des plus beaux dessins, en noir et en blanc, qui existent. Les distances, ainsi que la place qui se trouve au devant, sont d'après nature, et parfaitement bien calculées pour la perspective.

Avant que les voyages du docteur Shaw eussent acquis la célébrité qu'ils ont maintenant, une chose leur fut très nuisible, et faillit ruiner entièrement leur crédit. Il s'était hasardé à dire en conversation que les Welled-Sidi-Boogannim étaient léophages ou mangeurs de lion, et ce propos fut regardé à Oxford, où le docteur avait étudié, comme un conte de voyageur.

On crut que ce serait une subversion dans l'ordre naturel des choses, si un homme mangeait un lion, puisqu'il était connu depuis longtemps que l'usage du lion était de manger l'homme. M. Shaw s'humilia sous la sévérité de cette critique. Il ne put pas nier précisément que les Welled-Sidi-Boogannim mangeassent des lions, comme il l'avait plusieurs fois répété; mais n'ayant pas encore publié ses voyages, il ôta ce fait de sa relation, et il se contenta d'en faire mention fort légèrement dans son appendice.

Grâce à mon profond respect pour la savante université d'Oxford, je ne disputerai point sur la coutume qu'ont les lions de manger les hommes; mais comme cette coutume n'est point fondée sur des patentes, rien ne m'empêchera de reconnaître le mérite des Welled-Sidi-Boogannim, qui font la chasse à leur ennemi. D'ailleurs, c'est une vérité historique; et je ne veux point que le public soit plus longtemps induit en erreur là-dessus.

Au contraire, je déclarerai, malgré les préjugés qui s'élèveront contre fait, que j'ai moi-même mangé ma part de trois lions, sous les tentes s Welled-Sidi-Boogannim. Le premier était un lion maigre, coriace, et ant une très forte odeur de musc. Le goût que je lui trouvai ressemblait celui de la chair d'un vieux cheval. Je mangeai la seconde fois d'une nne, qu'on me dit n'avoir point eu de petits cette année. Elle était trêmement grasse; et sans l'odeur de musc qu'elle avait, quoiqu'elle ntît bien moins que le premier, et sans nos ridicules préjugés contre e pareille viande, je ne l'aurais certainement pas trouvée mauvaise illée. Le troisième était un lionceau de six ou sept mois; et c'était surément le pire des trois.

J'avoue que je ne désire pas qu'on me serve à l'avenir de pareils orceaux. Mais j'ai bien peur que les Arabes, qui sont des brutaux et des norants, ne continuent à manger du lion aussi longtemps qu'ils le urront, malgré l'incrédulité de l'université d'Oxford.

D'Hydra je me rendis à l'ancienne Tipasa, autre colonie romaine, i porte encore son premier nom. On y voit une vaste suite de ruines, rmi lesquelles on distingue un temple immense et un arc de triomphe, nt les quatre côtés présentent la même façade d'ordre corinthien et d'un ût admirable. Les dessins de ces deux édifices sont dans la collection roi.

Je traversai en cet endroit la rivière Myskianah, qui tombe dans le grada; et continuant à marcher dans un des pays les plus magnifiques les mieux cultivés du monde, j'entrai dans une province du royaume Alger qui est à l'est, et qu'on nomme à présent Constantine, mais qui is s'appelait la Mauritanie Césarienne, dont Constantine, la capitale, t la ville où régna Syphax. Elle portait d'abord le nom de Cirta; et rès la conquête de Jules-Cesar, on lui donna celui de Cirta Sittianorum, après Caïus Sittius, qui la prit le premier. Cette ville est située sur un cher, haut, escarpé, et sans cesse entouré de nuages. Il ne subsiste plus 'une partie de son aqueduc. L'eau, qui autrefois était portée dans la lle, tombe maintenant du sommet du rocher à plus de quarante pieds de ofondeur, dans une vallée fort étroite, ou plutôt dans un abîme. Le roi ssède un dessin qui représente cette cascade. On y a mis une bande de leurs; mais ces figures ne sont qu'un ornement imaginaire, au lieu que ut le reste est réel.

Le bey était alors dans son camp; car il faisait la guerre aux Hannéishah, ibu d'Arabes la plus puissante de cette province. Après m'être reposé ns le palais du bey, je partis pour Seteef, anciennement Sitifi, catale de la Mauritanie Sitifense. Non loin de cette ville, je joignis rmée du bey, forte de douze mille hommes, et n'ayant seulement que quatre pièces de canon. Je demeurai quelque temps avec lui. J'obtins le lettres de recommandation que je désirais; et ensuite je pris la route d Taggou-Zainah, qui est l'ancienne Diana Veteranorum, comme on l'ap prend par l'inscription placée sur un arc triomphal d'ordre corinthien que j'y trouvai.

De Taggou-Zainah je continuai mon voyage droit au sud-est, et j'arriva bientôt à Medrashem. Là on voit une superbe masse d'architecture, qu est le tombeau de Syphax et des autres rois de Numidie. Les Arabe croient que les trésors de ces princes y sont aussi déposés. J'ai dans mo portefeuille le dessin de ce monument. En marchant toujours vers le sud est, à travers une campagne inégale et des vallées stériles, qui ne son bonnes que pour la chasse, j'arrivai au Jibbel-Aurez, l'Aurasius Mons d moyen-âge. Ce n'est point une seule montagne, c'est un assemblage d plusieurs monts les plus escarpés de l'Afrique.

Je vis en cet endroit, à mon grand étonnement, une tribu d'Africain qui, si je ne puis pas dire qu'ils étaient beaux comme des Anglais avaient du moins le teint plus clair que les habitants du midi de l Grande-Bretagne. Ils avaient aussi les cheveux roux et les yeux bleus Indépendants et même sauvages, ils ne se laissent approcher ni aisémen ni sans danger. Cependant je fus assez heureux à cet égard. Les détail sur la manière dont je m'y pris seraient trop longs à raconter ici. Il m suffit de dire que j'en fus bien reçu, et qu'ils me laissèrent libre de fair tout ce qui me plairait. Cette tribu porte le nom de Néardie. Les gens qu en sont portent chacun, entre les deux yeux, une croix grecque qu'ils s font avec de l'antimoine. Ils s'appellent kabyles et quoique vivant er troupes, ils ont dans les montagnes des huttes, qu'ils appellent dashkras et qui sont construites avec de la boue et de la paille. Ils diffèrent en cel des Arabes, qui n'habitent que dans les plaines et sous des tentes.

J'imagine que ce peuple est un reste des Vandales. Procope parl d'une armée de cette nation, vaincue en cet endroit, après une résistanc opiniâtre; et il serait possible qu'il en fût resté une partie dans ces mon tagnes. Ils m'avouèrent avec grand plaisir que leurs ancêtres étaien chrétiens, et ils semblaient bien plus satisfaits de cette origine qu d'aucun rapport avec les Maures, à qui ils font une guerre continuelle. Il ne payent point de tribut au bey, et ils vivent sans cesse avec lui dans un extrême défiance.

Comme c'est là le Mons Audus de Ptolémée, on doit y placer aussi sa *Lambesa* ou *Labesentium Colonia.* Dailleurs, on y trouve encore cent inscriptions latines, qui attestent le séjour de cette colonie. Le lieu où elle était se nomme aujourd'hui Tezzoute. Les ruines de l'ancienne cité sont rès considérables. On y voit encore sept portes et une grande partie des ıurailles qui entouraient la ville, solidement bâties, avec des carrés de ıaçonnerie où l'on n'avait point employé de chaux.

Les édifices qui subsistent dans l'enceinte de ces murailles sont de ifférents âges, depuis Adrien jusqu'à Aurélien, et même jusqu'à Maxime. 'n seul de ces édifices, supporté par des colonnes d'ordre corinthien, araît d'un bon goût. Le dessin en est dans la collection du roi. Je ne puis as deviner à quoi il servait. Je juge pourtant, d'après l'élévation des ortes, qu'il était destiné à quelque usage militaire, et qu'on y mettait ou es éléphants, ou la catapulte, ou quelque autre grande machine de guerre. lais il n'y a point de traces sur les murailles qui indiquent rien de tout ela. Sur la pierre qui sert de clef au cintre de la principale porte, on a culpté un bas-relief représentant l'étendard d'une légion, et on lit u-dessous *Legio tertia Augusta.* L'histoire nous apprend, en effet, que ette troisième légion était en garnison dans cette partie de l'Afrique.

Au delà du Jibbel-Aurez, je ne vis aucun monument d'architecture emarquable. Je laissai Hydra à main gauche, et je me rendis à Cassaréen, ancienne colonie Scilitane, où j'eus doublement à souffrir et de la aim et de la peur. La campagne était plus rude, plus inégale, plus stérile t moins peuplée que tout ce que j'avais déjà parcouru. Ce pays est abité par les Nemenshah, tribu, qui, s'étant soustraite à l'obligation ccoutumée de suivre le bey quand il va à la guerre, avait pris le parti des ebelles.

J'avais alors dessein d'aller à Ferina, la Thala des anciens, que je omptais devoir offrir un vaste champ à mes recherches. Mais je ne pus ccomplir ce projet. Trop près des frontières, dans ces temps dange- eux où plusieurs armées cherchaient à combattre, je pensai qu'il valait ıieux tourner mes pas vers l'est, et éviter le théâtre de la guerre.

En marchant à l'est, j'arrivai à Spaitla, et je rentrai dans le royaume e Tunis. Spaitla se dit par corruption pour Suffetula, comme s'appe- ιit probablement cette ville avant qu'elle devînt colonie romaine; ce ıot dérivait de *Suffètes*, nom d'une magistrature établie dans tous les ays dépendants de Carthage.

On trouve à Spaitla un grand nombre d'inscriptions, et plusieurs ıonuments d'architecture très considérables et très élégants. Il y a trois emples presque entiers. Deux sont d'ordre corinthien, et le troisième est 'ordre composite; le seul qui soit maintenant parfait en ce genre a été essiné en grand dans toutes ses parties. Ce plan, avec le reste des ruines, st dans la collection du roi, et forme un des plus précieux monuments e l'ordre composite.

Pendant les huit jours que je demeurai à Spaitla, je fus très inquiét par les Welled-Omran, tribu d'Arabes sans lois et vivant de rapines. C fut un combat perpétuel de poltron à poltron. Je me trouvais renfermé avec toute ma suite, dans une place où sont les trois temples, et qui es entourée de hautes murailles. Les assaillants auraient voulu venir à moi mais ils craignaient mes armes à feu; et moi, de mon côté, je me serai bien enfui, si je n'avais pas eu peur que leur cavalerie me poursuivît dan la plaine. La faim nous faisait déjà beaucoup souffrir, quand nous fûme heureusement délivrés par l'arrivée des Welled-Hassan, tribu amie, qu habite Drééda. Les Welled-Hassan venant à mon secours, m'apportèren à la fois la liberté et des provisions.

De Spaitla j'allai à Gilma, l'*Oppidum Chilmanense* des Romains. Il y a là une quantité considérable de pierres et de décombres; mais on n'y distingue plus aucune espèce d'édifice.

De Gilma je gagnai Muchtar, appelée ainsi par corruption. On la nommait anciennement Tucca Terebinthina. Le docteur Shaw dit que son nom moderne est Sbééba; mais je puis garantir que ce nom-là n'est seulement pas connu dans le pays. De Spaitla, je pouvais marcher plus directement au sud; mais une grande chaîne de montagnes qu'il eût fallu traverser, et où je n'avais aucune recommandation, me fit préférer la route plus unie et plus sûre de Gilma.

A Tucca Terebinthina, il y a deux arcs de triomphe, dont le principal me semble préférable, pour le goût, pour l'exécution et pour la grandeur, à quelque autre monument de ce genre qu'il y ait maintenant au monde. Le plus petit est beaucoup plus simple, mais très élégant. Les dessins détaillés de l'un et de l'autre sont dans mon portefeuille.

En partant de Muchtar, je me rendis à Kisser, que le docteur Shaw soupçonne avoir été la colonie Assuras des anciens. Mais cette manière douteuse de parler ferait croire que M. Shaw n'a point été à Kisser, car il y a encore une inscription sur un bel arc triomphal, et plusieurs autres en différentes parties de la ville, qui prouvent que ce n'est pas seulement une conjecture, mais un fait vrai. Indépendamment de l'arc de triomphe, on voit à Kisser un petit temple carré, où l'on a sculpté plusieurs instruments de sacrifice, lesquels sont très curieux, mais dont l'exécution est inférieure au dessin. Ce temple est bâti sur le penchant d'une colline qui domine une grande et fertile plaine, encore appelée la plaine de Surse, par corruption, sans doute, d'Assuras, son ancien nom.

Après avoir quitté Kisser, j'allai à Musti, où il y a un arc de triomphe d'un excellent goût, mais tombant tout à fait en ruines. Il ne me fut possible de rassembler le mérite de ces différentes parties que d'après les fragments que je trouvai épars sur la terre.

Je laissai Musti, et, dirigeant ma route au nord-est, j'allai à Tuber-soké. Ensuite, je repassai à Dugga, et, en descendant le long du Bagrada, je revins à Tunis.

Dans mon troisième voyage, par Tunis, je passai à Zowan, haute montagne où l'on voit encore un grand aqueduc qui servait jadis à conduire l'eau à Carthage. De là, j'allai à Jelloula, petit village situé au pied des monts qui sont à l'occident, et les mêmes que Ptolémée appelle *Montes Vassaleti*, comme Jelloula est l'*Opidum Usalitanum* de Pline. Je repris là ma première route de Gilma, et non content du temps que j'avais employé à dessiner les superbes restes de Spaitla, je leur consacrai cinq jours de plus, corrigeant et perfectionnant ce que j'avais déjà tracé. Indépendamment de la richesse et de l'élégance de ces monuments, cette ville est dans un des plus beaux sites de toute la côte de Barbarie, couverte de bois de genièvre et arrosée par un ruisseau qui se perd là dans la terre, pour ne plus reparaître.

A Cassaréen, j'abandonnai ma première route, et, marchant droit au sud-est, je me rendis à Feriana, où je n'étais point allé la première fois par des motifs de prudence. Feriana est, comme je l'ai déjà fait observer, l'ancienne Thala, que le consul Métellus prit et détruisit en poursuivant Jugurtha. Je m'étais fait, je ne sais pourquoi, une très haute idée des ruines de Feriana; mais je m'étais bien trompé. Je n'y trouvai rien de remarquable que des bains chauds qui sont hors de la ville. Dans ces bains, je vis une grande quantité de poissons, de quatre pouces de longueur et assez semblables à des goujons. Je voulus connaître le degré de chaleur de l'eau avec mon thermomètre, et je me rappelle que je fus bien étonné que ces poissons pussent la supporter ou plutôt qu'ils ne fussent pas cuits en y demeurant longtemps.

J'étais entré moi-même dans le bain, et comme je marquais les degrés du thermomètre avec un crayon, la feuille de papier sur laquelle j'écrivais fut mouillée, de sorte que j'ai oublié quelle était précisément la chaleur du bain, et je ne veux point la donner au hasard. Le bain est à la tête du ruisseau, qui court à une distance très considérable. Je crois qu'il y avait au moins cinq ou six douzaines de poissons dans l'endroit où l'on se baigne; et l'on me dit que le jour ils suivaient le cours du ruisseau, mais que chaque soir ils se rapprochaient de la source où l'eau est plus chaude et plus profonde.

Laissant Feriana, je marchai au sud-est pour me rendre à Gafsa, qui est l'ancienne Capsa, et de là à Tozer, autrefois Tizurus. A Tozer, je tournai au nord-est, et j'entrai dans un grand lac appelé le lac des Marques, parce que, dans l'endroit où l'on passe pour le traverser, il y a un rang de troncs de palmiers, qu'on a planté pour guider les voyageurs.

Le docteur Shaw a fort distinctement tracé la géographie de ce lieu et de tout ce qui l'entoure. Le lac est, ainsi qu'il l'observe judicieusement, le Palus Tritonidis. Ce fut la partie de mon voyage en Afrique la plus désagréable et la plus stérile; non-seulement stérile par la nature du sol, mais parce que je n'y trouvai aucun monument des arts, aucun vestige de l'antiquité.

Bientôt j'arrivai à Gabs ou Tacape. Pour m'y rendre, il me fallut passer par El-Hammah, qui sont les bains qu'on nommait autrefois *Aquas Tacapitanas*, où la fraîcheur que produit la petite rivière Triton change tout à coup un désert aride en une plaine couverte de fleurs et de verdure.

J'étais alors à l'entrée de la plus petite des Syrtes, et je suivis le bord de la mer, en marchant au nord jusqu'à Inshilla, sans avoir occasion de rien ajouter à mes observations. A Inshilla, je retournai encore du côté nord-est, et j'atteignis El-Gemmé où je vis un très spacieux amphithéâtre, qui subsisterait encore dans son entier, malgré le pouvoir du temps, si Mahomet-Bey n'en avait fait sauter quatre arches, afin qu'il ne servît point de forteresse aux Arabes rebelles. Le plan que j'en ai dessiné, et qui en contient toutes les parties visibles dans le plus grand détail, est dans la collection du roi.

J'ai aussi crayonné le plan de la partie souterraine de cet édifice; mais mon esquisse n'est point achevée. J'avais forcé une entrée de ce souterrain en voyageant le long de la côte de Tripoli. Il était pratiqué pour pouvoir être rempli d'eau, par le moyen d'un aqueduc et d'une écluse qui subsistent encore sans dégradation. Toutes les fois qu'il y avait des combats de naumachie, l'eau s'élevait et était versée dans l'arène par une ouverture carrée, qui est dans une grande pierre posée au milieu. Le docteur Shaw s'imagine que cette pierre creusée était faite pour recevoir le poteau de la couverture, qui garantissait les spectateurs des ardeurs du soleil. Elle pourrait avoir été effectivement destinée à ces deux usages; mais il me semble que l'ouverture eût été trop grande pour recevoir un poteau. D'ailleurs, j'avoue que plus j'ai considéré la forme et la grandeur de ces amphithéâtres, moins j'ai pu me former une idée de cette couverture, soit pour la manière dont elle servait aux spectateurs, soit pour la manière de la placer et de l'ôter.

Cet amphithéâtre fut le dernier des monuments de l'antiquité que je vis dans le royaume de Tunis; et j'ose dire avec confiance qu'il n'y a point ans les deux territoires de Tunis et d'Alger un seul fragment d'architecture remarquable dont je n'aie emporté le dessin en Angleterre.

En suivant ma route le long de la côte jusqu'à Suze, je traversai une ampagne charmante, couverte d'oliviers. Je retournai ensuite à Tunis, ans avoir éprouvé dans cette dernière excursion le moindre désagrément e la part des gens du pays, et sans avoir été interrompu, ni par des maladies, ni par aucun autre accident. Je pris congé du bey, et après les témoignages de reconnaissance que je lui devais, je partis de Tunis pour commencer un voyage bien plus sérieux. Je traversai d'abord le désert de Tripoli, et je suivis jusqu'à Gabs la même route où j'avais passé très récemment. Ensuite, je me rendis à l'île de Gerba, qui est l'île Meninx, des nciens, ou l'île des Lotophages.

Le docteur Shaw assure que le fruit qu'il appelle *lotus*, est très commun sur toute cette côte. Je voudrais beaucoup qu'il nous eût expliqué ce ue c'est que ce lotus ; car dire seulement que ce fruit est le plus commun, ce n'est pas le faire connaître, puisqu'il n'y a là aucune espèce de ruit. On n'y voit même ni arbres, ni buissons, ni verdure, excepté une herbe rase qui borde ces déserts, remplis dans toute leur étendue de sables stériles et mouvants. Le docteur Shaw n'est jamais allé à Gerba, et il a sans doute appris cette particularité de quelque conteur d'histoires.

Les Wargumma et les Noïlés, deux puissantes tribus d'Arabes, sont les maîtres errants de ces déserts. Sidi-Ismail, dont le grand-père, bey de Tunis, fut détrôné et étranglé par les Algériens, et qui était lui-même prisonnier à Alger, où il jouissait d'une grande réputation de valeur, et où je vivais avec lui dans une étroite liaison, m'a dit souvent qu'il regardait comme la plus pénible de ses entreprises d'avoir traversé ce désert à cheval.

A quatre journées de marche de Tripoli, je rencontrai l'émir Hadjé, conduisant la caravane des pèlerins de Fez et de Suze, qui traversaient l'Afrique pour se rendre à la Mecque, c'est-à-dire qu'ils passaient des bords de l'Océan Atlantique jusque sur le rivage de la mer Rouge, dans le royaume de Sennaar. C'était un homme de moyen âge, oncle de l'empereur de Maroc, et ayant un air stupide et désagréable. Sa caravane était d'environ trois mille hommes, qui conduisaient, dirent-ils, douze ou quatorze mille chameaux, chargés de marchandises et de peaux remplies d'eau, de farine et d'autres provisions pour les hadjées.

Ces hadjées, ou pèlerins, formaient une multitude scorbutique, en désordre et sans armes. Dès que mes cavaliers, qui n'étaient qu'au nombre de quinze, furent aperçus au crépuscule du matin, toute la caravane donna de grandes marques de terreur et s'enfuit en confusion. Mais ensuite, les pèlerins, voyant ce que nous étions, cessèrent d'avoir peur, et suivant l'usage des poltrons, ils devinrent extrêmement insolents.

Je trouvai à Tripoli M. Frazer de Lovat, consul de la nation anglaise, qui s'empressa de me témoigner beaucoup d'amitié, et de me rendre tous les services qui dépendaient de lui. J'avais, en vérité, besoin d'un tel accueil en arrivant d'un voyage si fatigant et si rapidement fait, que deux de mes chevaux moururent peu de jours après.

J'espérais trouver quelque chose de remarquable à Lebeda, la *Leptis magna* des anciens, qui est à trois journées de marche de Tripoli. Il y a, en effet, un grand nombre d'édifices, mais la plupart sont ensevelis dans le sable; et d'ailleurs ils sont d'un fort mauvais goût, presque tous d'ordre dorique, sans aucune proportion, et du siècle d'Aurélien. Sept grandes colonnes de granit furent envoyées en France sous le règne de Louis XIV. Ce prince les employa sans doute dans quelqu'un des palais qu'il faisait alors bâtir. La huitième fut brisée en route, et reste encore sur le rivage d'Afrique.

Cependant, si je ne rencontrai point ce que je cherchais à Lebeda, j'en fus amplement dédommagé à mon retour à Tripoli. De Tripoli, j'expédiai pour Smyrne un de mes domestiques anglais, avec mes livres, mes dessins et les instruments dont je pouvais me passer. Je gardai seulement des extraits des auteurs qui pouvaient m'être nécessaires dans la Cyrénaïque. Je traversai alors le golfe de Sidra, jadis connu sous le nom de *Syrtis major*, et j'arrivai à Bengazi, l'ancienne Bérénice, bâtie par Ptolémée Philadelphe.

Le frère du bey de Tripoli commandait à Bengazi. C'était un jeune homme d'un esprit très borné et d'une santé déplorable. Toute la province était en confusion. Deux tribus d'Arabes qui occupaient toute la campagne à l'occident de la ville, et qui en temps de paix y répandaient la richesse et l'abondance, étaient entrées, par la faute du bey, dans une querelle sanglante. La tribu vivant le plus à l'ouest et réputée la plus faible, avait battu la plus nombreuse et la plus voisine de la ville; et celle-ci, appelée la tribu des Velled-Abid, s'était retirée dans les murs mêmes de Bengazi. Les habitans restaient livrés depuis un an à la famine la plus cruelle ; et cette calamité venait d'être redoublée par l'arrivée désastreuse de quatre mille personnes de tout sexe et de tout âge qui se présentaient pour vivre avec eux, au moment où ils manquaient de tout. Chaque matin on trouvait dix ou douze personnes mortes de faim dans les rues, et les autres ne soutenaient, dit-on, leur malheureuse vie que par une nourriture dont l'idée seule fait frémir la nature humaine. Impatient de fuir loin de ces festins Thyestéens, j'obtins du bey qu'il m'envoyât à quelque distance au sud de la ville, parmi les Arabes qui se ressentaient un peu moins de la disette.

Je fis le tour d'une grande partie de la Pentapole (1) ; je visitai les ruines d'Arsinoé, et quoique je fusse plus faiblement recommandé que de coutume, j'eus le bonheur de ne recevoir aucune insulte. Ne trouvant rien à Arsinoé, ni à Barca, je dirigeai ma route vers Ras-Sem, où l'on dit qu'est la ville pétrifiée sur laquelle, au commencement de ce siècle, l'ambassadeur de Tripoli, Cassem-Aga, débita des mensonges auxquels toute l'Angleterre ajouta foi, quoiqu'ils portassent un caractère de fausseté très évident. Ce n'était point alors le temps de l'incrédulité, on avançait vers cette époque célèbre où un homme persuadait qu'il entrerait dans une bouteille d'une pinte. Mais, depuis ce temps, on est devenu aussi incrédule qu'on avait été facile à croire, et cela avec le même degré de raison.

Ras-Sem est à cinq journées de distance de Bengazi. Il n'y a d'autre eau à boire qu'une source fort désagréable au goût et qui paraît imprégnée d'alun. C'est précisément ce qui a fait donner à ce lieu le nom de Ras-Sem, c'est-à-dire la fontaine du poison. Les seuls monuments qu'on y trouve sont les ruines d'une tour ou fortification, qui semble avoir été bâtie du temps des Vandales. Il est impossible de deviner si les habitants se servaient de l'eau amère qui est à Ras-Sem ; mais, ce qu'il y a de bien certain, c'est qu'il n'y en a pas d'autre, à moins de deux journées de chemin.

Je ne fus pas assez heureux pour découvrir les pétrifications d'hommes et de chevaux, de femmes qui battaient du beurre, d'enfants, de chiens, de chats et de souris, dont son excellence barbaresque certifia l'existence à sir Hans Sloane. Cependant, pour rendre justice à l'ambassadeur de Tripoli, je dois avouer que, quoiqu'il ait propagé ce mensonge, il n'en fut point l'inventeur. Les Arabes, qui me servaient de guides à Ras-Sem, assuraient que l'histoire était vraie, et ils ne commencèrent à se dédire que deux heures avant d'arriver sur le lieu même du prétendu prodige. Je vis là des souris, comme on les nomme, d'une très singulière espèce. Elles n'avaient rien de pétrifié; mais elles étaient, au contraire, vives, lestes et tenant plus par leur agilité de la nature des oiseaux que de celle des quadrupèdes.

En me rapprochant de la mer, je vins à Ptolomète, qui est la Ptolémaïs des anciens, et l'ouvrage de Ptolémée Philadelphe. Les murailles et les

(1) C'est une contrée de la Cyrénaïque, où étaient les cinq villes d'Arsinoé, d'Apollonie, de Bérénice, de Cyrène et de Ptolémaïde. *(Note du traducteur.)*

portes de cette ville subsistent encore dans leur entier. L'on y voit un grand nombre d'inscriptions; mais il n'y reste que quelques colonnes du portique, et un temple d'ordre ionique, tel qu'on l'exécutait dans les premiers temps qu'il fut inventé. Aussi, quoique ces monuments soient peu considérables, ils sont précieux dans l'histoire de l'architecture, et conséquemment très dignes d'être conservés. Le roi les possède dans sa collection, avec tout ce que j'en ai pu dessiner.

Je rencontrai là une jonque grecque de Lampedosa, petite île voisine de la Crète. Elle venait de décharger une cargaison de blé, et était prête à remettre à la voile. Dans ce temps-là, les Arabes de Ptolomète me dirent que les Welled-Ali, puissante tribu qui occupe tout le pays entre Ptolomète et Alexandrie, étaient en guerre entre eux, et avaient pillé la caravane de Maroc dont j'ai déjà parlé.

On ajouta que les pèlerins qui composaient la caravane avaient presque tous péri, dispersés dans le désert et manquant d'eau. Enfin, on me dit encore que la famine avait été à Derna, ville voisine où j'avais dessein d'aller; que la peste avait succédé à la famine, et enfin que la ville, divisée en haute et basse, était livrée aux horreurs d'une guerre civile. Ce torrent de mauvaises nouvelles ne me permit pas même d'hésiter; d'ailleurs, la continuation de mon voyage par terre ne semblait devoir m'offrir rien qui dût me faire braver de si grands périls. Je résolus de fuir cette côte inhospitalière, et de conserver au moins les monuments des arts que j'avais recueillis pour les publier.

Je m'embarquai donc dans le vaisseau grec, qui était fort mal grée, comme je ne tardai pas à m'en apercevoir. Quoiqu'il portât beaucoup de voilure, il n'avait pas une once de lest. Une multitude de personnes, hommes, femmes et enfants, fuyant la famine, s'y embarqua à mon insu. Mais le passage était court, le vaisseau léger, et le capitaine, ce me semblait, devait être accoutumé à ces mers. Cependant, il en était tout autrement. Le capitaine n'avait jamais connu la mer. Propriétaire de ce vaisseau, il faisait son premier voyage; malheureusement je le sus trop tard

Nous mîmes à la voile à la pointe du jour, avec le temps le plus agréable que j'aie vu de ma vie à la mer. Nous étions au commencement de septembre; et, quoique le vent ne fût pas très fort, il nous promettait un voyage assez court; mais il fraîchit bientôt, et devint très froid. Il tomba beaucoup de grêle, et les nuages s'épaissirent et promenèrent sur nos têtes le tonnerre et l'orage. J'observai que nous ne gagnions point le large, et je fis en sorte de persuader au capitaine, si le temps devenait plus mauvais, d'entrer dans le port de Bengazi. Je crus même cet expédient d'autant plus nécessaire, que notre marin venait de faire la découverte d'un très grand inconvénient : c'est que nous n'avions pas à bord pour vingt-quatre heures de provisions.

Cependant le vent nous devint tout à fait contraire, soufflant par raffales, et nous menaçant du tonnerre et de la pluie. Le vaisseau, étant dans son estive avec ses grandes voiles latines, tomba violemment sous le vent ; et à peine avait-il doublé le cap, qui est à l'entrée dangereuse du havre de Bengazi, qu'il heurta contre un rocher caché sous l'eau, et y demeura échoué. La Providence permit que le vent se calmât en cet instant. Cependant, je ne vis pas plus tôt le vaisseau échoué, que je songeai à sortir du péril où nous étions. Nous ne nous trouvions pas loin de terre ; mais la mer était extrêmement grosse. Il y avait deux canots attachés derrière le vaisseau. Roger Mac-Cormack, mon domestique irlandais, avait été matelot à bord du vaisseau anglais *le Monarque*, avant de passer au service d'Espagne. Son camarade l'avait été aussi. Ils démarrèrent le plus grand des canots, et nous nous y élançâmes tous les trois, suivis par une foule de personnes, que nous ne pûmes pas empêcher d'y entrer. Il y aurait même eu de la cruauté à s'opposer à ce que ces pauvres gens usassent des mêmes moyens que nous pour sauver leur vie. D'ailleurs, à moins de les tuer, il n'était pas possible de les arrêter ; et quand même nous aurions voulu prendre ce parti, il eût été trop dangereux, puisque nous étions sur les côtes des Maures.

Ce que nous pûmes faire de mieux fut de nous éloigner promptement et de ramer vers la terre. Je m'étais mis en veste et en caleçon de toile. Je n'avais qu'une ceinture de soie autour du corps. Mon petit portefeuille, mon crayon, ma montre étaient sur ma poitrine, dans la poche de la doublure de ma veste. Mes deux domestiques anglais et deux Maures me suivirent ; les autres, plus sages, demeurèrent à bord.

Nous n'étions pas éloignés du vaisseau de deux fois la longueur du canot, que ce malheureux canot fut presque rempli par une vague. Un cri de terreur, que firent entendre tous ceux qui y étaient, annonça qu'ils connaissaient toute l'horreur d'un danger qu'ils ne pouvaient éviter. Je vis que leur sort allait être décidé par une seconde vague, qui se déployait en roulant vers nous. Craignant alors que quelque femme, quelque enfant, ou même quelque homme désespéré, me saisît, et, m'empêchant de me servir de mes bras et de mes jambes, me fît noyer, je criai à mes domestiques, en arabe et en anglais : « Nous sommes perdus ! Si vous pou-» vez nager, suivez-moi ! » Et soudain je m'élançai dans la mer. Je ne sais point si ce fut la vague qui venait vers nous, ou une autre qui remplit le canot, car je m'en éloignai autant qu'il me fût possible. J'étais nageur vigoureux et exercé dès ma première jeunesse, et accoutumé en outre à toute sorte de fatigues. Cependant tout cela, qui pouvait me servir beaucoup dans une eau profonde, ne me suffit pas quand je fus près de terre. La lame, en se repliant, me donna sur l'estomac un coup terrible, semblable à un coup appliqué avec une branche d'arbre, avec une grosse corde ou avec une arme élastique. Ce coup me renversa sur le dos, et me fit avaler tant d'eau que j'en fus presque suffoqué.

J'évitai le retour de la seconde lame en plongeant, et la laissant passer par dessus ma tête; mais j'en fus très fatigué, et j'en perdis un moment la respiration. Cependant, la terre était devant moi et très près. Je conservai l'espoir de me sauver, et je m'efforçai de ne pas être reporté au large. Mon courage ne m'abandonnait pas, quoique mes forces m'abandonnassent, quoique je fusse battu malgré moi par le choc des vagues opposées, et qu'enfin il semblât qu'il ne me restât pas d'autre parti à prendre que de ne plus tenter de vains efforts et de me soumettre à ma destinée. Mais avant de m'y résoudre tout à fait, je plongeai pour voir si je ne pourrais pas toucher le fonds; et je trouvai qu'en effet mes pieds atteignaient au sable, quoique j'eusse encore de l'eau par-dessus la bouche.

Ce succès me donna dix fois plus de vigueur que je n'en avais, et j'essayai de flotter seulement avec la vague qui portait à terre, afin de réserver ma force contre le reflux, ce qui m'était devenu plus aisé depuis que je pouvais toucher le fond. Enfin, ayant mes mains et mes genoux sur le sable, j'y enfonçai mes ongles, et je m'y tins si bien que je ne fus plus rejeté en arrière, me traînant au contraire quelques pieds en avant quand la lame s'était retirée. Lorsque je fus tout à fait hors de la mer, je perdis presque tout sentiment, et j'imagine que je restai évanoui; car je ne me souviens de rien de ce qui se passa alors autour de moi.

Cependant les Arabes, qui ne vivent qu'à deux milles du rivage de la mer, vinrent en foule pour piller le vaisseau naufragé. Un de nos canots fut jeté sur la plage, et ils en avaient, en outre, plusieurs autres qui leur appartenaient. Pour celui qui était resté attaché au vaisseau, les vagues l'avaient presque entièrement rempli. Tous les passagers, tous les gens du vaisseau furent conduits à terre, et il n'y eut de noyés que ceux qui périrent dans le canot où je m'étais embarqué. Ce qui me retira de l'état d'anéantissement dans lequel je demeurais plongé, fut un coup qu'on me donna avec le gros bout d'une lance qui était garnie de fer. Ce coup porta précisément sur la jointure des vertèbres du cou et de l'épine du dos, et il me causa une douleur très violente. Cependant, je fus encore heureux de n'avoir point été frappé avec la pointe même de la lance; car ma petite veste à l'algérienne, ma ceinture, mes longs caleçons, firent croire aux Arabes que j'étais un Turc; et après m'avoir donné bien des coups et des aalédictions, ils me dépouillèrent de tout ce que j'avais sur le corps et me .issèrent. Ils en firent autant aux autres ; ensuite ils allèrent du côté de .urs canots pour visiter les noyés.

Après le traitement que je reçus des Arabes, je me traînai comme je pus armi des monceaux de sable blanc, où je tâchai de me cacher. Il faisait ncore chaud ; mais tout semblait annoncer que la nuit serait froide, et le s'approchait à grands pas. Il y aurait eu beaucoup de danger à aller, andis que j'étais nu, du côté des tentes où il y avait des femmes ; il était nême probable que j'aurais encore été mieux rossé que la première fois. 'ne chose qui m'étonnait moi-même, c'est que j'avais été si troublé, que je e m'étais pas souvenu de parler aux Arabes dans leur propre langue ; et e ne fut même qu'alors qu'il me revint dans l'idée que le baragouin turc, ont je m'étais servi pendant qu'ils me battaient et me dépouillaient, m'a- ait fait prendre pour un vrai Turc, et bien plus maltraiter qu'ils ne l'au- aient fait sans cela.

Tandis que je me livrais à ces pensées, un vieil Arabe, suivi d'un grand ombre de jeunes, s'avança vers moi. Soudain je le saluai en lui disant : *Salam alicum !* Mais ce salut ne me fut rendu que par un jeune homme e la troupe ; encore le prononça-t-il de manière à me faire croire qu'il tait surpris de mon audace. Le vieillard me demanda alors si j'étais Turc, t ce que je faisais là.

Je répondis que je n'étais point Turc, mais que j'étais un pauvre chré- ien, médecin, derviche, qui voyageait, cherchant à faire du bien pour amour de Dieu, et que j'avais voulu me dérober à la famine, et aller hercher du pain en Crète. Il me demanda si j'étais Crétois.

— Non, répondis-je ; je ne suis même jamais allé en Crète. Je viens de 'unis et je vais y retourner, puisque j'ai perdu tout ce que j'avais dans le aisseau qui vient de faire naufrage.

Je parlais d'un ton si lamentable, qu'il n'y avait point de doute que l'A- abe ne crût vrai ce que je lui disais.

Alors, on me jeta sur le corps un habit de baracan fort sale et fort mau- 'ais, et on me conduisit dans une tente, au bout de laquelle je vis une ongue lance plantée comme une marque de souveraineté.

Je fus présenté au sheik de la tribu, qui me questionna beaucoup ; et omme il était en paix avec le bey de Bengazi et le sheik de Ptolomète, il ne fit servir un bon souper, auquel tous mes domestiques prirent part, ar il n'en avait péri aucun. Ensuite, beaucoup d'Arabes vinrent me con- ulter sur des maladies, et je m'en tirai le mieux que je pus, alléguant la erte de mes remèdes, afin d'engager quelqu'un d'eux à trouver au moins non sextant ; mais ce fut en vain.

Après deux jours passés parmi ces Arabes, le sheik me fit rendre tout ce qu'on m'avait pris, ainsi qu'à mes gens; puis il me fournit des chameaux avec un guide, qui me conduisit jusqu'à Bengazi, où j'arrivai le lendemain au soir.

Quand je fus à Bengazi, je fis faire mes remerciments au sheik, et le bey lui envoya un homme pour le prier d'employer tous les moyens possibles, afin qu'on repêchât mes caisses, pour lesquelles je promis une bonne récompense. On me renvoya faire, en retour, beaucoup de compliments et de promesses; mais je n'ai plus entendu parler de mes instruments.

Tout ce que je pus recouvrer fut une montre d'argent d'Ellicot, dont le mouvement avait été ôté et brisé, quelques crayons et un portefeuille dans lequel j'avais quelques esquisses de Ptolomète. Mon portefeuille de poche me fut aussi rendu; mais mon crayon, qui était dans un étui d'argent, disparut pour jamais, ainsi que toutes les observations astronomiques que j'avais faites en Barbarie. Je perdis également dans mon naufrage un sextant, un instrument parallactique, un télescope à réflexion, un autre achromatique, plusieurs dessins, un exemplaire des Éphémérides de l'abbé de La Caille, pour servir jusqu'en 1775, et que je regrettai d'autant plus qu'il était rempli de notes marginales et manuscrites, une petite chambre obscure, des fusils, des pistolets, un gros mousquet et divers autres articles.

Je trouvai à Bengazi un petit bâtiment français, dont le capitaine avait été souvent à Alger, pendant que j'y étais consul. Il se ressouvint très bien que je lui avais alors rendu quelques petits services; et, contre la coutume de la plupart des gens qu'on oblige, il se montra fort reconnaissant. Étant venu porter du blé à Bengazi, il se trouvait prêt à s'en retourner dans l'Archipel, et il allait même prendre une nouvelle cargaison dans La Morée; car celle qu'il avait apportée ne pouvait être regardée que comme une miette, en raison des besoins de Bengazi. Ce n'était seulement qu'un secours passager pour les soldats; et beaucoup de gens de tout âge et de tout sexe n'en mouraient pas moins de faim tous les jours.

Le port de Bengazi est rempli de poissons. Mes gens en prenaient une grande quantité avec un petit filet et quelques hameçons; et par ce moyen, nous aurions eu de quoi nourrir une troupe encore plus nombreuse que la nôtre. Nous avions du vinaigre, du poivre, des oignons. Le pain, il est vrai, nous manquait; mais malgré cela notre industrie nous empêchait de nous ressentir de la famine. Nous essayâmes d'apprendre aux malheureux qui étaient autour de nous à nous imiter. Nous leur donnâmes de la elle et quelques hameçons communs, par le moyen desquels ils au-ient pu facilement attraper de quoi se sustanter. Mais ils aimaient ieux mourir de faim, en s'efforçant de ramasser quelques grains de blé, e l'inattention des matelots ou la crevasse de quelques sacs laissait arpiller sur le rivage, que de veiller une heure à la marée montante, ur prendre d'excellents poissons, d'autant mieux qu'ils eussent été sûrs 'en ayant une fois le premier, ils en auraient attrapé ensuite tant qu'ils raient voulu jusqu'au jusant.

Le capitaine français dont j'ai parlé tout à l'heure ne perdit pas un mo-ent. Il avait fort bien fait sa vente, et quoiqu'il s'en retournât pour heter une nouvelle cargaison, il m'offrit, avec beaucoup de franchise, e partie de son argent. Je m'embarquai dans son vaisseau. Nous mîmes la voile avec un vent favorable, et en quatre ou cinq jours de temps, us arrivâmes à Canée, ville considérable, à l'extrémité occidentale de le de Crète. Là, je tombai dangereusement malade de la suite des efforts traordinaires que j'avais faits dans la mer de Ptolomète. Je me res-ntais aussi des coups que j'avais reçus des Arabes, et j'en ai même rté les marques longtemps après.

De Canée, je me rendis à Rhodes, où je trouvai mes livres. Ensuite, llai à Castelrosso, dans la Caromanie, où j'appris qu'il y avait des rui-s superbes d'architecture sur la côte opposée, à peu de distance de la er. La Caromanie est une partie de l'Asie mineure encore très peu con-e. Mais comme ma santé devenait de plus en plus mauvaise, il me fut possible de la visiter, et même de pouvoir prendre des mesures pour tenir la protection nécessaire; et je fus obligé d'abandonner cette dé-uverte à quelque voyageur plus heureux.

M. Peyssonel, consul de France à Smyrne, homme non moins distingué r son caractère aimable que par les ouvrages politiques et littéraires nt il a enrichi le public, m'avait fourni des lettres pour la Caromanie; il n'y a nul doute qu'elles ne m'eussent été très utiles si j'avais achevé voyage. Ce qui augmenta la reconnaissance que je devais à l'honnêteté à l'attention de M. Peyssonel, c'est que je ne l'avais jamais vu. Je suis bien ché de n'avoir pas encore eu occasion de pouvoir le remercier depuis on retour en Angleterre; mais j'espère qu'il daignera agréer le témoi-age de ma gratitude, ainsi qu'un exemplaire de mes voyages, que j'ai argé mon libraire de Paris de lui faire remettre.

Depuis Castelrosso jusqu'à l'île de Chypre, je ne vis rien de remarqua-e. Je ne demeurai en Chypre qu'une demi-journée, et je me rendis à don, où je fus parfaitement bien accueilli par M. de Clerembaut, beau-ère de M. Peyssonel, et consul de France dans cette ville. M. de Clerembaut était un homme rempli de politesse et de bienveillance, et portan toutes les qualités sociales au plus haut degré. Je vécus quelque temp avec lui, parmi une nation florissante, industrieuse et fort instruite ; e quoique ma santé fût toujours très faible, je fis de loin en loin quelque excursions sur le continent de Syrie, dans le Liban et l'Anti-Liban. Mai comme je ne portais point d'instruments avec moi, comme je suivais à pe près les sentiers que d'autres voyageurs avaient déjà parcourus et décrits je leur abandonne ce champ tout entier, et je ne chercherai point à gros sir de détails inutiles cette introduction déjà trop longue.

Tandis que j'étais à Rhodes, j'écrivis par la voie de Smyrne, comm j'avais écrit de Canée par la voie de France, à quelques amis de Londre et de Paris, pour les informer de mon malheur, et leur demander un quar de cercle ou sextant d'environ deux pieds de rayon, une montre marine un télescope achromatique de Dollond, avec plusieurs autres choses qu me manquaient.

Je reçus presque à la fois de Paris et de Londres des réponses qui sem blaient dictées par la même personne. L'on me mandait que tous le ouvriers travaillaient pour des Danois, des Suédois, et d'autres astrono mes étrangers ; que tous les instruments achevés étaient vendus, et qu'o ne pouvait espérer d'en avoir qu'en attendant un temps considérable e indéfini. En même temps j'appris, à mon grand regret, qu'on n'avait reçu d'Afrique aucune nouvelle de moi, excepté ce que portaient quelques lettre extravagantes et malicieuses, écrites par un homme que je m'abstiens de nommer ici, et parce qu'il ne vit plus, et parce qu'il tenait à une famill très respectable.

Mon nouvelliste avait dit dans ces lettres que j'étais allé avec une cara vane russe, dans le Curdistan, pour observer le passage de Vénus, dans ur endroit où il ne serait point visible, et que de là je devais poursuivre mor voyage jusqu'à la Chine, et m'en revenir par les Indes orientales. Ce conte absurde fut répandu adroitement, dans le monde, par des gens non moins dangereux que celui qui l'avait écrit, et d'autres personnes, plus faibles que méchantes, quoique assez méchantes pourtant, ont affecté de le croire jusqu'à ce jour.

Je conçus un si violent dépit de me voir ainsi traité pour prix du voyage que je venais de faire, que je jugeai au dessous de moi de sacrifier encore les plus belles années de ma vie à endurer chaque jour de nouvelles peines et courir de nouveaux risques, tandis que les seuls sentiments que je faisais naître dans le cœur de mes compatriotes, étaient également indignes d'eux et de moi. Une seule chose m'empêchait de retourner en Angleterre : c'était le désir de remplir la promesse que j'avais faite au i, et d'ajouter les ruines de Palmyre aux ruines d'Afrique, que j'avais ssinées et mises à l'abri du danger.

Dans ma colère, je renonçai à toute idée de tenter la découverte des urces du Nil; et je ne donnai point de nouveaux ordres pour qu'on 'envoyât ni quart de cercle, ni télescope, ni montre marine. J'avais du pier et des crayons, ainsi que ma grande chambre obscure, qui, ayant point été embarquée dans la jonque où j'avais fait naufrage à olomète, était heureusement arrivée à Smyrne, et de là à Sidon. Je commençai en conséquence à me donner des soins, suivant ma coutume, ur me procurer les moyens de faire le voyage de Palmyre d'une manière sûre et commode, et je crus qu'il fallait pour cela m'en rapprocher n peu. M. Abbot, consul anglais de Tripoli en Syrie, m'invita à venir sider chez lui; et ensuite M. Vernon, son successeur, me répéta la ême offre de la manière la plus obligeante.

A Tripoli on fait un commerce de varech qu'on envoie aux marais lans qui sont auprès de Palmyre. Le sheik de Cariateen, ville située récisément à l'entrée du désert, avait fait un marché avec le bacha de ripoli pour une certaine quantité de cette plante, nécessaire aux manuctures de savon. Je profitai de cette occasion pour lier amitié avec ce eik : mais tout ce que j'en obtins fut qu'il entreprit de me conduire nprudemment aux milieu d'un danger où il savait bien qu'il ne serait s en état de me secourir.

Deux tribus d'Arabes également puissantes habitent les déserts des nvirons de Palmyre. La plus nombreuse, qu'on nomme la tribu des nnecy, est renommée pour ses chevaux, qui sont les plus beaux du onde entier. L'autre, la tribu des Mowalli, ne cède guère à la première our l'excellence de ses chevaux; et si elle lui est inférieure en nombre, s soldats sont plus vaillants. Les Annecy possèdent la contrée du sud-uest, adossée au Mont-Liban, depuis Bozra jusques à Hawran, et ensuite pays du sud, qui s'étend des extrémités de l'Arabie-Pétrée jusqu'au ont-Horeb.

Les Mowalli habitent les plaines qui sont à l'orient de Damas, le long e l'Euphrate et au nord jusqu'auprès d'Alep.

Ces deux tribus ne se faisaient pas ouvertement la guerre, mais elles 'étaient pas non plus en paix : elles en étaient au commencement d'une upture, moment peut-être le plus dangereux pour les étrangers qui vaient quelque chose à démêler avec l'une d'entre elles. Je n'appris cela u'à Hassia, où je trouvai un sheik pour lequel j'avais une lettre de re-ommandation du bacha de Damas, son ami. Ce sheik d'Hassia conserve a puissance, non par sa propre force, mais en épousant une fille tantôt chez les Annecy, tantôt chez les Mowalli ; et par ce moyen, les deux tri l'aident également à maintenir la sûreté de son canton. C'est lui qui chargé de veiller sur cette partie de la route où passent les courriers vont de Constantinople en Egypte, route appartenant à ces deux trib qui se trouvaient alors à une certaine distance l'une de l'autre, mais d les escadrons voltigeaient autour de Palmyre pour veiller sur la propr. de leurs pâturages respectifs.

Ces Arabes sont, je crois, ceux que les écrivains anglais appellent Arabes sauvages. Mais quoique véritablement assez sauvages, je ne c pas qu'ils le soient plus qu'aucune autre espèce d'Arabes. Ce qu'il pourtant de bien certain, c'est que les jeunes gens qui composent escadrons dont je viens de parler sont brutaux et féroces quand ils trouvent éloignés de leur camp et de leur sheik ; et l'étranger qui to alors entre leurs mains, et qui en réchappe, peut se regarder comme heureux voyageur.

En m'en revenant d'Hassia, j'aurais prolongé ma course au midi p voir Baalbec, mais elle était assiégée par l'émir Yousef, prince Druses, nation idolâtre qui habite le Mont-Liban. Je m'en retournai d à Tripoli de Syrie, et peu de temps après je partis pour Alep, prenant route par la plaine du Jeûne, qui s'étend entre le Mont-Liban et le riv de la mer.

Je visitai l'ancienne Byblus, et je me baignai avec plaisir d l'Adonis. Là tout rappelle la belle littérature grecque. J'y vis plusie monuments d'architecture très dégradés ; mais je n'en parlerai poi parce que M. Drummond en a déjà publié les dessins, et je n'ai jam aimé à aller sur les brisées de personne.

Je passai à Latikea, qui est l'ancienne Laodictée *ad mare*. De là j'a à Antioche, et enfin j'arrivai à Alep. La fièvre, que j'avais eue après n naufrage de Bengazi, m'avait repris avec violence, pour avoir passé nuit dans les vergers de mûriers qui sont derrière Sidon, et depuis continuait toujours à se faire sentir par petits accès. Mais à Alep elle doubla, précisément au moment où j'entrais dans la maison de M. Belvi négociant français, pour lequel j'avais des lettres de crédit. Jamais pe être recommandation ne fut plus heureuse, jamais le ciel ne créa une â aussi bien assortie à la mienne que celle de M. Belville : en dire davant ce serait trop faire mon éloge.

A M. Belville se joignit le docteur Patrik Russel, médecin de factorerie anglaise. Je puis dire que sans l'amitié et la tendre inquiét de l'un, et l'habileté et les soins de l'autre, mes voyages auraient été t minés à Alep. Je me rétablis lentement ; et quoique je n'eusse vu perso

; mes deux amis, leurs rapports furent cause que je devins l'objet de tention publique; aussi passai-je depuis des heures très agréables avec Thomas, consul de France, avec sa famille, et avec plusieurs autres gociants d'Alep. Indépendamment des services que le docteur Russel rendit dans ma maladie, il me donna des livres et de nouvelles leçons son art. Personne ne connaissait aussi bien que lui les maladies en-niques de l'Orient; et peut-être, en me guérissant de la fièvre à Alep, ne fut pas la seule fois qu'il me sauva la vie.

Rendu à la santé, ma première idée fut d'accomplir mon voyage de myre. Les Mowalli étaient campés non loin d'Alep. J'obtins sans peine moyen de m'expliquer avec Mahomet Kerfan, leur sheik, et je m'as-ai de sa bonne volonté ; mais j'appris en même temps de lui que la ıte que je m'étais proposé de suivre pour me rendre à Palmyre par le é du nord était ennuyeuse, incommode, peu sûre, et m'occasionerait ucoup de dépense. Enfin le sheik me conseilla de ne pas l'entreprendre. st inutile, en pareil cas, de demander des informations plus particu-res. Un Arabe qui agit avec précaution sait assurément bien ce qu'il t. Il me dit qu'il laisserait un de ses amis dans la maison d'un autre abe à Hamath (1), à moitié chemin de Palmyre; que si j'y allais après 'un mois se serait écoulé, je le trouverais, et que je pourrais me fier à sans crainte, parce qu'il me conduirait en sûreté à Palmyre.

Je m'en retournai alors à Tripoli. Au temps fixé, je partis pour Hamath ; trouvai mon conducteur, et je me rendis avec lui à Hassia. En venant Alep, je n'avais point suivi le chemin d'en bas qui passe à Antioche. fleuve Oronte arrose la plaine où l'on cultive d'excellent tabac. Il it alors si enflé par les pluies tombées dans les montagnes, qu'on pouvait pas distinguer le gué. Je m'arrêtai à deux misérables huttes, bitées par quelques infâmes Turcomans, et je priai un de leurs chefs m'indiquer le gué. Il feignit de me l'indiquer en effet, d'un air assez nplaisant. Je marchai quelques pas sur un fonds solide; le courant it si violent devant moi, que je fus plusieurs fois tenté de rebrousser emin; mais ne soupçonnant aucune trahison, je m'avançai toujours, qu'à ce que tout à coup je tombai avec mon cheval au fond de la ière.

Je portais un fusil en bandoulière, et la bandoulière était retenue par e agrafe. Tant que cette agrafe tint, elle m'embarrassa tellement les ıs etl es jambes, que je ne pus pas nager, et je vis l'instant où je me yais. Mais heureusement elle échappa, le fusil alla au fond, et on le

) C'est la limite nord de la Terre-Sainte.

repêcha ensuite par ordre du bacha, et à la prière des marchan français.

Cependant je gagnai le rivage, tandis que mon cheval y arrivait de côté, et j'entrai pour faire sécher mes habits dans un caphar (1) qui é un peu plus loin. L'homme que je trouvai dans le caphàr me dit q l'endroit où j'avais passé il y avait le reste d'un pont de pierre récemm brisé par les eaux, et que j'étais tombé précisément dans le vide d' arche emportée; que les gens qui m'avaient montré ce passage étai une troupe d'exécrables bandits; et qu'enfin j'étais bien heureux de l avoir échappé, et d'être rendu de ce côté du fleuve. Je priai alors homme d'enseigner à mes domestiques où était le gué.

D'Hassia, mon conducteur me mena à Cariateem, où l'on voit source de belle eau, qui coule dans un grand étang. Là, je trouvai, à grande surprise, environ deux mille Arabes Annecy, qui étaient en pute avec mon vieil ami Hassan, le marchand de varech. Mais cela n' aucun effet dangereux pour nous. La querelle des Annecy et des Mow semblait être apaisée; car un vieillard de chacune de ces tribus n accompagna à cheval jusqu'à Palmyre. Les deux tribus nous fourni même des chameaux pour nous faire voyager plus commodément, et n traversâmes le grand désert, qui s'étend entre Cariateen et Palmy en un jour et deux nuits, marchant sans cesse, sans dormir un s instant.

Un peu avant d'arriver à la vue des ruines, nous grimpâmes sur montagne de pierre blanche et graveleuse, en suivant un chemin ét et tournoyant où notre vue était bornée. Mais dès que nous arrivâmes sommet de la montagne, s'offrit à nos regards le plus magnifique, le p ravissant spectacle qui ait peut-être jamais frappé des yeux mortels. vaste plaine qui paraissait au dessous était entièrement convertes d'é fices superbes, et si rapprochés, que l'un semblait toucher à l'autre. T étaient dans les proportions les plus élégantes, et avaient les formes plus gracieuses. Tous étaient construits d'une pierre blanche, qui de l ressemble à du marbre. A l'extrémité s'élève le temple du Soleil, édi digne de terminer une scène si majestueuse.

Il n'était pas possible que deux personnes songeassent ni à dessiner ornements, ni à relever les proportions de tous ces monuments. D'aille M. Wood l'avait déjà fait, et j'avais intention de ne rien publier conc nant Palmyre, puisque c'eût été une violation de la loi que je m'étais impo

(1) C'est un poste où il y a un parti d'hommes destinés à recevoir des voyageurs une co bution pour l'entretien et la sûreté des chemins.

ne point me mêler des travaux des autres. J'ai toujours suivi cette loi 'égard des étrangers, et elle doit m'être encore plus sacrée quand il git de M. Wood, à qui la reconnaissance et l'amitié m'attachent dou- ment.

J'ai divisé Palmyre en six vues angulaires, portant toutes au premier lais, ou au principal groupe de colonnes qui m'a paru le mériter. L'état ces édifices est particulièrement favorable à cette manière de repré- nter. Les colonnes sont toutes découvertes jusqu'à leur base, et le sol r lequel la ville est bâtie est solide et plane. Ces vues sont toutes dessi- es sur du grand papier. Dans quelques endroits les colonnes ont jusqu'à pouce de long, et quelques-unes des figures, qui sont sur la place qui devant le temple du Soleil, ont près de quatre lignes de hauteur.

Avant de partir de Palmyre, j'observai sa latitude avec l'instrument Hadley. Cet instrument s'était sans doute déjeté dans la route, car ndex allait mal, et avait de petits ébranlements; ainsi je ne prétends int donner cette observation pour très-exacte. Cependant, après avoir is tous les soins possibles, je trouvai que la latitude était de 33°, 58'; qui me semble se rapprocher beaucoup de la vérité. Ensuite la distance la mer étant en droite ligne de cent soixante milles, et ce cap mon- eux de la côte de Syrie, qui s'élève entre Byblus et Tripoli, et qu'on nnaît sous le nom de Théoprosopon, étant presque directement à l'oc- dent et dans le même parallèle de Palmyre, j'estime que la longitude cette ville et de près 37° 9' du méridien de Greenwich.

De Palmyre je me rendis à Baalbec, qui en est éloignée de cent trente lles. J'y arrivai précisément le jour où l'émir Yousef ayant pris la le, et établi un nouveau gouvernement, décampait pour s'en retourner ns ses montagnes. Le moment était favorable pour moi, parce que tais ami de l'émir. J'obtins la liberté de faire tout ce que je voudrais; à cet avantage fut joint celui du départ du vainqueur, de sorte que je us point l'embarras de faire ma cour, ni l'ennui d'écouter quelquefois s questions impertinentes.

Baalbec, située dans une plaine charmante, à l'occident du mont Liban, t très bien arrosée et environnée de jardins. Elle se trouve à environ nquante milles de distance d'Hassia, et à trente milles de la côte de la er la plus proche, c'est-à-dire de l'endroit où était l'ancienne Byblus. ntérieur du grand temple de Baalbec, qu'on suppose le temple du leil, est plus beau que tout ce qu'il y a à Palmyre, et même qu'aucune tre sculpture en pierre que je me rappelle avoir vue. Toutes les vues e j'ai dessinées à Palmyre et à Baalbec sont maintenant dans la collec-

tion du roi, et j'ose dire que c'est un des plus beaux présents qu'on pû
offrir à un prince ami des arts.

La seule curiosité m'engagea à passer par Tyr, et j'y devins le trist
témoin de la vérité de cette prophétie, qui dit « que Tyr, la reine de
» nations, serait un rocher sur lequel les pêcheurs feraient sécher leur
» filets (1). » Deux misérables pêcheurs, après avoir attrapé un peu de pois
son, venaient d'étendre leurs filets sur ces rochers de Tyr. Je les engageai
au risque de déchirer les filets, à les jeter encore dans les endroits où l'o
dit qu'on peut prendre des coquillages, et où j'espérais qu'ils me rappor
teraient un des fameux poissons qui recèlent la pourpre tyrienne. Mai
je me trompai ; et je crois pourtant que je ne fus pas moins heureux e
cela que ne l'étaient les anciens pêcheurs de Tyr. Le prétendu coquillag
où était la pourpre servait vraisemblablement à cacher la connaissanc
que les Tyriens avaient de la cochenille; car si leur pourpre avai
dépendu de ce coquillage, et que toute la ville se fût mise à pêcher, o
n'aurait sûrement pas pris de quoi teindre vingt aunes d'étoffes par an.

Fatigué de mon voyage, mais extrêmement satisfait de tout ce qu
j'avais vu, et plein de santé et de bonne humeur, j'arrivai sous le toi
hospitalier de M. de Clerembaut à Sidon.

Je trouvai des lettres d'Europe d'un style bien différent des pre
mières : mon ami M. Russel me mandait de Londres qu'il m'avait expédi
d'abord un excellent télescope à réflexion, de deux pieds de rayon, et l
dernier qu'avait fait M. Short, ce qui suffisait pour en faire l'éloge
ensuite un autre télescope achromatique de Dolland, presque égal à u
réflecteur de trois pieds, ayant d'ailleurs un support très ingénieusemen
composé, et des régulateurs fixés avec des écrous. Je crois cependant qu
cet instrument serait plus parfait si les trois pieds du support étaient plu
courts seulement de six pouces. Ce raccourcissement lui ôterait le lége
vacillement qu'il a quand on s'en sert et qu'il fait du vent. Mais peut-êtr
aussi ce léger défaut n'est-il point dans les autres télescopes d'un
construction pareille. Cet instrument est d'ailleurs très agréable, et un
fois plié, il tient peu de place et est facile à transporter.

Au retour de mon voyage, j'ai rapporté chez moi l'un et l'autre télescope, et ils sont tous les deux en fort bon état, déposés dans ma bibliothèque. Cela doit paraître surprenant, car la plupart des voyageurs semblent s'accorder à dire que les miroirs de métal se rouillent entre les tropiques, et deviennent hors d'état de servir dès qu'on a fait quelques observations auprès du zénith. La crainte de cet inconvénient, et la

(1) Ezéch., chap. 26, vers. 5.

fragilité des verres des télescopes achromatiques, m'occasionèrent beaucoup de dépense; mais j'éprouvai ensuite qu'avec un peu de soin, un réflecteur pouvait suffire pour un long voyage.

En recevant mes instruments de Londres, je reçus aussi de Paris une montre marine et une montre à secondes de Lepaute, plus chère que celle d'Ellicot, mais d'ailleurs ne lui ressemblant en rien. La montre marine était fort propre, et faite sur des principes très ingénieux et très simples; mais les détails en étaient si mal exécutés, si peu finis, qu'il eût été facile à l'ouvrier le plus novice d'apercevoir la cause de son irrégularité. Je la garde encore telle qu'elle me fut envoyée. Elle m'a fort peu servi, et je doute qu'elle puisse jamais servir davantage à d'autres. Aussi m'a-t-elle coûté, je suis sûr, dix fois plus cher qu'elle ne vaut.

Cependant les lettres que je trouvai à Sidon étaient loin de me faire espérer un quart de cercle; et conséquemment, elles me laissèrent peu de satisfaction. Mais elles me confirmèrent dans la résolution que j'avais prise alors de voyager en Egypte. Après avoir vu la plus grande partie des monuments de la belle architecture des anciens, depuis sa plus grande perfection jusqu'à sa décadence, je désirais de connaître ce qu'elle était dans l'origine. Ainsi, j'avais besoin de voir l'Egypte.

Norden, Pococke et plusieurs autres voyageurs ont donné des relations très intéressantes de l'architecture égyptienne en général, de la disposition et de la grandeur des temples, de la magnificence des marbres, de leurs hiéroglyphes, de leurs diverses formes, de leurs dorures, de leurs peintures, et de la manière dont ils sont encore conservés. Cependant je crus qu'on pouvait apprendre quelque chose de plus sur les premières proportions de leurs colonnes et la construction de leurs plans. Dendera, qui est la Tentyra des anciens, semblait, d'après le récit des écrivains dont je viens de parler, offrir un vaste champ à mes recherches.

J'avais déjà recueilli un grand nombre d'observations sur les progrès de l'architecture grecque et romaine en différents âges, non d'après des livres et des systèmes particuliers, mais d'après les modèles que j'avais moi-même mesurés. J'étais depuis longtemps d'une opinion dans laquelle je me suis encore fortifié : c'est que le goût de l'architecture ancienne, fondé sur les exemples que l'Italie seule peut fournir, ne suffit pas pour connaître le mérite des anciens architectes. Ce qu'on peut apprendre d'après les premières proportions des plans et des élévations semble être resté intact en Egypte.

Après avoir visité l'Egypte, je me proposais de me retirer tranquillement dans mon patrimoine, avec une ample provision d'études et d'observations propres à me servir d'amusement dans ma vieillesse. J'espère pourtant que ma collection ne sera point perdue pour le public, à moins que la gravure n'en reçoive aussi peu d'encouragement que mes autres travaux.

Tandis que je me préparais à passer en Egypte, je reçus, par la voie d'Alexandrie, une lettre que je n'attendais nullement, et qui, si elle ne changea point d'abord mes résolutions, les ébranla au moins beaucoup.

Le comte de Buffon, M. Guys de Marseille, et plusieurs autres personnes avantageusement connues dans le monde littéraire, s'étaient adressés au ministre, et par lui au roi Louis XV, pour lui représenter combien il était douloureux qu'après qu'un homme avait fait espérer qu'il réussirait à venger l'honneur des voyageurs et des géographes, en découvrant les sources du Nil, un accident malheureux l'empêchât d'exécuter son entreprise. Ce prince, distingué par sa munificence et sa générosité, et rempli du désir de protéger les sciences, donna ordre qu'on choisit un quart de cercle de l'école de marine, et qu'on me l'envoyât de Marseille à Alexandrie.

Je reçus en même temps une nouvelle lettre de M. Russel, qui m'apprenait que les astronomes avaient commencé à perdre l'espoir de découvrir avec précision la parallaxe du soleil, par l'observation du passage de Vénus, parce qu'ils craignaient que les erreurs des observateurs fussent plus considérables que la quantité de l'équation demandée; et qu'ils désiraient ardemment qu'on fit un voyage en Abyssinie, plutôt que de chercher à établir une exactitude, pour l'obtention de laquelle les savants pensaient que nos instruments étaient trop imparfaits.

En m'envoyant ces lettres, mon correspondant d'Alexandrie m'écrivait que le quart de cercle du roi de France et mes autres instruments étaient arrivés.

L'ouvrage que je donne aujourd'hui au public contient le récit du voyage que je commençai alors (1). Je crois qu'en rendant compte de ce qui m'était arrivé jusque-là, j'ai fait tout ce qui était en mon pouvoir pour dissiper les doutes et les difficultés qui auraient pu embarrasser les personnes qui liront mon livre; et j'espère, en cela, avoir réussi.

Il me reste maintenant à remplir encore une partie de ma promesse, en expliquant ce qui a retardé la publication de mon voyage. Quiconque réfléchira sur l'éloignement des lieux que j'ai parcourus, sur les déserts affreux qui me séparaient de ma patrie, sur les guerres civiles qui désolaient l'Abyssinie pendant que j'y étais, sur les vols et les violences inséparables d'un gouvernement tombé dans une anarchie horrible, ne sera

(1) Ce voyage, très considérable comme développements, formera plusieurs volumes de notre collection, chacun ayant son titre distinct et formant un tout indépendant.

ıllement étonné que, pendant plusieurs années, il ne soit parvenu en ırope qu'une seule fois de mes nouvelles.

Une lettre, accompagnée d'un billet, pour de l'argent que j'avais ıprunté d'un Grec à Gondar, parvint fort bien au Caire; mais toutes s autres furent perdues. Mes amis d'Angleterre me crurent mort, et mme si ma prétendue mort devait être arrivée dans des circonstances prouver, mes biens devinrent un héritage vacant, sans propriétaire, livrés en commun à ceux qui crurent avoir des titres pour s'en arroger jouissance passagère.

A mon retour, divers procès ont été la suite inévitable de ce désordre. ı seul, soutenu avec opiniâtreté pendant dix ans par une compagnie ulente, vient enfin d'être terminé en peu d'heures à la chambre des ırs, grâce à la sagacité et à la sagesse du noble lord qui, heureusement ur les trois royaumes, est à la tête de l'administration de la Justice. ıl a été l'effet d'un jugement si équitable, que la confiance, l'harmonie, tout ce qui constitue un bon voisinage, règnent aujourd'hui dans mon nton.

Il me reste cependant quelques autres procès qui, malheureusement, sont pas encore assez près de leur terme. Mais j'espère qu'avec de la ıtience et des soins j'en viendrai à bout. On ne pourra sûrement pas cuser le jugement d'être trop prompt, puisque les plaidoiries auront ıré plus de trente ans.

A ces occupations désagréables, qui m'ont pris beaucoup de temps, n puis joindre de plus malheureuses. La fièvre que j'avais attrapée Bengazi s'est fait sentir de temps en temps, pendant plus de seize ans, ıoique j'eusse employé toutes sortes de remèdes pour la déraciner; et qui m'a été bien plus sensible, c'est qu'une maladie de langueur, après voir menacé longtemps la vie d'une épouse chérie, après m'avoir coûté euf ans d'alarmes, pendant lesquels le devoir et la tendresse m'obli-eaient à des soins continuels, l'a enfin mise au tombeau à la fleur de âge (1).

L'affliction inspire toujours le goût de la solitude, et la solitude porte aturellement à la réflexion et à l'étude. Mes amis s'empressèrent unani-ıement de m'attaquer du côté le plus facile à vaincre, quand notre esprit st abattu, du côté de la vanité. Ils me représentèrent combien il serait egrettable, après tous les dangers et les obstacles que j'avais surmontés, e me voir accablé par une infortune commune à tous les hommes, et de ıe livrer à un oubli déraisonnable, dont les conséquences ne m'offraient

(1) Madame Bruce est morte en 1784.

aucun avantage, et qui était absolument contraire à ce que ma pati avait droit d'attendre du caractère ferme et intrépide que j'avais autrefc montré.

Parmi ceux qui ont daigné me parler ainsi, le plus pressant est homme avantageusement connu dans la littérature, et non moins d tingué par ses talents; c'est enfin l'honorable Daines Barrington, dc l'amitié, précieuse à tant d'égards, a encore pour moi le mérite particul d'être, pour ainsi dire, née avec nous, et d'avoir été dans notre enfar la compagne de nos études. Ses conseils, ses soins, son zèle ardent, m'c déterminé à publier mes voyages; et si ma relation a quelques méri c'est à M. Barrington qu'il est dû.

Il n'y a pas longtemps que cette relation a été achevée de mettre ordre. Les matériaux, recueillis sur les lieux mêmes, étaient en gra nombre, et les événements dont je parle ont été décrits le jour même ils se sont passés; et quand j'ai rapporté des discours, c'est parce q je les ai copiés à l'instant même où ils venaient d'être prononcés Ai ces discours, bien différents de ceux qu'on trouve ordinairement dans livres, n'ont point été fabriqués à loisir et loin des objets auxquels on approprie.

On peut trouver des défauts dans cet ouvrage, peut-être même défauts très grands, et j'en conviendrai volontiers. Mais je prendrai liberté d'observer que je ne connais point de livre, dans le même ger où il n'y en ait autant et d'aussi graves, quoiqu'ils ne soient peut-être de la même espèce. Distinguer les objets avec justesse, les écrire sim ment, exactement et sans passion, est tout ce qu'on peut attendre d homme qui se trouve, comme moi, sans cesse environné d'obstacles e périls.

On peut trouver aussi des fautes dans mon style, on peut trouver j'aurais dû le travailler davantage, et peut-être aura-t-on raison. Ce dant je puis assurer que j'y ai porté beaucoup d'attention. Mais je ne suis point servilement attaché à une délicatesse, à un purisme, qui n produit rien qu'une gêne désagréable dans ma narration. On ne doit même oublier que mon amusement est l'un des motifs qui m'ont prendre la plume; et j'aurais mieux aimé renoncer à entrer dan carrière, que de la parcourir avec des entraves que je me serais for moi-même. Le style est comme le sujet, rude et mâle.

Les sentiers que j'ai suivis n'étaient point semés de fleurs; ce r été augmenter ni le mérite de mon livre, ni le plaisir des lecteurs, qu le traiter comme un ouvrage d'imagination et de goût. Je livre volontiers les petites fautes de diction à la malice de critiques qui, es taches légères, ne trouveraient peut-être aucun plaisir à la lecture de mes voyages.

On a répandu qu'il s'était formé d'avance des partis contre mon livre. Je ne puis pourtant pas dire que cela soit vrai ; je n'ai jamais pris la peine de m'en informer. Si j'ai eu de tels adversaires, ils ont été bien faibles, puisqu'ils n'ont encore pu me faire aucun mal ; et je ne me soucie point, en vérité, de savoir si c'est par défaut de volonté, ou par défaut de moyens. S'il fallait même opter, j'aimerais à croire que c'est uniquement par défaut de volonté ; car il n'y a point d'ennemi si faible qu'il n'ait toujours quelque moyen de nuire.

A présent que j'ai acquitté ma promesse en rendant compte des motifs de mes voyages, et des raisons qui m'en ont fait différer la publication, il ne me reste qu'à donner une idée sommaire de l'ouvrage même. Il est considérable et très coûteux par rapport au grand nombre de gravures qu'il contient. J'étais loin de le vouloir ainsi ; mais le voyage a été long, et le travail s'est accru insensiblement sous mes mains. Aussi peut-il désormais remplir un grand vide dans l'histoire du monde. Au lieu de ressembler en général aux voyages qui font l'amusement d'un jour d'oisiveté, il est fait pour qu'on s'en occupe longtemps.

Les personnes qui connaissent le mieux Hérodote, Diodore de Sicile et quelques autres historiens grecs, trouveront, ici aplanies, bien des difficultés que ces auteurs leur présentaient ; et ceux qui n'ont point lu ces historiens, et qui prendront ici les premières notions de la géographie, du climat et des mœurs de l'Orient, n'auront peut-être pas beaucoup de regrets à former de ne les avoir pas puisées dans des sources plus anciennes.

Ma relation commence à mon départ de Sidon pour Alexandrie, et au voyage que je fis en remontant le Nil jusqu'à la première cataracte. L'on ne doit pas s'attendre que je m'étende beaucoup sur l'histoire particulière de l'Egypte. Depuis quelque temps, chaque année nous a fourni quelques détails bons ou mauvais ; et les deux derniers ouvrages de MM. Savary et Volney semblent avoir épuisé la matière. Ce n'est pourtant pas la seule raison qui m'a arrêté.

Après que M. Wood et M. Dawkins eurent publié les dessins des ruines de Palmyre, le feu roi de Danemarck envoya un certain nombre d'artistes, supérieurs chacun dans son genre, pour faire des recherches en Orient. Ce prince leur dit en même temps d'une manière très obligeante qu'ils pouvaient visiter, s'ils le voulaient, Baalbec et Palmyre, pour leur satisfaction et pour leurs études particulières, mais qu'il leur défendait de s'immiscer dans les travaux des voyageurs anglais, et de choisir aucun des sujets que ces voyageurs avaient traités. Une pareille attention éprouv: de la part des Anglais toute la reconnaissance qu'elle méritait; et comm j'allais partir pour l'Egypte, M. Wood me pria d'avoir pour les Danois le mêmes égards qu'ils avaient eus pour nous, et de m'abstenir d'écrire su les sujets traités par M. Nieburh, ou du moins de ne pas chercher à l critiquer.

Voilà pourquoi j'ai moins parlé de l'Egypte et de l'Arabie. Cependan j'en ai peut-être assez dit. Ceux qui penseront le contraire doivent avoi recours au voyage de M. Nieburh, qui est très étendu. Ce savant fut l seul des voyageurs danois qui revint dans sa patrie. Ses cinq compagnon moururent en différentes parties de l'Arabie, et aucun ne put pénétrer e Abyssinie, principal objet de leur mission.

Mon départ d'Egypte est suivi de l'examen détaillé du golfe d'Arabie jusqu'à l'océan Indien; de mon arrivée à Masuah; de quelques idées su le premier peuple qui habita l'Atbara et l'Abyssinie; de conjectures su le langage de ce peuple; de l'histoire des premiers âges du commerce d l'Inde; de la fondation de l'empire d'Abyssinie et de ses diverses révolu tions, jusqu'à l'usurpation des Juifs, l'an 900 de l'ère chrétienne. Voilà c qui compose le premier volume.

Le second commence avec le rétablissement de la race de Salomon, don l'histoire est puisée dans les annales d'Abyssinie, et paraît ici, pour l première fois, traduite de la langue éthiopienne. J'ai déposé l'original d ces annales dans le Muséum britannique, pour servir aux savants et a public.

Le troisième renferme le détail de mon voyage de Masuah à Gondar les mœurs et les coutumes des Abyssiniens; deux tentatives pour remonte aux sources du Nil; la description de ces sources; et généralement tou ce qui a rapport à ce fleuve fameux et à ses débordements.

Enfin, le quatrième volume contient mon retour des sources du Nil Gondar; les campagnes de Sébraxos, et les révolutions qui en furent l suite; mon retour par le royaume de Sennaar et le Béja, c'est-à-dire l désert de Nubie; et mon arrivée à Marseille. (1)

En revoyant mon ouvrage, je me suis aperçu qu'une chose, et je croi que c'est la seule, n'était pas assez claire, et pourrait faire élever quelque doutes instantanés dans l'esprit des lecteurs, du moins de ceux qui ne l parcourront qu'avec peu d'attention. L'objet de ces doutes est qu'on m demandera comment je pus me procurer des fonds pour me défrayer mo et dix personnes de ma suite, si longtemps et si aisément, puisque j'exer-

(1) Depuis, M. Bruce a joint à son ouvrage un cinquième volume, précieux pour l'histoire naturelle. C'est de l'édition in-8° qu'il s'agit.

s l'art utile de la médecine sans en retirer de l'argent, ni aucun autre ofit? Comment est-ce encore que, contre l'usage des autres voyageurs, je ɔus à Gondar, et surtout à la cour, dans l'indépendance et l'égalité, au u de m'abaisser et de me tenir au loin, ou de rechercher en esclave la otection de quelque grand?

Je m'empresserai avec plaisir de répondre à ces doutes, à ces questions sonnables, ainsi qu'à d'autres semblables, si je pouvais en prévoir. Il est nullement extraordinaire qu'un étranger comme moi, et une troupe gens tels que ceux qui m'accompagnaient, pussent se soutenir et vivre sément à Gondar pendant un certain temps. L'homme qui est un peu struit a une supériorité infinie sur des barbares; et c'est alors qu'on nt tous les avantages de l'éducation. Tous les Grecs que nous trouvâmes Gondar étaient originairement des criminels et des vagabonds. Nul eux n'avait jamais exercé aucune profession honnête, excepté Pétros, le ambellan du roi, qui était un ancien cordonnier de Rhodes; ce qu'il eut n soin de cacher à son arrivée en Abyssinie. Cependant tous ces expaés, non-seulement subsistaient, mais par degrés, et sans prétendre être édecins, ils parvenaient aux places, aux richesses, aux honneurs.

L'hospitalité est la vertu des barbares, qui sont même d'autant plus hostaliers qu'ils ont plus de barbarie, comme, par plusieurs raisons sensies, la même vertu se trouve chez les nations policées dans la même prortion.

Si, à mon arrivée en Abyssinie, je montrai un caractère indépendant, ce t par réflexion et par politique. J'avais souvent songé que les infortunes e d'autres voyageurs avaient éprouvées dans ces contrées, ne venaient e de l'opinion que les Abyssiniens s'étaient formée en général du rang et mérite de ces voyageurs. D'après cette idée, je résolus de me conduire trement qu'eux. J'allai dans une cour où régnait un *roi des rois*, dont le ne était environné d'un grand nombre de nobles, vains et jaloux de rs droits héréditaires. Il était donc impossible que beaucoup d'inférioé et d'humilité pût réussir à plaire.

M. Murray, ambassadeur d'Angleterre à Constantinople, en m'obtenant firmàn du grand seigneur, m'avait fait qualifier de Bey-Adžé, titre qui pond à celui de noble anglais, et on avait ajouté que j'étais au service roi de la Grande-Bretagne. Toutes les puissantes recommandations que m'étais procurées au Caire et à Jidda avaient répété au loin ces qualités. les avaient annoncé aux Abyssiniens que j'étais un homme, non pas mme ceux qui vont ordinairement chez eux, pour chercher à vivre de rs charités, mais possédant de grands moyens qui m'étaient propres; et us ceux qui avaient écrit en ma faveur garantissaient la vérité de cette attestation, en offrant de subvénir eux-mêmes à mes besoins, toutes les fois que je le requerrais.

La seule chose que ces lettres demandaient pour moi, était la sûreté de ma personne. Elles disaient que j étais médecin, mais bien au-dessus de pratiquer mon art pour chercher à gagner, et que tout ce que j'en faisais, n'était que par la crainte de Dieu, par charité et par amour du genre humain. Elles ajoutaient encore que j'étais un médecin dans la ville, un soldat sur le champ de bataille, distingué en tous lieux, et me conduisant en homme qui savait bien lui-même qu'il n'était point indigne de marcher l'égal des premiers de la cour d'Abyssinie, et qui devait être l'étranger et l'hôte du roi, qualité qui, à Gondar, obtient beaucoup de considération, ainsi qu'elle en a obtenu de tout temps chez les anciens peuples de l'Orient.

C'eût été en vain que les Abyssiniens auraient voulu entrer en comparaison pour le savoir, puisqu'ils n'en ont d'aucune espèce. Pour la musique, ils la connaissent très peu. Mais à table ils étaient mes maîtres, et nous n'étions en rivalité que dans l'équitation; encore leur montrai-je bientôt que je leur étais supérieur.

Le long séjour que j'avais fait parmi les Arabes m'avait accoutumé à manier un cheval. Je fis toujours porter à ma suite une bonne selle et une bride, et dans les premiers jours de mon arrivée en Abyssinie, j'achetai du baharnagash un cheval que je jugeai en état de faire mon voyage, que je caparaçonnai très élégamment, et que j'étudiai avec soin. Les Abyssiniens sont en général les plus mauvais cavaliers du monde. Ils ont d'ailleurs des chevaux qui ne valent pas mieux que nos bidets d'Écosse, et qui sont fort mal enharnachés. Ils ne sont point dans l'usage de se servir d'armes à feu lorsqu'ils sont à cheval. Ils n'avaient jamais vu, avant mon arrivée, de fusils à deux coups, et loin de deviner même en le voyant que ce fusil était limité à deux décharges, ils croyaient qu'ils devaient tirer à l'infini. Toutes ces choses me donnaient donc sur eux un prodigieux avantage.

J'oserai encore ajouter qu'étant alors à la fleur de mon âge, d'une figure qui n'était point désagréable, ayant un certain goût de parure qui vaut bien son prix, je cultivai avec la plus grande assiduité la bienveillance du beau sexe, par les hommages les plus modestes et les plus respectueux.

Indépendamment de l'argent que je portais avec moi, j'étais muni d'un crédit de quatre cents livres sterling sur Yousef Cabil, gouverneur de Jidda. J'avais encore un autre crédit sur un marchand turc de la même ville, ainsi que des recommandations très fortes pour que Métical-Aga, emier ministre du shérif de la Mecque, me fournit ce qui me serait cessaire.

Avec de la prudence, c'en était sans doute assez ; mais quand je rencon-i à Jidda mes compatriotes, les capitaines de la compagnie des Indes, renforcèrent beaucoup mes finances ; ils auraient volontiers fait pleu-r l'or sur moi, pour faciliter un voyage qu'ils désiraient à beaucoup gards. Le capitaine Thornill, commandant le vaisseau le *Marchand* du ngale, et le capitaine Thomas Price, commandant du *Lion*, se chargè-t d'être mes trésoriers. Leur saraf ou courtier tenait dans ses mains t le commerce qui produisait les revenus de l'Abyssinie, avec une nde partie des correspondances de l'Orient, et, par un hasard assez heu-x pour moi, le capitaine Price passa tout l'hiver à Jidda. Il eut même mable attention d'envoyer un de ses domestiques en Abyssinie, pour iformer si j'avais été effectivement massacré par l'usurpateur Socinios, si qu'on l'avait rapporté à Jidda. Mais Socinios n'ôta la vie qu'à un de s gens, et à l'officier de Métical-Aga. Le monstre les assassina, dit-on, sa propre main.

Deux fois M. Price me fit passer de l'argent, quoique j'eusse beaucoup r ; mais j'avais besoin d'argent en lingots, pour en faire faire divers ou-ges. Je ne prétends pourtant point cacher que ces ressources me man-èrent quelquefois ; mais ce fut uniquement par ma négligence, parce e je n'eus pas soin de demander à propos, ou par l'absence des négo-nts, qui tous étaient mahométans et constamment occupés d'affaires et voyages. Je parus surtout abandonné dans le temps que le roi se retira ns la province de Tigré, après la bataille de Limjour, et durant l'usur-tion de l'indigne Socinios. Ce fut alors que j'eus recours à Pétros et aux tres Grecs, mais plus encore peut-être par rapport à eux que par rap-rt à moi, et rarement par nécessité. Mon opulence me mit donc à même traiter les gens de la cour d'égal à égal, et d'accorder des faveurs comme n recevoir.

Le moindre tour de gibecière passe dans ce pays-là pour un grand ta-t. Des fusées, des pétards y sont regardés comme des merveilles. Il n'y oint de grade où ces bagatelles n'eussent pu me faire parvenir, si j'avais assez fou pour vouloir passer ma vie en Abyssinie. Je suis même cer-n que j'aurais en vain voulu m'en revenir, si une certaine mélancolie e m'inspirait le désir de revoir ma patrie ne m'eût pas abattu au point faire craindre pour mes jours ; encore ne me permit-on de partir de ndar qu'après que j'eus fait serment d'y retourner.

Cette manière de me conduire eut aussi, je l'avoue, quelques désavan-ges. Le lecteur trouvera ces détails dans la relation de mon voyage, sans que je les lui explique d'avance. Il me suffira de dire ici que ce qui failli me faire massacrer à Masuah me sauva la vie à Gondar, en me mettant a dessus du pouvoir et des recherches des prêtres, écueil fatal contre leque tous les voyageurs européens se sont brisés. J'aurais aussi été mis à mort Sennaar, si je n'avais pas eu la prudence de me contraindre et de mettr de côté mon air de fierté et d'indépendance.

J'ajouterai ici que, quoique ma santé délabrée ne me laisse guère l'es poir de voir une seconde édition de cet ouvrage, je recevrai avec recon naissance toutes les remarques judicieuses qu'on daignera me faire, e que j'en profiterai si j'en ai l'occasion. Mais je déclare solennellement qu je ne réfuterai jamais les critiques de mauvaise foi, ni ne répondrai au objections oiseuses et malignes, telles que chaque livre nouveau en fai naître, et qui remplissent les paragraphes des gazettes. Ce que j'ai écr est écrit. Mes lecteurs ont devant les yeux tout ce que je puis dire direc tement ou indirectement sur ce sujet ; et j'ose, sans la moindre inquiétude confier ma défense à un public impartial et éclairé.

L'ÉGYPTE ET LA MER ROUGE

CHAPITRE Ier

'auteur s'embarque à Sidon. — Il touche à l'île de Chypre. — Il se rend à Alexandrie. — Il part pour Rosette. — Il arrive au Caire.

Le 15 juin 1768, je m'embarquai sur un vaisseau français, et je partis e Sidon, ville qui fut jadis la plus riche et la plus puissante du monde, ıais qui ne conserve pas la moindre ombre de son ancienne splendeur. ous fîmes route vers l'île de Chypre, avec un vent favorable et un temps rès beau, mais d'une chaleur excessive.

L'île de Chypre n'est pas précisément sur la route de Sidon à Alexanrie. Elle gît un peu au nord. Je ne me sentais aucune curiosité de la oir. Mon esprit se portait vers des lieux plus éloignés, et dont les oyages sont moins fréquents et bien plus pénibles; mais le capitaine u vaisseau avait besoin d'aborder en Chypre; et j'y consentis avec 'autant plus de facilité, que nous n'avions point eu de nouvelles ceraines que la peste eût encore cessé en Egypte. Il y avait quelques jours attendre pour voir arriver la fête de saint Jean, époque qu'on croit ans le pays mettre toujours fin à ce fléau terrible (1).

Nous aperçûmes un grand nombre de nuages légers, blanchissants

(1) La rosée qui tombe la veille de la Saint-Jean, a, dit-on, la vertu de faire cesser la peste. - On trouvera, par la suite, les observations que j'ai faites à ce sujet.

et très élevés, qui couraient du sud au nord, c'est-à-dire dnas une dir tion opposée à celle d u vent qui poussait notre navire. Il est évident q ces nuages venaient des hautes montagnes de l'Abyssinie, où ay laissé tomber la pluie dont ils avaient été chargés, et se trouvant pres par l'air plus épais qui courait du nord, ils étaient montés dans u région vide, et ils revenaient pour rétablir l'équilibre au nord. De chargés de nouveau des vapeurs du mont Taurus, ces nuages retourn bientôt vers le sud, où, se heurtant contre le sommet escarpé des montagn ils versent périodiquement ces torrents de pluie qui occasionent débordements du Nil.

Rien ne pouvait être plus agréable pour moi que ce spectacle, et raisonnements qu'il me donna occasion de faire. J'anticipais avec tra port sur le temps où je serais le spectateur et l'historien de ce phé mène qui, depuis le commencement des siècles, a été regardé jusq présent comme un mystère impénétrable. Je me réjouissais des mesu que j'avais prises pour mon voyage, et qui, ayant été dirigées avec p de soin que celles des voyageurs qui m'avaient précédé, devaient mettre à l'abri des accidents désastreux qui les ont toujours empêchés terminer leur entreprise.

Le 16, à la pointe du jour, je découvris une haute montagne, q d'après sa forme particulière, décrite par Strabon, je reconnus pou mont Olympe. Bientôt après le reste de l'île de Chypre, qui est très b s'offrit à notre vue. Nous distinguâmes à peine Lernica, jusqu'à l'inst où nous jetâmes l'ancre. Cette ville est, ainsi que celle de Damas, b d'argile, de la même couleur que le sol, et il faut en être très près p en apercevoir les maisons.

Il est bien extraordinaire que l'île de Chypre soit restée si longte sans être découverte. Les vaisseaux naviguaient dans la Méditerra 1700 ans avant Jésus-Christ. Cependant, quoique l'île de Chypre ne qu'à une journée du continent d'Asie, dans sa partie nord-est, et gu plus éloignée de l'Afrique dans sa partie sud, elle était encore incon lorsque Tyr fut bâtie, un peu avant la guerre de Troie, c'est-à-dire plu cinq cents ans après que les vaisseaux eurent fréquenté les mers l'environnent.

Cette île, au moment de sa découverte, était remplie de bois; et ce me fait penser qu'elle était peu connue lors de l'édification du templ Salomon, c'est que rien ne nous apprend que Hiram, roi de Tyr, qui é dans le voisinage de Chypre, y ait jamais envoyé couper des arb quoique assurément le transport en eût été bien plus aisé que celui cèdres qu'il faisait prendre au sommet du Liban.

L'abondance du bois qui couvrait l'île de Chypre est prouvée par le écit d'Eratosthènes, qui rapporte que les arbres y étaient si multipliés, u'on ne pouvait pas d'abord en travailler le bois. Il fallait commencer ar les ébrancher, et on brûlait les branches sous les fourneaux où l'on aisait fondre l'argent et le cuivre, ensuite les arbres servaient à cons·'uire des vaisseaux. Mais ces moyens ne suffisaient pas pour dégager sol; on permettait aux étrangers d'y couper tout le bois qu'ils vouaient, et on leur donnait même la propriété des terrains dont ils avaient nlevé les arbres.

Les choses sont tristement changées. Le bois manque maintenant en hypre dans plusieurs endroits; et cette île n'est pourtant pas devenue lus salubre par la destruction de ses forêts, comme cela arrive ordinaiement.

A Cacamo, qui est l'ancienne Acamas, dans la partie occidentale de île, il y a encore autant de bois que lors de sa découverte. On voit eaucoup de grands cerfs et des sangliers monstrueux, qui vivent en aix dans ces forêts vierges; et je ne dois qu'au peu de crédulité dont je uis doué, de n'avoir pas été persuadé qu'un éléphant y existait il n'y a as encore beaucoup d'années. Plusieurs familles grecques me l'ont ssuré; et j'ai ensuite vu à Alexandrie d'autres personnes de cette nation ui ont cherché à me confirmer ce rapport. Il n'en est pas moins vrai ue si j'avais trouvé en Chypre le squelette de cet animal, j'aurais pensé u'il y avait été avant le déluge. Il n'a été fait autrefois d'invasion en hypre que par Darius Ochus, et je ne me souviens pas que ce prince eût sa suite des éléphants.

En côtoyant le rivage de Paphos, j'avais quelque envie de débarquer our voir s'il ne restait pas encore quelque débris de son temple célèbre. lais le voyage que j'avais entrepris exigeait que mes vœux s'adressassent lutôt à Hercule qu'à Vénus; d'ailleurs le capitaine de mon vaisseau raignait de perdre du temps, ce qui me détermina à continuer ma oute.

On a déterre en Chypre plusieurs médailles de peu de valeur. Il y en d'argent, trouvées auprès de Paphos, qui sont bien travaillées, mais ont les antiquaires ne font pas grand cas, parce qu'elles ne représentent uère que des villes, et qu'elles sont pareilles à celles qu'on trouve en rète, à Rhodes et dans toutes les îles de l'Archipel. Il y a aussi quelques ierres gravées à la belle manière grecque, et d'une meilleure qualité de ierre qu'elles ne le sont communément dans ces îles. J'ai vu quelques tes de Jupiter remarquables par l'épaisseur de la chevelure et de la arbe, et dont le travail exquis était inappréciable.

La fièvre règne frequemmment à l'île de Chypre, et surtout aux environ de Paphos (1).

Nous partîmes de Lernica le 17 juin, à environ quatre heures aprè midi. La journée avait été assez nébuleuse, et le vent, qui soufflait d nord-est, renforça dès que nous fûmes en mer. Notre capitaine, qu avait beaucoup d'expérience de ces parages, en profita, et mit toutes se voiles pour courir à l'ouest. Plein de confiance dans un signe qu' aperçut à l'horizon, et qu'il appelait un banc, signe qui ressemblait pa faitement à un nuage noir, il devina que le vent viendrait de ce côté- le lendemain.

Effectivement le 18, un peu avant midi, une bise très-favorable se lev au nord-ouest, et nous mîmes immédiatement le cap sur Alexandrie.

Les côtes de l'Egypte sont très-basses et si le temps n'est pas bien clai on court le risque de les toucher avant de les avoir aperçues.

Un courant très fort porte continuellement à l'est. Les capitaines d

(1) L'île de Chypre — en turc : *Kibris* — est située dans la partie orientale de la Méditerranée entre l'Anatolie et la Syrie. Sa superficie est d'environ un million d'hectares. Sa populati approche de 150,000 âmes, dont les Grecs forment les deux tiers et les Turcs à peu près le tie restant.

Le climat de cette île, si célèbre dans l'antiquité, varie suivant ses différentes parties. Sur côte nord, la chaleur est tempérée par les vents qui viennent des districts montagneux l'Anatolie; ces vents amènent des froids très vifs en hiver, et les montagnes qui y sont exposé restent couvertes de neige pendant plusieurs mois. Les côtes sud et est, abritées des vents nord et de l'ouest par les montagnes de l'île, sont exposées à ceux de l'est-sud-est et du su et la chaleur y est plus grande que dans aucune autre partie du Levant.

Le sol est naturellement fertile, et, bien qu'il n'y ait encore, comme au temps où Bruce visita, qu'une très petite partie de l'île cultivée et que l'agriculture s'y trouve dans l'état le pl défaillant, on y récolte du froment excellent et en quantité telle que les marchands de Larnica font, tous les ans, une exportation considérable pour l'Espagne et le Portugal.

Chypre produit aussi du coton de qualité supérieure dont, pendant l'occupation vénitienne, exportait annuellement de 30 à 40,000 balles. A la même époque, elle fournissait aussi du suc en quantité notable.

Couverte, dans la majeure partie de son territoire, de forêts de chênes, de hêtres, de pins et cyprès, elle a des plantations florissantes d'oliviers et de mûriers. Son huile est renommée. El produit encore miel, tabac, lin, garance, fruits exquis, oranges, citrons, dattes, figues, pistach sésame, pavots, câpres, réglisse, etc. C'est de Chypre qu'est originaire le chou-fleur.

Les vins de Chypre, particulièrement ceux de la partie nommée *la Comm nderie*, ancien propriété des chevaliers de Malte, sont justement célèbres. A l'époque ou Bruce y conduit lecteur, les vignobles produisaient en moyenne 80,000 hectolitres, dont la moitié au moins ét exportée. Aujourd'hui, c'est à peine si cette production s'élève à 8,000 hectolitres. Il n'y a pas doute que sous sa nouvelle dominatrice, l'Angleterre, Chypre remonte rapidement à l'état prospè d'où la domination turque l'a précipitée, et devienne bientôt ce qu'elle était dans l'antiquité : plus riche, la plus florissante et la plus importante à tous égards des îles asiastiques de Méditerranée.

Ce n'est pas seulement dans l'antiquité que Chypre — sous son nom de Cyprus — a été célèbr Richard Ier, roi d'Angleterre, l'enleva, lors des croisades, aux Commène, et la céda à Guy Lusignan, roi titulaire de Jérusalem, y fonda, en 1192, une souveraineté dite « Royaume Chypre et de Jérusalem ». Restée pendant trois siècles entre les mains des Lusignan, el fut gouvernée, de 1473 à 1486, par Catherine Cornaro, veuve du dernier prince de ce nom. El passa ensuite aux Vénitiens, qui la conservèrent jusqu'en 1571, époque à laquelle elle leur f enlevée par les Turcs.

On sait qu'à la suite de la dernière guerre entre la Russie et la Turquie, elle a été concédée l'Angleterre.

aisseaux qui ont coutume de naviguer sur ces cotes prétendent reconnaî-e, quand ils en sont proches, à un limon noir (1), qui s'attache à la sonde squ'à environ sept lieues de distance de la terre.

Notre capitaine croyait, à minuit, que sa sonde avait déjà rapporté ce non noir ; c'est pourquoi, au lieu de profiter du bon vent, il aima mieux arrêter jusqu'au matin, imaginant qu'il était fort près de terre, quoique calcul de sa route ne fût nullement d'accord avec ce que sa sonde lui ersuadait.

Pour moi, j'étais très fâché de ne pas avancer avec le vent favorable que ous avions ; et ayant pris hauteur, je trouvai, par le passage des deux oiles du méridien, que nous étions par les 32° 1' 45" de latitude, c'est-dire, à dix-sept lieues d'Alexandrie, au lieu de sept, que supposait notre apitaine.

D'après cela je conclus que cette idée qu'ont les marins, que le limon du il leur annonce l'approche de l'Egypte, est assez mal fondée. Nous vîmes ailleurs que l'endroit où nous nous arrêtions alors était la mer opposée ı désert de Barca, et n'avait aucune communication avec le Nil.

Au surplus, les vents qui règnent tout l'été dans ces parages, et qui oufflent de l'ouest et du nord, et les courants qui vont dans l'est, empê-ıent absolument que le limon du Nil puisse jamais être porté au vent aucune des embouchures de ce fleuve.

Il est bien reconnu, au contraire, que l'action de ces vents d'été, et la ermanence des courants ont jeté une grande quantité de limon, de gra-er et de sable, dans tous les ports qui sont sur la côte de Syrie.

Il ne subsiste plus aucun vestige de l'ancienne Tyr. Le port de Sidon, eux de Berout (2), de Tripoli, de Latikéa (3), sont comblés par l'accumu-tion des sables. Peu de jours avant mon départ de Sidon, M. de Clé-embaut, consul de France, me montra le pavé de l'ancienne ville de Si-on, qui est maintenant sept pieds et demi au dessous du sol sur lequel ı a bâti la nouvelle cité, et d'ailleurs bien plus rapproché du mont Liban, couvert de jardins.

Le 20 juin, au lever du soleil, nous vîmes de loin la ville d'Alexandrie, ui semblait s'élever du sein de la mer. Si l'état où est maintenant cette lle n'était pas généralement connu, un voyageur curieux des monuments e l'architecture antique s'imaginerait trouver dans Alexandrie un vaste hamp pour ses recherches

(1) C'est un ancien préjugé.

(2) Berytus. — Aujourd'hui Beyrouth.

(3) Laodicée.

En effet, Alexandrie promet de loin un spectacle digne d'attention. vüe des anciens monuments, parmi lesquels on distingue la colonne Pompée, avec les hautes tours et les clochers construits par les Maur font espérer un grand nombre de beaux édifices ou de ruines superbes.

Mais, au moment où l'on entre dans le port, l'illusion s'évanouit, et n'aperçoit plus qu'un très petit nombre de ces monuments d'une gr deur colossale et majestueuse, qui distinguaient les anciens, et qui trouvent mêlés avec les édifices, aussi mal imaginés que mal constru qu'ont élevés les conquérants qui se sont emparés d'Alexandrie dans derniers siècles.

Alexandrie a deux ports, l'ancien et le nouveau. L'entrée de ce dern est difficile et dangereuse, parce qu'il est défendu par une barre. Il est, outre, plus petit que l'ancien, quoique Strabon l'ait nommé le gra port.

Ce n'est que dans ce nouveau port que les vaisseaux européens peuv mouiller, encore n'y sont-ils pas en sûreté et il en périt sans cesse qu qu'un, même à l'ancre.

Lorsqu'au retour de mon voyage, je passai à Alexandrie, dans le m de mars 1773, il y eut plus de quarante vaisseaux jetés à terre et mis pièces. La plupart étaient de Raguse ou des ports de Provence; m ceux des nations accoutumées à naviguer sur l'Océan n'éprouvèrent auc mal.

Il était très curieux d'observer, en ce moment terrible, la manière d on agissait à bord de ces différents vaisseaux. Aussitôt que la tempête fut annoncée avec violence, tous les capitaines ragusiens, et les Franç des ports de la Méditerranée, après avoir mouillé toutes leurs ancr s'embarquèrent dans leurs canots, pour gagner promptement le riva abandonnant le sort de leur vaisseaux aux fureurs de la tempête; car savaient bien qu'ils avaient des agrès trop faibles pour pouvoir y dem rer en sûreté.

Cependant les Anglais, les Danois, les Suédois, les Hollandais, tous navigateurs de l'Océan enfin ne pressentirent pas plus tôt le mauv temps, qu'ils quittèrent leurs magasins à terre, et se rendirent à le bord. Ils connaissaient la bonne construction de leurs vaisseaux, et, dé reux de pouvoir par eux-mêmes remédier aux accidents imprévus, osaient braver la tempête. On les voyaient se promener tranquillem sur le tillac, et défier l'orage. Aucun homme de leurs équipages ne so de leurs vaisseaux jusqu'à ce que le temps fût calme. Alors ils vinr à l'aide des infortunés dont les navires avaient été brisés et dispersés s la plage.

L'autre port d'Alexandrie est l'Eunostus des anciens, situe à l'occident phare. Il était aussi appelé le port d'Afrique ; beaucoup plus grand que premier, il se trouve placé immédiatement au-dessous d'une partie de ville. L'eau y est bien plus profonde, quoique depuis plusieurs siècles ucoup de vaisseaux y aient versé une immense quantité de lest. Mais 'y a point de doute que ce moyen ne finisse par combler le port ; et la stérité pourra probablement, d'après le système d'Hérodote (si ce sysne est encore adopté), nommer cette partie du continent, comme on a mmé le reste de l'Égypte, le produit du Nil.

Les vaisseaux des chrétiens n'ont pas la liberté d'entrer dans ce port, cela seulement parce qu'on veut éviter que les femmes musulmanes ne ent vues lorsqu'elles prennent l'air le soir à leurs fenêtres. Cette consiration a été jugée assez puissante par les princes chrétiens pour les enger à s'y soumettre ; et elle l'emporte sur la perte continuelle des riches- et des hommes qui périssent dans les navires jetés à la côte.

Lorsqu'Alexandre revint de la Lybie en Egypte, il fut frappé de l'heuse situation et de la beauté de ces deux ports. L'architecte Dynocharès, i l'accompagnait, traça soudain le plan d'Alexandrie, et Ptolémée Ier la bâtir.

La campagne qui l'environne, et qui forme en partie le désert de Lybie, stérile, affreuse, mais salubre ; et ce fut une raison de plus pour faire férer cette situation aux terrains humides et malsains de l'Egypte. Cedant il n'y avait point d'eau à Alexandrie, et Ptolémée fut obligé d'en er du Nil, par un canal vulgairement appelé, de nos jours, le canal de opâtre, quoiqu'indubitablement il soit aussi ancien que la ville même lexandrie.

Toutefois, si l'on a remédié, dans l'origine, à l'eau qui manquait à exandrie, cet inconvénient ne lui en est pas devenu moins fatal par la ite, et c'est une des principales causes de l'état de décadence où elle est aintenant.

Sa situation la rend si importante et si favorable au commerce, que, ns toutes les guerres, chaque parti a cherché à s'y établir. Il est aisé de prendre, parce qu'il n'y a point d'eau ; et comme la même raison empêe qu'on la conserve, les vainqueurs ont toujours essayé de la détruire, peur que leurs ennemis, la possédant à leur tour, n'en tirassent un trop and avantage.

Nous ne devons peut-être pas supposer que la campagne qui envinne Alexandrie fût aussi stérile dans le temps de la prospérité de cette lle, qu'elle le paraît maintenant. Nous voyons, par l'exemple de la plurt des anciennes villes répandues dans les déserts de l'Afrique, que, tandis qu'elles sont habitées, il y a tout autour des plantes et des cultur qui contiennent les sables, et les empêchent d'être emportés çà et là les vents.

J'imagine que les lacs que l'on voit en Egypte en si grand nombre s des réservoirs creusés pour conserver de l'eau, et arroser les plantatio dans les mois où le Nil décroît. Le grand effet que peut produire un d'eau sur la terre s'aperçoit le long du canal de Cléopâtre, par la quan d'herbes et d'arbustes qui y croissent, ainsi que par les belles plantati de dattiers. Aussi je ne doute pas que, du temps des Ptolémées, ces cu res ne fussent mieux soignées et ne s'étendissent bien plus loin.

La colonne de Pompée, les obélisques et les citernes souterraines, s à présent toutes les antiquités qu'on trouve à Alexandrie. Plusieurs vo geurs les ont décrites savamment, et dans le plus grand détail.

Le feuillage et le chapiteau de la colonne ont été assez généralement i prouvés. Mais le faîte mérite beaucoup d'attention.

La colonne entière est de granit, à l'exception du chapiteau, qui pa d'une pierre moins belle. Je soupçonne que les feuilles grossièrem taillées qu'on y voit, étaient destinées à supporter des feuilles de métal (ou des sculptures plus précieuses; car le chapiteau a neuf pieds de ha et les feuilles de pierre proportionnées auraient dû non-seulement être t larges, mais mieux travaillées, et en état de résister aux injures du tem

Ce magnifique monument paraît, pour le goût, avoir été fait au siè d'Adrien ou de Sévère. Mais quoique le premier de ces empereurs ait f élever plusieurs édifices en Orient, on remarque qu'il ne les a jamais ch gés d'aucune inscription.

La colonne de Pompée portait une inscription grecque. Aussi je cr qu'elle a été élevée sous le règne de Sévère, comme un monument de reconnaissance qu'Alexandrie devait à ce prince, pour tous les bienfa qu'il lui avait accordés. D'ailleurs, aucun des historiens qui ont écrit av le règne de Sévère ne parle de ce monument.

Je pense que la colonne vient de Thèbes, dans la Haute-Égypte, et portée en bloc par le Nil. Il y a cependant des personnes qui ont imag que c'était un ancien obélisque, qu'on a depuis arrondi. Sa longueur, quatre-vingts pieds, aurait dû vraiment en faire un obélisque prodigie et il eût fallu qu'il eût été bien large, pour pouvoir ensuite, dans u forme ronde, conserver la circonférence qu'il a, et être poli au point de pas laisser apercevoir une trace des hyéroglyphes qui eussent été prof dément gravés sur les quatre faces.

(1) On voit plusieurs exemples de ces feuilles de métal à Palmyre et à Balbec.

Le tombeau d'Alexandre a été cité comme un des monuments de la ville laquelle ce conquérant célèbre donna son nom. Marmol raconte l'avoir u en 1546. C'était, suivant lui, un édifice assez petit, bâti en forme de hapelle, dans le milieu de la ville, et près de l'église de Saint-Marc. On le ommait Escander.

Ce récit n'est nullement probable; car tous ceux qui ont conquis lexandrie dans les derniers siècles respectaient trop la mémoire du ainqueur de Darius pour n'avoir pas pris le plus grand soin de son tomeau. Les Sarrasins mêmes n'auraient pas manqué de l'épargner, car lahomet a parlé d'Alexandre comme d'un grand roi et comme d'un grand rophète. Du temps de Strabon, le corps de ce prince était conservé dans n cercueil de verre, après avoir été enlevé du cercueil d'or dans lequel n le déposa à sa mort.

Les Grecs sont, pour la plupart, bien mieux instruits de l'histoire de es contrées que les Cophtes, les Turcs et les chrétiens; et après les recs, la connaissance la plus étendue des faits appartient aux Juifs.

Comme j'étais parfaitement bien déguisé, ayant porté pendant pluieurs années l'habit arabe, je ne fus soumis à aucune gêne. Je me promeais à ma fantaisie dans les différents quartiers de la ville, accompagné ar toutes les personnes des différentes nations que je pouvais engager à ne suivre. Je parlais continuellement la langue arabe, et on me prenait our un bédouin. Mais, malgré tout l'avantage que la liberté attachée à non costume me procurait, malgré toutes mes recherches, je ne pus jaais rien apprendre touchant le tombeau d'Alexandre. Les Grecs, les Juifs, es Maures, les chrétiens, me parurent à cet égard également ignorants.

Alexandrie a été souvent conquise depuis César. Elle fut pour la derière fois détruite par les Vénitiens et les habitants de l'île de Chypre, uelque temps après la délivrance de saint Louis; et nous pouvions ire d'elle, comme de Carthage: *Periere ruinæ*. Ses ruines même ont isparu.

Ses portes, ainsi que les murailles qui l'entourent à présent, ne paraisent pas avoir été bâties avant le treizième siècle. S'il y en a quelques porion d'une date plus reculée, elles ont pu avoir été élevées par les derniers alifes qui précédèrent Saladin; mais, à l'exception de ces morceaux d'arhitecture, et des débris de colonnes qui sont placés horizontalement ans divers endroits des murailles, tout le reste semble avoir été fait ans les derniers temps, et même avec beaucoup de précipitation.

Ce serait vainement qu'on désirerait un plan de ce qu'était cette ville fameuse, et qu'on essaierait de retracer l'ouvrage du Macédonien Dynoharès. Les débris de ses anciennes ruines sont profondément ensevelis sous le sable, ou détruits par les dévastations des barbares; et si Cléopâtre revenait au monde, il lui serait impossible de reconnaître l'endroit où était situé son palais, dans cette ville où elle régna.

La seule chose qui puisse plaire maintenant dans Alexandrie, c'est une assez belle rue, bâtie à la moderne, et habitée par un grand nombre de marchands, pleins d'intelligence et d'activité, lesquels se partagent les restes de ce commerce qui fit autrefois la gloire et la splendeur d'Alexandrie.

Cette ville est fort peu peuplée. Les habitants racontent qu'il a été question plus d'une fois de l'abandonner tout à fait, pour se retirer à Rosette ou au Caire; mais qu'ils en ont été empêchés par plusieurs prophètes arabes, qui leur ont prédit que, la Mecque étant détruite (comme on croit dans le pays qu'elle doit l'être par les Russes), Alexandrie deviendra la ville sainte, le corps de Mahomet y sera transporté. Ensuite, quand Alexandrie sera détruite à son tour, les reliques du prophète passeront à Kairouan, dans le royaume de Tunis; et enfin de Kairouan à Rosette, où elles demeureront jusqu'à la consommation des siècles, qui ne sera pas alors très éloignée.

Nous arrivâmes le 20 juin à Alexandrie, et nous apprîmes que la peste avait ravagé cette ville et les environs depuis le commencement de mars. Il n'y avait que deux jours que les habitants ouvraient leurs maisons pour communiquer les uns avec les autres. On ne craignait plus rien. Le jour de Saint-Jean était passé, la rosée miraculeuse tombée, et chacun vaquait à ses affaires sans plus songer à la maladie.

Mes instruments m'avaient été envoyés directement à Alexandrie, j'eus un extrême plaisir en les recevant. Je les examinai avec soin, et le bon état où ils étaient, fut pour moi une nouvelle preuve de la reconnaissance que je devais à mes correspondants et à mes amis. Muni alors de tout ce qu'il fallait pour suivre le cours de mes entreprises, j'abandonnai le sentier battu qu'offrent les recherches des tristes restes de la fameuse capitale de l'Egypte (1).

On se rend ordinairement par terre d'Alexandrie à Rosette, parce que l'entrée du bras du Nil qui conduit dans cette dernière ville et qu'on nomme le Bogaz (2), est embarrassée, dangereuse, et tient souvent beaucoup de temps les vaisseaux qui veulent y passer. D'ailleurs, personne ne se soucie de voyager avec des navigateurs égyptiens, toutes les fois qu'il est possible de s'en dispenser.

(1) Alexandrie, capitale de la Basse-Egypte, est l'entrepôt du commerce de l'Egypte avec tout le sud de l'Europe. — 165,000 habitants.

(2) Nom donné à toute embouchure étroite de rivière.

Le chemin par terre est, dit-on, aussi très dangereux. Les voyageurs e le font que chargés d'armes, quoiqu'ils soient pour la plupart déterinés à ne pas s'en servir.

Pour moi, je mis toute ma sûreté dans mon déguisement et dans la ıanière de me conduire. Nous portions tous des pistolets à la ceinture our nous en servir en cas de besoin; les fusils, dont nous avions pour ınt une assez grande quantité, furent envoyés à Rosette par le Bogaz, vec nos instruments et le reste de notre bagage. Je tenais à la main une etite lance appelée Jerid; mais mes domestiques eurent soin de cacher eurs armes.

Nous partîmes d'Alexandrie dans l'après-midi; et environ trois milles vant d'arriver à Aboukeer, nous rencontrâmes un homme de bonne mine ui se rendait à Alexandrie.

Comme nous n'avions aucune peur de lui ni de sa suite, nous ne cherhâmes ni à aller au-devant de lui, ni à l'éviter. Nous passâmes cependant ssez près pour lui donner le salut accoutumé, *salam alicum.* Mais le hef de la troupe, au lieu de nous saluer à son tour, se tourna vers un de es gens, et lui dit, en parlant de nous, et avec un air de dédain : Béouin! C'est le nom qu'on donne aux Arabes du désert; et je fus bien lus satisfait de le voir ainsi déçu, que s'il m'avait cent fois rendu mon alut.

On trouve à Aboukeer quelques ruines, peu considérables, il est vrai, nais qui annoncent que ce fut autrefois une assez grande ville. Il y a ussi un bras de mer, et son peu de distance d'Alexandrie, qui est de noins de quatre milles, semble prouver que c'est là qu'était Canope, 'une des plus anciennes villes du monde. Ses débris, malgré le voisinage u bras du Nil qui porte son nom, n'ont pas encore été couverts par 'exhaussement des terres de l'Égypte.

A Médée, que, d'après sa distance d'environ sept lieues, nous jugeons tre l'ancienne Héraclée, il y a un passage de rivière où cesse le risque le rencontrer les Arabes de la Lybie. C'est aussi là que le Delta ou la Basse-Égypte est supposé commencer.

D'Alexandrie à Médée, nous n'aperçûmes aucune trace de végétation, xcepté quelques racines d'absinthe, dispersées de loin en loin. Ces racies étaient même sans vigueur, et ne semblaient pas devoir croître davantage; mais, quoi qu'elles eussent peu d'odeur, elles étaient extrêmenent amères. Leurs feuilles semblaient imprégnées des parties salines qui abondent dans le désert de Barca.

Nous vîmes deux ou trois gazelles ou antilopes, chacune toujours seule. Ces animaux ne nous parurent nullement différents de ceux qu'on rencontre dans la Cyrénaïque. Nous vîmes sussi le jerboa, autre habitant d ces déserts; et d'après la multitude de trous que nous trouvâmes à chaqu pied d'absinthe, nous jugeâmes que le céraste, ou vipère cornue, éta en grand nombre dans ces arides contrées.

A Médée, ou plutôt au passage du bras de mer, nous commençâmes trouver un chemin de sable très sec et très mouvant; et, pour l'évite nous fûmes obligés de marcher dans la mer, ayant de l'eau jusqu'au ve tre de nos chevaux. Si le vent porte une si grande quantité de sable da la Méditerranée, on ne doit pas être surpris que les embouchures des d vers bras du Nil soient souvent engorgées.

Toute l'Égypte ressemble à la contrée que nous parcourions alors; el est couverte, depuis le commencement de mars jusqu'à la saison d inondations, de cette poussière ou sable dans lequel on enfonce profond ment; et c'est cette poussière fine et sablonneuse qui, rendue mouvan par le soleil, par le manque de rosée, par le manque d'aucune herbe q puisse la contenir, et charriée dans la mer par les débordements du Ni a donné lieu à quelques personnes d'imaginer qu'elle venait de l'Abyss nie, où toutes les rivières roulent dans des lits de rocher.

Quand on quitte la mer, on suit un chemin qui ne va que par angl droits, et l'on prend sa route à l'orient, en tirant un peu vers le nord. I on rencontre des monceaux de pierres et des tronçons de colonnes, qu'o a plantés dans ces sables mouvants pour diriger les voyageurs, et qu disposés symétriquement, conduisent en sûreté à Rosette, quoique cet ville soit presque couverte par les montagnes de sable qui sont à côté d'ell

Rosette est située à quatre milles de la mer, sur ce bras du Nil qu'o appelle le Bolbut. Cette ville doit, sans doute, le nom qu'elle porte actue lement aux Génois et aux Vénitiens, qui y faisaient un grand commer avant la découverte du cap de Bonne-Espérance; mais les Arabes la nom ment Rashid, c'est-à-dire la ville orthodoxe.

J'ai déjà expliqué la raison de cette dernière dénomination. Les musu mans pensent que, tôt ou tard, Rosette doit succéder à la Mecque, et jou de tous les priviléges célestes que la possession des reliques du prophè peut procurer.

C'est une grande ville très propre et très jolie, bâtie sur la rive orie tale du Nil. Elle a environ trois milles de long. Les mahométans studieu et pieux y viennent en grand nombre; et on y voit beaucoup de nég ciants, car Rosette est l'entrepôt du commerce qui se fait entre le Caire Alexandrie. Les marchands de ces deux villes y envoient aussi leurs fa teurs pour veiller sur les marchandises qui passent le Bogaz pour all au Caire ou pour en venir.

Il y a autour de Rosette beaucoup de jardins, et la terre est couverte ·esque partout d'une jolie verdure. On y remarque surtout une grande ıantité de plantes curieuses et de fleurs, que les marchands et les fakirs portent de différents pays. Sans cela, l'Égypte, sujette à de si longues ıondations, et si riche en végétaux nécessaires à la nourriture des hom-ıes, ne pourrait guère se vanter de la magnificence de ses jardins ; et ce-endant il n'y a que deux siècles, si nous en croyons Prosper Alpinus, ue cette contrée était célèbre pour ses arbres et pour ses fleurs.

Les sciences et le goût des choses utiles et agréables, qui ont toujours é en déclinant en Égypte, sont enfin totalement tombés dans le mépris l'oubli, sous le règne barbare de ces derniers esclaves (1), dont le nom ıfâme est un reproche aux souverains.

Tous les voyageurs chrétiens qui vont visiter l'Égypte, et tous les né-ociants établis dans ces contrées séjournent avec plaisir à Rosette. Ils ·oient pouvoir respirer là un air de liberté, qui n'est pourtant qu'ima-inaire entre les deux siéges les plus affermis de la tyrannie, de l'injus-ce et de l'oppression, Alexandrie et le Caire.

Rosette a la réputation d'être habitée par un peuple bien plus doux, ien plus traitable, et moins avare que celui des deux autres capitales e l'Égypte ; mais je ne puis assurer avec vérité que j'y aie trouvé aucune ifférence.

Il est certain que les marchands qui commercent à toutes les heures u jour avec des chrétiens, sont plus civilisés et moins insolents que la oldatesque et la populace. Leur intérêt les y oblige ; et c'est là tout omme ailleurs. Mais les prêtres, les mollahs, les soldats de Rosette et les aysans des environs, sont tout aussi grossiers et aussi méchants que ans le reste de l'Égypte.

C'est à Rosette qu'on reprend la mer pour se rendre au Caire ; et, en ffet, nous nous y embarquâmes le 30 juin.

On parle beaucoup à Alexandrie du danger qu'il y a à passer le désert our aller d'Alexandrie à Rosette ; et à Rosette on ne s'entretient que des isques qu'on court dans les voyages du Caire ; on ne parle que de pilotes, e capitaines de navires, qui ont débarqué des passagers pour les livrer à les voleurs, et partager le butin ; et on fait une foule d'histoires de ce ;enre, qui peuvent avoir eu lieu anciennement, mais qui peut-être aussi ıe sont jamais arrivées.

Pourvu que le gouvernement du Caire soit tranquille, et qu'on n'aborde oint dans les villages quand ils sont en guerre les uns avec les autres

(1) Les Mamelucks.

(car alors un voyageur, de quelque nation qu'il fût, n'y pourrait être en sûreté), on est presque certain de ne pas éprouver de grands accidents dans la route d'Alexandrie au Caire.

Le grand commerce qui se fait continuellement entre ces deux villes, et les riches cargaisons qu'on confie à des capitaines de vaisseaux, font que ces capitaines sont presque aussi connus et aussi estimés que les patrons qui font le cabotage de la Tamise.

S'ils assassinaient, ou s'ils pillaient quelque passager, ils seraient obligés d'abandonner le pays; car sans cela, dès qu'ils arriveraient au Caire, à Suèz, à Rosette ou à Alexandrie, ils seraient infailliblement pendus.

CHAPITRE II

L'auteur arrive au Caire. — Il se procure des lettres du bey et du patriarche. — Il visite les Pyramides. — Observations sur leur construction.

Nous arrivâmes au Caire dans le commencement de juillet. J'étais recommandé à M.M. Julien et Bertrand, négociants estimables et obligeants, à qui je fis part de mon dessein de voyager en Abyssinie.

Un projet si hasardeux parut singulièrement les étonner. Ils me firent beaucoup de représentations pour m'en détourner; mais voyant que j'y étais absolument résolu, ils m'offrirent avec affection tous les services qui dépendaient d'eux.

Comme le gouvernement du Caire s'est toujours montré jaloux de s'opposer à des entreprises pareilles à celles que j'allais tenter, et que la Porte les a régulièrement interdites aux nations étrangères, je feignis de vouloir me rendre aux Indes, afin que mon voyage n'inspirât aucune crainte.

Cette intention ne fut pas longtemps secrète, car on ne peut rien cacher au Caire. Là les hommes de toutes les nations, Juifs, Turcs, Maures, Cophtes et Francs s'occupent sans cesse à se surveiller mutuellement, et sont aussi attentifs à s'informer des intérêts des autres que de ceux qui leur sont propres.

J'avais pris le parti de paraître en public aussi rarement que je le pouvais, et toujours sous mon déguisement. Je fus bientôt considéré comme un fakir ou un derviche un peu instruit de la magie, et ne se souciant que de l'étude et des livres.

Cette réputation me fut particulièrement utile pour pouvoir acheter plusieurs manuscrits arabes, que la connaissance de la langue me mit à même de choisir, sans risquer d'être trompé, comme le sont ordinairement les chrétiens.

La partie du Caire où les Français sont établis est extrêmement commode et fort tranquille. Elle consiste en une seule rue, où vivent tous les négociants de cette nation ; et la rue a, dans l'un de ses bouts, une grande porte, où on entretient une garde, et qui reste toujours bien fermée pendant le temps de la peste.

A l'autre bout de la rue il y a un jardin assez bien tenu, où l'on trouve plusieurs jolies allées, et des siéges pour se reposer. Tous les plaisirs dont les chrétiens peuvent jouir parmi l'infâme peuple de ces contrées se bornent à la paix et à la tranquillité. Personne n'en recherche davantage. Cependant de lâches émissaires sont sans cesse occupés à tourmenter ces commerçants utiles par des menaces, des mensonges et des demandes extravagantes ; et ils leur ravissent ainsi ce repos dont ils se contenteraient au défaut de la liberté, et du bonheur plus solide qu'ils ont abandonné dans leur patrie.

J'ai toujours considéré les Français qui sont au Caire comme des hommes pleins d'honnêteté, de politesse et d'esprit, mais qu'une fatalité cruelle a fait condamner aux galères ; et je puis attester que, d'après la constance qu'ils montrent en supportant des vexations continuelles, je ne connais pas de nation plus noble et plus courageuse.

Ils ont soin de renfermer dans leur sein leurs affaires particulières ; et quelques craintes que puissent leur inspirer les malheurs dont ils sont souvent menacés, ils n'en font pas moins bonne mine à un étranger, et ils ne cherchent pas moins à l'obliger de tout leur pouvoir, comme si ses demandes indifférentes ou importunes étaient le seul objet qui dût les intéresser.

L'on voit aussi au Caire un consul vénitien, avec une maison de commerce, nommé Pini, l'un est l'autre également honnêtes. Mais il n'y a peut-être pas au monde des hommes aussi brutaux, aussi injustes, aussi tyranniques, aussi oppressifs, aussi avares que la race infernale qui tient en ses mains le gouvernement du Caire.

Quelques personnes ont pourtant vanté ce gouvernement. Peut-être même mérite-t-il des éloges quand on le connaît à fond ; mais comme je n'ai jamais pu le comprendre, je ne chercherai point à l'expliquer.

Il est, dit-on, composé de vingt-quatre beys. Cependant ses administrateurs n'ont pas pu me fixer une année où ce nombre fût complet. A mon passage au Caire, il n'y en avait que sept, et l'un d'eux commandait les autres.

Les beys sont sensés revêtus de la souveraineté de l'Egypte. Cependant n kaya leur fait exécuter ses ordres absolus, et quoique d'un rang infé-eur, il nomme ses esclaves, à son choix, beys ou souverains.

Dans les temps de paix, quand les beys se contentent de conserver égalité entre eux, et qu'aucun ambitieux ne cherche à commander aux utres, il y a un grand nombre d'officiers, tels que des kayas, des chourbatchis et autres, qui, bien que subordonnés aux beys, exercent n empire despotique sur le peuple du Caire, et nomment des délégués our tyranniser les habitants des villages voisins.

Peut-être y a-t-il au Caire plus de quatre cents personnes qui s'arro-ent un pouvoir sans bornes, et qui exercent ce qu'elles appellent la ıstice, à leur manière, au gré de leur seul caprice.

Heureusement, lorsque j'étais au Caire, cette hydre de gouverneurs 'existait pas. Il n'y avait que le fameux Ali-Bey, qui commandait par ıi-même ou par ses officiers. Mais la paix qu'il maintenait ne fut pas de ɔngue durée. Pour devenir bey, il faut avoir été esclave et vendu comme el. Chaque bey a un grand nombre de ces esclaves qui le servent comme l a lui-même servi les autres. Ils forment sa garde, et il les élève en rade à mesure qu'il est content d'eux.

La place la plus importante des officiers des beys est celle de hasnadar u trésorier. Il a le commandement sur le reste de la maison ; et dès que e bey meurt, quelque nombre d'enfants qu'il ait, aucun ne lui succède ; nais le hasnadar épouse sa veuve, et il hérite de son rang et de sa ortune.

Il est bien extraordinaire de voir une race d'hommes tout puissants, ui, depuis des siècles, ont consenti à laisser leur succession à des étran-ers, préférablement à leurs propres enfants, sans qu'aucun d'eux ait enté de faire hériter son fils de sa place ou de ses biens, plutôt qu'un sclave, qu'il a acheté comme une bête de somme.

Le moment de mon arrivée au Caire était peut-être le seul où, dénué de rotections comme je l'étais, je pusse espérer d'exécuter mon projet.

Ali-Bey, connu à présent en Europe par tout ce que l'on a raconté de es aventures et de son courage, avait déjà éprouvé les faveurs et les dis-grâces de la fortune ; et, après avoir été banni de sa capitale par ses rivaux, l venait de jouir de la satisfaction de les en chasser à son tour, et d'y entrer tout puissant.

La Porte lui avait été sans cesse contraire, et il lui portait dans son cœur un ressentiment implacable. Le plus ardent de ses vœux était de pouvoir contribuer à renverser l'empire ottoman.

La guerre des Russes lui présenta une occasion favorable de satisfaire sa vengeance. Aussi ne manqua-t-il point d'en profiter, résolu de seconder de tout son pouvoir les ennemis des Turcs. Il n'y a peut-être jamais e d'entreprise si heureuse, dans un pays si éloigné, que celle des Russ dans la Méditerranée ; et il n'y a jamais eu des officiers plus mal dirig par leur cour, plus ignorants des lieux où ils allaient combattre, pl accoutumés à une représentation vaine, et plus adonnés au plaisir.

Après la défaite et l'incendie de l'escadre turque sur les côtes de l'Asi Mineure, il ne paraissait pas un vaisseau dans ces mers qui ne rend hommage aux vainqueurs. Ils s'étaient placés très avantageusement Paros, ou plutôt je crois qu'une escadre qui n'aurait eu que la moitié c nombre de leurs voiles eût été très bien placée dans cette île.

Les bachas, les gouverneurs de la Caramanie, qui sont rarement d'a cord avec la Porte, se signalaient alors par une rébellion ouverte. La pa tie de la Syrie qui est au-dessous de Tripoli et de Sidon les imitait, et scheik Daher soulevait tout, depuis Acre jusqu'aux plaines d'Esdraélon, aux frontières de l'Egypte.

Dans de si belles circonstances, avec des forces supérieures, l'Egyp et la Syrie auraient dû rester à jamais démembrées de l'empire ottomar mais il est certain que les commandants russes manquaient d'instruction ne savaient ni jusqu'où la victoire pouvait les mener, ni comment ils d vaient en profiter

Ils n'entretenaient point une correspondance franche et suivie avec Al Bey, quoiqu'ils dussent bien se confier à lui en toute sûreté, comme il d vait se confier à eux. Mais ni eux, ni lui n'avaient de bons interprètes, ils ne purent s'entendre que lorsqu'il fut trop tard, et que leurs ennemi profitant de leur lenteur, eurent rendu impossible l'exécution de leu grands projets.

Carlo Rosetti, jeune négociant vénitien, intrigant et plein de capacit s'était emparé, pendant quelques années, de toute la confiance du bey. S un tel homme avait été à bord de la flotte avec une commission et de instructions de la cour de Pétersbourg, c'en était fait de l'Egypte pou l'empire ottoman.

Le bey, malgré son esprit et son courage, était toujours mameluck, conservait les principes d'un esclave. Trois hommes de différente religio avaient fini par le gouverner, tous trois à la fois. L'un était Grec, l'aut Juif, et le troisième qui lui servait de secrétaire, Egyptien cophte ; certes il aurait fallu beaucoup de discernement et de pénétration pou juger lequel des trois était le plus scélérat et le plus disposé à trahir so maître

Le secrétaire, nommé Risk, eut l'adresse de supplanter ses deux rivau au moment même où ils se croyaient au comble de la faveur. Après avo

;é tous les Turcs et volé tous les chrétiens, le Grec fut banni d'Egypte, ; Juif fut bâtonné à mort. Telle est la destinée des ministres égyptiens ! isk se disait savant en astrologie ; Ali-Bey, semblable à tous les autres ométans, croyait tout ce qu'il lui prédisait ; il soumettait à cette folie esprit et sa raison ; et Risk, payé sans doute par la Porte, le conduisit aute en faute, jusqu'à ce qu'il l'eût perdu en le faisant obéir aux étoiles.

a vue de mes instruments, dont les caisses furent ouvertes à la douane, nd elles arrivèrent à Alexandrie, persuada à Risk que j'avais des naissances supérieures en astrologie.

e Juif, qui était intendant de la douane, reçut non-seulement la défense oucher à mes instruments, ce qui dut être une grande mortification s une douane turque, où l'on visite et manie tout sans exemption, mais ut encore ordre du bey de m'envoyer mes caisses, franches de tous ts, parce que ce n'était point des marchandises.

e fus très sensible à cette faveur, non par rapport à l'exemption des ts de la douane, mais parce que mes instruments ne furent point tirés eurs étuis, et visités par des mains grossières, qui m'auraient cassé lque chose.

isk vint me voir le lendemain, et m'apprit à qui j'étais redevable de ention qu'on avait eue pour moi ; ce qui nous fit penser à tous que ait une manière de m'avertir que je lui devais faire quelque présent. conséquence, comme j'avais quelques autres affaires auprès du bey, réparai un très joli cadeau pour le secrétaire.

ependant je fus extrêmement étonné lorsqu'ayant sollicité le moment l'offrir, non-seulement il fut refusé, mais Risk m'envoya lui-même lques bagatelles en présent, et me fit dire par un messager « que, dès ue je serais reposé, il me rendrait visite, pour me prier de faire usage e mes instruments devant lui ; et, en même temps, il me prévenait ue personne n'oserait m'inquiéter tandis que je resterais au Caire, arce que j'étais sous la protection immédiate du bey. »

l ajouta « que si j'avais besoin de quelque chose, je lui envoyasse mon omestique arménien, Arab-Keer, au lieu de prendre la peine de m'a-resser aux négociants français, ou de me confier à leur drogman. »

uoique je vécusse depuis plusieurs années en bonne intelligence et icalement avec des Turcs et des Maures, j'avoue que je n'avais jamais ıvé, en aucun d'eux, tant de politesse et de prévenance que dans le hte Risk.

e n'avais pas encore vu le bey. Je n'avais aucune recommandation par-ılière, ni aucun des moyens avec lesquels il faut se présenter devant sortes de gens, pour les intéresser en sa faveur. Je ne savais même

comment m'y prendre pour cela; c'est pour quoi je me confiai à M. B
trant, l'un des négociants chez qui j'étais logé.

Je lui fis part de mes craintes sur les premières apparences d'un te
trop beau, qui, dans ces climats, finit ordinairement par la tempête ; e
lui dis que je soupçonnais quelque secret dessein. M. Bertrand me pro
très obligeamment de sonder Risk à ce sujet.

En même temps il me recommanda de prendre garde d'offenser
cophte, ou de me confier trop à lui, me le représentant comme un hom
capable des plus noirs desseins, et d'une cruauté implacable.

La curiosité de Risk ne tarda pas longtemps à fournir à M. Bertr
l'occasion qu'il désirait. Risk s'adressa à lui pour le questionner su
connaissance que j'avais des astres ; et mon ami, qui vit alors le moti
sa conduite, le prévint si bien en faveur de ma haute science, que le cop
lui fit part à l'instant de l'espoir qu'il avait conçu de connaître, par m
secours, la destinée de son maître, le succès de la guerre des Turcs, et
particulier, si on prendrait ou non la ville de la Mecque, dont Ali-
devait confier le siége à son ancien esclave, devenu son gendre, Maho
Abou-Dahab. Mahomet était prêt à partir pour cette expédition à la
d'une armée suivie d'un grand nombre de pèlerins.

M. Bertrand m'apprit, avec de grandes marques de joie, les projets
Risk ; mais moi je ne fus pas trop content de la profession de diseur
bonne fortune, dont la bastonnade ou l'empalement peut, à la moin
méprise, devenir le salaire.

Cependant j'appris que j'avais affaire à un peuple excessivement c
dule, et qu'il ne me restait d'autre moyen que de me sauver le plus
qu'il serait possible, avant l'issue de mes prophéties.

C'était d'ailleurs mon dessein. Je n'ai jamais vu de ville plus d
gréable, ni qui offre moins d'instruction ou d'amusement que le Ca
Ses antiquités ne répondent en aucune manière aux descriptions qu
en a.

Bientôt je reçus une lettre de Risk, qui me priait de me rendre à e
ron trois milles du Caire, au couvent de Saint-Georges, où le patriar
grec m'avait fait préparer un appartement; et il ajoutait que je pou
assurer les négociants français qu'on m'envoyait là par précaution p
ma santé, et que j'y recevrais les ordres du bey.

La providence sembla me dicter alors ce que j'avais à faire; je me re
sans hésiter au couvent de Saint-Georges, maison grande, solitaire,
sible, commode pour l'étude et surtout propre à exécuter un plan qu
crus m'être utile.

Pendant mon séjour à Alger, M. Tonyn, chapelain de la factorerie laise, était absent par congé. Les prêtres catholiques ne marient, ne baptisent, ni n'enterrent aucun protestant; mais il y avait un moine grec, ommé le père Christophe, qui se prêta très-honnêtement à remplir ces onctions toutes les fois qu'on en eut besoin.

La politesse, la douceur, le caractère excellent de cet homme m'engagèent à le prendre dans ma maison de campagne, où je vivais la plus grande artie de l'année; et sa société m'était non-seulement très agréable, mais tile. Nous nous entretenions et nous lisions ensemble dans la langue recque, non comme on la prononce dans les écoles, mais avec le véritable ccent, sans lequel un étranger, qui parle cette langue, ne peut jamais tre entendu des peuples de l'Archipel.

Après que j'eus quitté Alger pour voyager en Barbarie, le père Christophe 'ennuyant, s'embarqua dans un vaisseau qui le porta à Alexandrie, d'où e patriarche Marc l'appela bientôt au Caire, et l'éleva à la dignité d'archimandrite, dignité qui est, après celle de patriarche, la seconde de l'église recque. Le père Christophe était en outre fort bien reçu dans la maison 'Ali-Bey, dont tous les officiers et domestiques étaient des esclaves géoriens ou grecs; et c'était à la sollicitation de ce bon moine que Risk avait rié de me faire arranger un appartement dans son couvent.

Je fus donc bien agréablement surpris quand, le lendemain de mon arrivée, je reçus la visite de mon ancien ami. Mais, pour ne pas occuper mes ecteurs du récit de choses indifférentes, je me bornerai à leur dire que, ans cette visite et dans plusieurs autres que me rendit le père Christophe, 'appris qu'il y avait alors beaucoup de Grecs puissants en Abyssinie, et ue même quelques-uns d'entre eux remplissaient les premières places. es Grecs entretenaient, quand l'occasion s'en présentait, une correspondance avec le patriarche, et, dans tous les temps, ils conservaient tant de espect pour lui, que sa volonté leur paraissait aussi sacrée que l'Évangile.

Le père Christophe se chargea avec zèle de faire écrire des lettres en ma faveur par le patriarche; et nous concertâmes ensemble le plan qu'il allait suivre pour cela. Trois lettres furent envoyées séparément, et il y en eut une adressée en forme de bulle à tous les Grecs qui étaient alors dans l'Abyssinie.

Le patriarche leur enjoignait comme une pénitence, dont le prix était une sorte de jubilé, de mettre de côté leur vanité et leur orgueil, péchés dont il les savait très infectés, et au lieu de prétendre être mes égaux à la cour d'Abyssinie, de me servir réellement et avec zèle. Il ajoutait que, sans qu'on pût supposer qu'ils eussent reçu des instructions de ma part, ls devaient tous déclarer devant le roi que leur condition n'égalait point la mienne ; que j'étais un citoyen libre et serviteur d'un grand roi, tandis qu'eux, nés esclaves des Turcs, ne pouvaient prétendre qu'au rang de mes domestiques; et qu'en effet, j'avais à mon service un de leurs compatriotes.

La lettre portait ensuite qu'après avoir fait publiquement et de bonne volonté cette déclaration, tous les anciens péchés leur seraient pardonnés.

Le patriarche consentit à écrire et à envoyer cette lettre. Je l'avais déjà vu plusieurs fois au Caire, et nous avions commencé à nous lier d'une sincère amitié.

Peu de temps après que je fus au couvent de Saint-Georges, Risk m'envoya dire un soir, à neuf heures, de venir parler au bey. Ce fut la première fois que je le vis. Je le trouvai beaucoup plus jeune que je ne me l'étais imaginé. Il était assis sur un large sopha, couvert d'une étoffe cramoisie et or; son turban, sa ceinture et le manche de son poignard étaient ornés d'une grande quantité de pierres fines. Le diamant surtout, placé sur son turban, et qui supportait un groupe d'autres brillants, était l'un des plus gros que j'aie vus.

Le bey me parla tout de suite de la guerre des Turcs et des Russes, et il me demanda si j'avais déjà observé quel serait le succès de cette guerre. Je lui répondis que les Turcs auraient le dessous par terre et par mer, toutes les fois qu'ils combattraient.

— Constantinople sera-t-elle brûlée ou prise ? me demanda-t-il encore.

— Ni l'un ni l'autre, lui répliquai-je. Mais la paix se fera après qu'on aura répandu beaucoup de sang, et aucun parti n'aura retiré de grands avantages de la guerre.

A ces mots il frappa ses mains l'une contre l'autre, et jura en langue turque. Alors se tournant vers Risk, qui était debout, il lui dit :

— Ce sera bien malheureux, sans doute ! Mais ce qui est vrai est vrai, et Dieu est miséricordieux.

Le bey m'offrit ensuite du café et des confitures. Il me promit sa protection, me dit de ne rien craindre, et me recommanda si quelqu'un me faisait du mal, de le lui faire savoir par Risk.

Deux ou trois jours après cette entrevue, Ali-Bey me renvoya chercher; et il était au moins onze heures du soir lorsque je fus admis en sa présence.

Je rencontrai l'aga des janissaires qui sortait de son appartement, et un grand nombre de soldats qui étaient à la porte. Comme je ne connaissais point l'aga, je passai à côté de lui sans cérémonie ; ce que personne n'osa jamais faire. Quand cet officier monte à cheval (il était alors prêt à y mon-

·), il a droit de vie et de mort, sans aucun appel, sur tous les habitants Caire et des environs.

Il s'arrêta sur le seuil de la porte, et demanda à un des domestiques bey qui j'étais.

— C'est l'Anglais Hakim, répondit le domestique, c'est-à-dire, le philo- phe ou le médecin anglais.

Alors l'aga, se tournant vers moi, me demanda en turc, très-poliment, je voulais venir le voir, parce qu'il ne se portait pas bien.

— Oui, lui dis-je en arabe; quand tu voudras, mais je ne puis pas 'arrêter à présent; le bey m'a envoyé dire qu'il m'attendait.

— Non, non, pas à présent, répliqua-t-il dans la même langue. Va. ur l'amour de Dieu. Tout autre moment me conviendra.

Le bey était assis et penché en avant, tenant d'une main une bougie, de l'autre un petit papier qu'il lisait et qui touchait presque son visage. semblait que sa bougie l'éclairait mal ou qu'il avait les yeux faibles. rsonne n'était resté à côté de lui. Tous ses gens avaient été renvoyés rs de l'appartement, ou bien ils accompagnaient l'aga des janissaires.

Il parut ne pas me remarquer jusqu'à ce que je fus près de lui, et que le saluai par le mot *salam*. Je lui dis que je m'étais rendu à ses ·dres.

— Grand merci, me répondit-il; mais vous ai-je envoyé chercher?

— Oh, oui! cela est vrai.

Ensuite il reprit la lecture de son papier.

Après qu'il eut achevé, il se plaignit de n'être pas en bonne santé, et avoir vomi d'abord après dîner, quoiqu'il eût mangé modérément. Il e dit aussi que son estomac lui faisait encore mal, et qu'il craignait u'on ne lui eût fait prendre quelque chose pour lui nuire.

Je touchai son pouls, qui était bas et faible, mais qui indiquait peu de èvre. Je le priai d'ordonner à ses gens d'examiner si son dîner avait té pr paré dans des ustensiles de cuivre bien étamés. Je l'assurai qu'il ait sans danger; mais je lui fis entendre que je le soupçonnais de s'être vré à quelque excès avant de manger. Alors il se mit à sourire, et dit à isk, qui était venu auprès de lui :

— Afrite! afrite!

Ce qui signifie : c'est un diable! c'est un diable!

— Si votre estomac, repris-je, est encore incommodé, faites chauffer e l'eau, mettez-y un peu de thé vert, et buvez-en jusqu'à ce que vous yez bien vomi. Cela vous remettra tout à coup à l'aise. Ensuite vous rendrez une tasse de café très fort, ou un verre de liqueur, si vous en vez de bonne, et vous vous mettrez dans votre lit.

A ces derniers mots, il me regarda d'un air de surprise, et me di gravement :

— Dē la liqueur! ne savez-vous pas que je suis musulman?

— Oui, lui répondis-je, mais moi je ne le suis pas; et je vous indiqu ce qui est bon pour votre corps, sans prétendre avoir rien à démêler ave votre religion, ou avec votre âme.

Ce discours le fit beaucoup rire. Il parut satisfait de ma franchise, e il s'écria :

— Voilà qui est parler en homme!

Notre entretien se borna là. Il ne fut pas dit un mot, ni de la guerre ni des Russes, et je m'en retournai très fatigué, et fâché d'avoir été tir hors de chez moi pour un si léger motif.

Le lendemain matin, le secrétaire Risk vint me rendre visite au cou vent de Saint-Georges. Le bey ne se trouvait pas encore bien, et il conse vait l'idée d'avoir été empoisonné. Risk me dit en même temps que so maître avait beaucoup de confiance en moi. Je lui demandai quel avai été l'effet du thé. Il me répondit que le bey n'en avait pas pris, ne sachan comment s'y prendre pour le préparer, et qu'il venait par son ordre m prier de lui enseigner la manière de faire cette boisson,

Je le lui montrai soudain, en infusant en sa présence un peu de th vert dans de l'eau bouillante. Mais il ne se contenta pas de cela. Il m pria modestement de boire et de vomir, afin d'apprendre au bey tout c qu'il fallait faire.

Je m'excusai en représentant que je ne pouvais pas être tout à l fois médecin et malade; et je lui dis que j'allais le faire vomir lui même, ce qui serait la même chose; mais il n'accepta point ma propo sition.

Au moment même le père Christophe vint nous joindre, et nous lu voulûmes persuader de faire l'essai de mon remède. Le bon vieillard n' consentit pas; mais il alla nous chercher un caloyer, ou jeune moine, qu nous engageâmes un peu malgré lui à boire l'eau chaude.

Comme ma faveur auprès du bey était maintenant assez bien établi par mes entrevues nocturnes, je résolus de quitter le couvent solitair où je demeurais. Je priai Risk de me procurer des lettres de recomman dation pour le sheik Haman, et pour le gouverneur de Siene, d'Ibrim et de Deir, dans la Haute-Egypte. J'en obtins aussi des janissaires pou ces trois places, parce que les garnisons en sont tirées du Caire, que ce troupes appellent leur Porte. Ali-Bey me donna encore des lettres pour l bey de Suèz, pour le shérif de la Mecque, pour le nayb ou souverain d Masuah, et enfin pour le roi de Sennaar et pour son ministre.

Dès que j'eus toutes ces lettres, ainsi que celles du patriarche, je me ›réparai à continuer mon voyage.

Je ne puis pas confirmer ce qu'on a dit du Caire, qu'il était bâti en ɔrme de croissant; mais j'observerai qu'on peut en faire le tour, ainsi ue des jardins qui l'environnent, en trois heures de temps, au pas de ɾois milles par heure.

Le Calish, ou le fleuve Trajan, traverse le Caire dans toute sa longueur, t va remplir le lac appelé Birketel-Adje, le premier endroit où les èlerins puissent trouver de l'eau dans leur pénible voyage de la lecque.

Au delà du Caire, sur la rive du Nil, est Géeza, nommée ainsi suivant ɛs auteurs arabes, parce qu'il y a eu autrefois un pont. Géeza signifie ›assage.

A environ onze milles plus loin, on rencontre les pyramides auxquelles ɬéeza a donné son nom, et dont les descriptions sont si connues.

M. Davidson découvrit la petite chambre, au dessus de l'endroit où on arrive, quand on monte la longue galerie de la grande pyramide, à ɿain gauche; et il y laissa l'échelle dont il s'était servi, pour que les oyageurs qui viendraient après lui pussent en profiter. Mais cette petite hambre n'a rien de remarquable, que d'avoir échappé pendant tant de iècles aux recherches des curieux.

On a toujours cru que les pierres dont on a bâti les pyramides ont été pportées des montagnes de la Lybie. Cependant si on avait pris la peine e remuer un peu le sable qui est à l'occident de ces édifices, on aurait ɾouvé un roc solide et creusé par degrés.

Dans la route de la grande chambre où s'élève le sarcophage, et dans elle de la galerie qui conduit à cette chambre, on voit de larges fragɑents de rochers qui prouvent incontestablement que les pyramides ɩ'étaient d'abord que des rocs énormes trouvés au même lieu où on les 'oit. Les plus convenables furent choisis pour former le corps de la ɔyramide, et on tailla les autres pour le couronnement et l'extérieur de 'édifice.

CHAPITRE III

Départ du Caire. — L'auteur s'embarque sur le Nil pour la Haute-Égypte. — Il visite Métrahenny et Mohannan. — Raisons de croire que c'est à Mohannan qu'était autrefois Memphis.

Pourvu de toutes les choses nécessaires pour mon voyage, et ayant pris congé de mes amis du Caire, qui appréhendaient de ne me voir jamais revenir; craignant d'ailleurs moi-même qu'en laissant passer le temps des plus grandes chaleurs je ne courusse le risque de manquer les vents d'été, je m'assurai d'un petit vaisseau pour me porter à Sursnout, où résidait Haman, sheik de la Haute-Égypte.

Le vaisseau dans lequel je m'embarquai s'appelle un canja dans la langue du pays; et certes il est impossible d'en trouver sur aucune autre rivière de plus commode pour naviguer. Ces sortes de bâtiments sont tout ensemble très rapides et très solides, quoiqu'à la première vue ils semblent fort dangereux.

Il y avait dans l'entre-pont une jolie salle à manger d'environ vingt pieds en carré, où étaient des fenêtres très commodes, que nous pouvions ouvrir pendant le jour pour faire entrer la fraîcheur de l'air; mais il était nécessaire de les tenir bien fermées la nuit.

Il y a une certaine espèce de voleurs qui se tiennent sur le Nil, et qui sont continuellement occupés à roder autour d'un vaisseau, dont ils supposent que l'équipage n'est pas sur ses gardes; ils en approchent ordinairement en nageant entre deux eaux, et quand il fait nuit ils vont sur des peaux de bélier remplies de vent. Ensuite ils montent à bord dans le plus grand silence, et enlèvent tout ce qu'il peuvent attraper.

J'ai ouï dire qu'ils n'aiment pas les vaisseaux où ils voient des Francs ou Européens, parce que quelques-uns d'eux ont été blessés par des armes à feu.

Ces voleurs tentent ordinairement leurs coups quand un vaisseau est à l'ancre, ou qu'il se trouve la nuit en calme, mais bien plus souvent encore quand il a mis bas sa mâture et qu'il descend le courant.

Derrière la salle à manger qui touche la poupe, j'avais une chambre à coucher de dix pieds de long, où j'avais placé mes livres et mes armes. Celles-ci ne nous manquaient pas, car, indépendamment de ce qui nous était vraiment utile, nous avions de grosses carabines qui ne nous servaient qu'à inspirer de la terreur. Nous étions aussi pourvus d'une grande quantité de munitions, tant pour notre défense que pour notre amusement.

Nous avions peu de livres; mais ils étaient tous bien choisis, et ils nous étaient très précieux. En voyant combien mes équipages étaient accrus par mon grand quadrant et son pied, et par le grand télescope achromatique de Dolland, je commençai à penser que c'était une folie de me charger de tant de choses, qui ne pouvaient être charriées que par des hommes à travers des montagnes, où il était incertain qu'on me permît d'entrer, et plus incertain encore que je pusse persuader à leurs sauvages habitants de porter des fardeaux si embarrassants.

Pour les diminuer autant qu'il était possible, après avoir bien réfléchi sur ce qui serait le plus utile aux recherches que je me proposais de faire dans les contrées que j'allais parcourir, je tombai, non sans remords, sur mes livres; j'en enlevai les feuillets que j'avais marqués, et qui m'étaient nécessaires, je sacrifiai des éditions très rares; et, roulant ensemble les différentes feuilles dont javais besoin, je réduisis ma bibliothèque à un mince volume.

Nous étions déjà au 12 décembre quand je m'embarquai sur le Nil à Bulac, dans le canja.

Nous avions eu la précaution, avant d'entrer à bord, de recourir au secrétaire Risk, pour qu'il nous recommandât à Hagi-Hassan-Abou-Cuffi, capitaine du vaisseau; et nous obligeâmes ce capitaine à donner en otage son fils, Mahomet, afin qu'il répondît de sa conduite envers nous. Le prix de notre passage était de vingt-sept patakas, qui valent à peu près six livres quinze shellings sterling.

Nous désirions ardemment d'être bientôt éloignés du Caire; car il survient toujours quelques mauvaises affaires, on éprouve toujours quelque extorsions au moment ou l'on veut quitter ce détestable pays.

Le vent nous fut d'abord contraire, et nous étions obligés d'aller contre le courant par le moyen d'une corde, avec laquelle on tirait le vaisseau le long du rivage.

ous étions un peu étonnés de voir l'extrême joie qui animait deux es Maures, lesquels nous tenaient lieu à bord de capitaine, d'officiers, ilote et de matelots.

otre raïs n'avait pas encore paru ; aussi n'augurais-je pas trop bien a joie des deux Maures, qui voulurent partir sans lui.

ependant, comme nous désirions aussi partir, nous les encouranes et nous les cajolâmes autant que nous pûmes. Après avoir fait lques milles, nous arrivâmes dans un endroit où il y a deux couvents elés Déiretur.

ous nous y arrêtâmes pour passer la nuit. De là nous voyions très les pyramides de Géeza et de Saccara, ainsi qu'un nombre prodiix d'autres édifices d'argile blanche, lesquels s'étendent fort loin dans ésert, du côté du sud-ouest.

eux de ces édifices paraissent être non moins grands que les pyramides Géeza ; l'un d'eux est d'une construction très extraordinaire. Il semble n en a d'abord voulu faire une pyramide immense, mais qu'ensuite, hitecte ayant manqué de courage ou de moyens, l'a achevé d'une mae difforme et mesquine.

ous étions assez mécontents de voir qu'au lieu de l'exactitude et de siduité que notre raïs nous avait promis, il s'absentât si longtemps de vaisseau. La crainte de nous voir nous plaindre si nous restions près Caire, était cause que ses deux domestiques nous avaient fait partir si usement ; mais quand ils se crurent à l'abri de toute punition, leur duite changea totalement. A peine daignaient-ils nous parler ; et, funt tranquillement leurs pipes, ils tenaient entre eux une conversation isoire et insolente.

ur le bord du Nil, vis-à-vis de notre vaisseau, et un peu ausous à l'occident, on voyait une tribu d'Arabes qui avait dressé ses tes.

es Arabes étaient sujets du Caire, ou du moins ils vivaient en paix c Ali-Bey. On les appelait les Howadat, et ils faisaient partie des uni, grande tribu qui possède l'isthme de Suez, et s'étend de là entre ner Rouge et les montagnes qui bornent la partie orientale de la lée d'Égypte. Elle atteint, tout près de Cosseir, aux possessions d'une re tribu également nombreuse, appelée les Ababdé, qui de là va jusque is la Nubie.

Ces deux tribus formaient ce qu'on nommait autrefois les Arabes pasrs ; et maintenant elles se font continuellement la guerre.

.es Howadat sont les mêmes qui rencontrèrent M. Irwine, dans les ntagnes d'Abyssinie, et qui le menèrent si généreusement au Caire.

Cependant, quoiqu'il ne connût ni les mœurs, ni le langage de ses con ducteurs, M. Irwine imagina qu'ils ne pouvaient être que des *voleurs*, e il ne leur donne jamais d'autre nom.

Quelques-uns de ces Arabes vinrent auprès de notre vaisseau pour cher cher du tabac et du café, et je leur dis que s'il y en avait d'honnête parmi eux qui voulussent venir à bord, je partagerais avec eux le taba et le café que j'avais. Deux d'entre eux acceptèrent l'invitation, et nou devînmes bientôt bons amis.

Je me souvins que lorsque j'étais en Barbarie, vivant parmi les tribu de Noilé et de Wargumma, peuples très nombreux et très puissants dan le royaume de Tunis, je me souvins, dis-je, d'avoir appris de l'une de ce tribus que les Howadat ou les Atouni, Arabes de l'isthme de Suez, étaien de la même race qu'elle.

J'avais même marqué ce fait sur mon memorandum ; mais mon memo randum était dans mes malles, et comme je n'étais pas certain de laquell de ces tribus ils étaient alliés, et qu'elles étaient toujours rivales et enne mies, je pris d'abord le parti de ne rien dire, de peur d'une méprise dan gereuse. Cependant, j'essayai de découvrir ce qu'il en était, et bientôt j connus, par leurs discours et par quelques circonstances que je me rap pelai, que les Noilé étaient leurs amis. Ainsi, nous nous reconnûmes mu tuellement pour hommes vrais; ils voulurent absolument aller cher cher un de leurs sheiks.

Je leur dis qu'ils étaient les maîtres de faire venir qui ils voudraient mais que j'avais avant un service à exiger d'eux; et aussitôt ils m'assu rèrent qu'ils étaient prêts à m'obéir. Je les priai donc de me procurer pour le lendemain matin, un jeune homme à cheval, qui portât une lettr à Risk, secrétaire d'Ali-Bey, et j'annonçai qu'en recevant la réponse je lu donnerais une piastre.

Les Arabes me promirent ce que je demandais; mais ils ne furent pa plus tôt à terre, que nos compagnons maures tinrent conseil, après que l'un d'eux partit à pied, et, avant le jour, je fus réveillé par l'arrivée d raïs Abou-Cuffi et de son fils Mahomet.

Abou-Cuffi était ivre, quoiqu'il fût *sherif*, un *hagi* et un demi-sain qui jamais ne touchait de liqueur fermentée, m'assura-t-il, quand je f mon marché avec lui. Le fils était encore tremblant de peur. Il eût été em palé, à ce qu'il disait, si mon messager était arrivé ; et, voyant que j m'occupais des moyens d'entretenir une correspondance avec le Caire, me dit que, puisqu'il était en sûreté, il ne courrait pas le risque de retour ner à la ville pour répondre des fautes de son père, de crainte qu'un jou ou l'autre quelque plainte de ma part ne fût cause qu'on l'arrachât d

n lit et qu'on le fît périr sous le bâton, sans qu'il sût pour quelle of-
ıse.

Une nouvelle altercation s'éleva. Abou-Cuffi, alléguant les mêmes rai-
ns que son fils, refusa de rester lui-même au Caire. Je m'aperçus que
sk leur avait parlé comme il faut à l'un et à l'autre, et je vis bien la
rde qu'il fallait toucher pour réveiller leurs craintes.

Ils résolurent donc de faire ensemble le voyage, car aucun d'eux
se croyait en sûreté s'il demeurait, et je fus assez content d'être
ec deux hommes de quelque solidité, plutôt que de n'avoir avec moi
e des vagabonds de louage, comme je jugeais qu'étaient les deux
ures.

Comme le sheik des Howadat et moi nous étions liés d'amitié, il me
oposa de me conduire par terre jusqu'à Cosseir sans qu'il m'en coûtât
n, m'observant que, d'après ce qui s'était passé, je devais me défier de
on patron.

Je le remerciai de son offre obligeante, quoique je fusse persuadé que
pouvais l'accepter sans courir aucun risque; mais j'aimais mieux
'on envoyât un des Maures qui servaient à notre bord pour cher-
er au Caire les hardes de Mahomet, fils d'Abou-Cuffi, et je consentis
donner cinq patakas en sus du prix de mon passage, à condition que
ahomet ferait le voyage à la place d'un de ses matelots, et que le
vot Abou-Cuffi *qui ne buvait jamais de liqueur fermentée*, dormi-
it, sobre comme il l'était, jusqu'à ce que les hardes de son fils fussent
rivées.

En même temps, je m'arrangeai avec le chef des Howadat, pour qu'il
e fournît des chevaux pour aller voir Metrahenni et Mohannan, où il me
t qu'était autrefois une immense ville, capitale de toute l'Égypte.

Le Nil a en cet endroit environ un quart de mille de large, et les per-
nnes qui ne tiennent point aux préjugés ne peuvent pas avoir le moin-
e doute que cette largeur ne soit bien éloignée des autres parties de
Egypte déjà connues. Certainement il y a un demi-mille entre le pied des
ontagnes et le rivage de Lybie; ce qu'on ne peut dire d'aucun autre
droit de l'Egypte où nous soyons encore allés. D'ailleurs il est imposble de décrire cette situation mieux qu'Hérodote ne l'a fait :

« Vis-à-vis de la côte d'Arabie, dit-il, s'étend vers la Lybie la montagne pierreuse d'Égypte, couverte de sable, et où l'on trouve les pyramides.

Comme cette observation, et plusieurs autres que j'aurai occasion de
pporter par la suite, devaient nécessairement exciter un voyageur à

chercher en cet endroit l'antique ville de Memphis, je quittai le vaisseau à Sheik-Atmant; et, accompagné, comme je l'ai déjà dit, par les Arabes, je marchai vers le sud. Nous entrâmes dans une forêt de palmiers très vaste et très épaisse qui paraissait s'étendre au sud-quart-est. En continuant notre route, nous vîmes bientôt un village, et ensuite plusieurs autres, tous bâtis au milieu des palmiers et des dattiers, de manière qu'il ne pouvaient guère être vus du rivage.

Ces villages portent le nom de Métrahenny, dont il m'a été impossibl de connaître l'étymologie ni la signification. Quand nous les eûmes passés nous nous écartâmes du fleuve, et nous nous enfonçâmes dans la parti occidentale de la forêt, qui est appelée Mohannan, mot sur lequel me recherches ne m'ont pas procuré plus de renseignements que sur l premier.

Au sud de ce désert on voit un grand nombre de pyramides. Autan que j'ai pu le distinguer, toutes sont bâties d'argile, et quelques-unes son si éloignées, qu'à peine je les aperçus à l'horizon.

Après avoir atteint l'extrémité de la forêt de palmiers à Mohannan nous découvrîmes bien aisément les pyramides de Géeza, qui sont dan le sud-ouest, et dont nous étions éloignés alors d'environ neuf milles. S ma vue ne m'a point trompé, Métrahenny, Géeza et le centre des troi pyramides font un triangle assez régulier.

Je demandai au sheik avec qui j'étais s'il en savait la distance, et s' croyait que les pyramides fussent plus ou moins éloignées que Géeza. A quoi il répondit qu'il pensait que leur distance était *sowah, sowah*, c'est-à-dire à peu près égale ; que peut-être il y avait un peu plus loin de Métrahenny aux pyramides, mais qu'il y serait plutôt rendu qu'à Géeza parce qu'il n'aurait pas besoin de suivre la côte, où l'on est arrêté par le flaques d'eau.

A l'occident et au midi de Mohannan nous vîmes plusieurs grands morceaux de décombres et de ruines qui n'étaient pas très étendus, mais qu'o avait alignés avec des pierres et recouverts en partie avec de la terre.

Au sud-ouest étaient trois grandes colonnes de granit et un reste d citerne brisée, de la même espèce de pierre que les colonnes. Mais il n' avait là ni obélisque, ni pierres chargées de hiéroglyphes, et nous jugeâme que la plupart des ruines devaient se trouver plus avant dans la mêm direction, ou un peu plus encore dans le sud.

Mon conducteur me dit que c'étaient là les ruines de Maïmf, l'ancienn capitale des Pharaons, rois d'Égypte, et qu'il y avait une autre Maïm très loin dans le Delta; je compris qu'il désignait Ménouf, au-dessou de Terrane et de Batn-el-Baccara.

Je vis dans ces sables beaucoup de lièvres; et le sheik me dit que si je voulais aller avec lui à un village jusqu'auprès de Faioume, je pourrais tuer dans un jour de quoi charger à moitié un vaisseau, tant de lièvres que d'antilopes, parce qu'il me procurerait des chiens. En même temps il m'invitait à tirer sur les lièvres qui passaient près de nous; mais je n'y consentis pas. J'aimai mieux passer tranquillement au milieu des palmiers, que trop exciter la curiosité des habitants des villages voisins.

Le peuple qui vit en ces lieux est d'une couleur fort jaune, et qui semble annoncer une très mauvaise santé. Il a d'ailleurs, en général, un air triste, grave, inanimé, et il paraît plutôt disposé à éviter qu'à rechercher la conversation de personne.

Il était près de quatre heures après-midi, quand nous nous en retournâmes; nous rencontrâmes dans le chemin un de nos jeunes Maures, qui venait nous avertir que le vaisseau était remonté vis-à-vis de la pointe nord de la forêt des palmiers de Métrahenny.

Le sheik voulut absolument m'accompagner jusqu'à ce que je fusse rendu à bord; et, après lui avoir fait un présent, je pris congé de lui.

Le soir, ce bon arabe m'envoya des dattes sèches, et des cannes à sucre, qui ne croissent point dans ces cantons, mais qu'il avait reçues de quelqu'un de ses amis des villages situés dans le haut du Nil.

Dans la matinée du 14 décembre, au moment où je venais de faire la paix avec Abou-Cuffi, qui m'avait fait beaucoup d'excuses sur ses fautes passées, et de promesses de se bien conduire à l'avenir, tandis que nous prenions le café, nous préparant à partir de Métrahenny et à poursuivre notre voyage avec ardeur, un Arabe arriva, et me remit de la part de mon ami le sheik des Howadat, une lettre et une centaine de dattes.

L'arabe porteur de la lettre était malade depuis longtemps, et avait besoin de se rendre à Kémé, dans la Haute-Égypte. Le sheik me priait dans sa lettre de le prendre avec moi, pour lui faire faire un petit voyage de deux cent cinquante milles, de le soigner dans sa maladie, de le guérir, et de lui fournir de quoi vivre durant la route.

Le seul parti qu'il y ait à prendre dans ces occasions, c'est d'accéder aux demandes d'un ami. Le sheik m'avait offert de me faire faire par terre le même chemin, et de me porter moi, mes gens et mon bagage, sans qu'il m'en coûtât rien. Il m'avait accompagné avec beaucoup d'honnêteté dans le désert de Saccara; aussi, je répondis sans hésiter à l'Arabe qu'il me confiait :

— Mon ami, sois le bien venu. Je réponds de toi sur ma tête.

A ces mots, le malheureux, à demi-nu, me présenta un petit haillon assez sale, où il y avait une dizaine de dattes, et le domestique du sheik, qui l'avait accompagné, s'en retourna avec une sorte de triomphe.

Je ne rapporte cet exemple que pour montrer combien les présents sont, dans toutes les occasions, regardés comme essentiels en Orient. Que ce soit des dattes ou des diamants, il faut toujours qu'on en offre. Sans cela, un inférieur ne serait jamais tranquille au fond de son âme, parce qu'il croirait n'avoir aucun droit à la bienveillance de son supérieur.

CHAPITRE IV

rt de Métrahenny. — Arrivee dans l'île d'Alouan. — Fausse pyramide. — Motifs qui ont fait ir ces édifices. — Cannes à sucre. — Ruines d'Antinopolis. — Accueil que reçoit à Antipolis le chevalier Bruce.

,e vent était très favorable et soufflait avec force, lorsque, pleins du ir de continuer notre voyage, nous mîmes à la voile et nous nous éloimes de la pointe de Métrahenny. Nous découvrîmes les pyramides de ,cara, au sud-ouest de notre vaisseau. Nous aperçûmes plusieurs villa- sur les deux rives du fleuve; mais ils n'annonçaient que la tristesse et)auvreté. Du côté du levant, une partie de la terre avait été inondée, is elle n'avait reçu aucune espèce de semences, preuve incontestable la misère des cultivateurs, qui sont sans cesse accablés par l'avarice l'oppression des différents officiers de l'incompréhensible gouvernent du Caire.

\près avoir fait environ deux milles, nous rencontrâmes trois hommes pêchaient d'une manière bien extraordinaire. Ils étaient sur un radeau , avec des branches de palmier, et supporté par plusieurs jarres d'ar- bien bouchées et attachees très près l'une de l'autre. La forme de ce leau était un triangle isocèle et ressemblait à la façade d'une pyramide. ux hommes, dont un à chaque angle des côtés, tenaient des filets en rvier, et les lançaient en même temps au courant de l'eau; le troime, placé à l'autre angle qui allait en avant, ne jetait son filet qu'au ment où ses camarades levaient les leurs; cet exercice se répétait avec e régularité étonnante. Notre raïs, croyant que nous désirions acheter poisson, laissa tomber sa grande voile et appela les pêcheurs avec le d'une haute supériorité.

Au même instant, ils furent le long de notre vaisseau, et l'un d'ent eux monta à bord après avoir attaché son frêle radeau à un de nos cord ges. Pour les dédommager de leur peine, nous leur fîmes présent de que ques rouleaux de tabac à fumer, et ils en furent si enchantés, qu'aussit ils nous apportèrent un panier plein de poisson. Ce poisson était de diff rente espèce, et très petit, excepté un saumon, d'une couleur brillante argentée sur les côtés, avec le dos d'un très beau bleu (1). Il pesait env ron dix livres, était d'un goût excellent, et avait, étant cuit, la fermeté la blancheur de la perche. On en voit, dit-on, de la même espèce, d poids de soixante-dix livres. J'examinai les filets des trois pêcheurs, i me parurent plus petits que les éperviers dont nous nous servons en A gleterre ; ils me semblèrent, par leur plomb, plus pesants que les nôtres ils étaient faits d'un fil plus fin. Il me fut impossible de bien juger de l bonté de ces filets ; car, dans l'endroit où ils pêchaient, le Nil avait a moins douze pieds de profondeur, avec un courant d'eau extrêmement r pide.

Les pêcheurs m'offrirent de me mettre sur leur radeau, pour m'appre dre la manière dont ils lançaient leurs filets; mais j'avoue que ma c riosité ne s'étendit pas jusque-là. Ils me dirent en même temps qu'ils n pêchaient que par occasion, parce que leur commerce ordinaire était d vendre les jarres d'argile qu'ils tiraient d'Ashmouneïn. Quand ils les on descendues ainsi jusqu'au Caire, ils les détachent, les charrient au march et en rapportent chez eux le produit en argent ou en marchandises qu'il chargent sur leurs épaules.

C'est là sans doute un assez pauvre commerce; mais il suffit cependant me dirent-ils, pour occuper deux mille personnes, tant pour préparer l'ar gile et fabriquer les jarres, que pour les charrier dans les marchés d Caire et des différentes villes du Delta.

Ainsi, il y a dans cette manufacture quatre fois plus de monde em ployé que dans aucune des plus grandes forges d'Angleterre. Toutefois je prie mes lecteurs d'observer que je ne leur garantis ce fait que d'aprè l'assurance qui m'en a été donnée à moi-même.

A deux heures après midi, nous atteignîmes la pointe d'une île et nou découvrîmes plusieurs villages, avec des plantations de dattiers de chaqu côté du fleuve. Le sol avait été inondé par le Nil et paraissait bien cu tivé. Le courant était très rapide en cet endroit. Nous passâmes devan deux villages situés sur la rive orientale, dont l'un se nomme Regnagie et l'autre Zaragara. De là, nous vînmes à Caphar-el-Hayat, nom qui veu

(1) Nommé bynni, dans la langue du pays.

re le péage du tailleur. Ce village est environné de beaucoup de dat- ›rs, et est, sans contredit, le plus grand que nous eussions encore ren- ntré.

Vers les quatre heures le vent nous manqua, et nous nous arrêtames ›ur passer la nuit à la pointe sud-ouest de l'île, entre Caphar-el-Hayat et zier-Azali. C'est dans cet endroit que commence le nome d'Héraclée, ›nt la situation prouve évidemment que Memphis était placé à Mé- ahenny.

L'île s'appelle l'ile d'Halouan. Elle est maintenant divisée en une multi- de de petits îlots, au moyen de plusieurs canots que le Nil s'est ouverts, dans lesquels les eaux, la traversant irrégulièrement, viennent se réunir ec rapidité au courant du fleuve. Les divers canaux portent chacun un ›m différent.

J'abordai dans l'île pour examiner s'il restait quelques traces de l'oli- er dont parle Strabon; mais toutes mes recherches furent vaines. Ce- ndant nous devons croire qu'il y a eu là quelque chose d'approchant, ›isqu'il y reste encore un village nommé Zeitoon, c'est-à-dire l'oli- er.

Le 15 décembre, ayant un temps assez calme, nous nous éloigâmes de ›xtrémité nord de l'île, ou du territoire d'Héraclée. Nous faisions route au d en remontant le cours du fleuve; et, après avoir marché trois milles, ›us trouvâmes Woodan, avec un grand nombre d'autres petits villages › même nom, semés sur la rive orientale du Nil. A l'occident, nous mes quelques petites îles autrefois comprises dans le nome d'Héra- ›e.

La terre était bien cultivée dans la plaine des environs de Woodan, qui, puis le bord du fleuve jusqu'au pied de la montagne, a tout au plus qua- › milles d'étendue; mais à l'occident, elle en a au moins huit, et elle ait été partout inondée et semée. Le Nil, en cet endroit, n'a guère qu'un ›art de mille de large et trois pieds de profondeur, ce qui vient, j'ima- ›ne, de la résistance que lui oppose l'île, qui, placée au milieu de son urs, arrête le sable que les eaux charrient.

L'inclinaison des montagnes ne se termine qu'à deux milles de Suf-el- oodan, car c'est là le nom entier du village dont je viens de parler. On ›us dit qu'il y avait quelques ruines à l'occident de ce village, mais que n'était plus que des décombres, et qu'on n'y voyait ni arcs, ni colonnes ›core debout. Je pense que c'étaient les restes d'Aphroditopolis, ou la ›le de Vénus, dont le nome s'étendait dans l'est.

Bientôt le vent renforça, et nous passâmes devant plusieurs villages ›andus sur les deux côtés du fleuve, et tous entourés de palmiers verdoyants, d'abord agréables, mais ensuite inspirant l'ennui a une tr uniformité, sentiment qu'on éprouve de même en voyageant dans les naux tranquilles et bourbeux de la verte Hollande.

Cependant, le Nil avait en cet endroit un grand mille de large; l' était profonde, et le courant rapide. Le vent semblait irrité de la ré tance du courant; il soufflait avec plus de force, et j'ai remarqué que arrivait presque toujours là où les eaux avaient plus de pente et de fondeur.

Les navigateurs qui vivent dans le Delta, au Caire, ou dans les gran villes de la Haute-Égypte, et qui conduisent toujours des marchand ou des passagers, s'arrêtent fort peu dans ces petits villages, parce qu descendant le Nil, ils sont favorisés par un courant rapide, et en rem tant par un vent ordinairement très fort; et quand les débordements Nil arrivent et que le vent passe au sud, ils se tiennent dans le De parce que le fleuve cesse d'être navigable dans les hauteurs, jusqu'à saison prochaine.

Ces navigateurs se soucient donc fort peu en général de connaître noms des villages ou des habitants répandus le long du Nil; et les h tants des villages ont des barques et font par eux-mêmes leur comme particulier. A la vérité, quelques-uns d'entre eux, qui sont employés les négociants turcs et par les cophtes, peuvent mieux savoir les noms lieux où ils passent; mais s'il en est autrement, ils se gardent bien confesser leur ignorance devant les gens qui n'entendent pas la langue pays. Ils leur diront plutôt les premiers noms qui leur viendront d l'idée, quelque ridicules ou indécents qu'ils puissent être; et ensu quand nous lisons les relations des voyageurs, nous nous étonnons des villes ou des villages portent de pareils noms.

Mes lecteurs se souviendront de ce que je viens de dire, s'ils compar le voyage de M. Norden et le mien. Ils verront que les mêmes villages nous avons passé l'un et l'autre ont rarement les mêmes noms. Au c mencement de notre navigation, lorsque mon patron Abou-Cuffi ne sa pas bien comment s'appelaient les lieux sur lesquels je l'interroge il cherchait à me tromper; mais, dès qu'il vit que j'écrivais tout m'avoua la vérité; il cessa d'avoir l'air de connaître ce qu'il ne conn sait pas, et il me dit franchement qu'il avait voulu en user avec comme lui et ses camarades en usent avec les passagers qui ignorent langue.

Nous passâmes avec une extrême rapidité devant Nizelet-Embarak, babac, Nizelet, Omar, Racca-Kubéer, Racca-Séguier, et nous arrivâm la vue d'Arfia, grand village bâti à quelque distance du Nil. Là le fle ait tres profond, la plaine tapissée d'une verdure charmante, et les plan-tions des palmiers d'une rare beauté.

Mais tout ce qu'on voit autour d'Afia n'est pas aussi agréable à la vue; ır la plaine qui est si bien cultivée jusqu'au pied sablonneux des monta-ıes, n'a pas plus de trois quarts de mille de large, et les montagnes, qui ommencent à paraître plus hautes, et qui bornent cette étroite vallée, sont anchâtres, sablonneuses, tristement inégales, et dépouillées de toute es-èce de verdure.

Le petit village de Racca-Séguier est remarquable en ce que les maisons sont fort rapprochées, et qu'il est environné d'arbres très différents des ılmiers. Je ne puis pas bien dire l'espèce de ces arbres, mais je crois que sont des grenadiers.

Ce qui m'a donné lieu de penser ainsi, c'est qu'en les regardant avec ma ınette d'approche, je vis que le fruit était rouge, et bientôt après nous ıssâmes devant un village appelé Rhoda, nom qu'on donne aux grenades ı Égypte.

Saleah est situé vis-à-vis de Rhoda, sur la rive orientale du Nil. Le ours du fleuve est très paisible dans l'endroit où il sépare ces villages; c'est là que nous mouillâmes pour passer la nuit du 15.

Notre raïs Abou-Cuffi me prévint qu'il désirait d'aller jusqu'à Coma-reedy, petit village à l'occident du Nil, et placé comme presque tous les ıtres au milieu d'une plantation de palmiers. Il m'annonça en même mps que sa femme demeurait là. Mais, comme je ne lui en avais pas en-ore entendu parler, j'imaginai que c'était un prétexte dont il se servait our aller se divertir de la manière qu'il avait fait la veille de notre dé-art du Caire. Il s'était déjà revêtu d'une robe noire, d'un turban d'écar-ıte, et d'un shaul (1) également d'écarlate, parure neuve, qu'il me dit voir porté pour me faire honneur dans mon voyage.

Je le remerciai de son attention, et je lui demandai pourquoi, étant ıériff, il ne portait pas le turban vert de Mahomet.

— Bon! me répondit-il, ce n'est qu'une manière d'en imposer aux trangers. Il y a beaucoup de gens qui portent le turban vert et qui ne ont que de vrais scélérats.

En même temps il ajouta que, « pour lui, il valait mieux qu'un shériff, parce qu'il était un saint, et qu'il était connu de tout le monde comme tel, soit qu'il eût un turban vert ou rouge, soit qu'il n'en eût point du

(1) Mot indien que les Anglais ont adopté et qui sert à désigner une espèce de mouchoir ou une èce d'étoffe que les femmes portent sur leurs épaules et que les hommes mettent autour de leur ırban. Nous disons maintenant et nous écrivons châle.

» tout, mais qu'il s'était paré pour me faire honneur; qu'il serait de r
» tour le lendemain de bon matin et qu'il m'amènerait un bon vent. »

— Hassan, lui dis-je, il vaut mieux que vous m'apportiez un peu d'ea de-vie, si vous ne la buvez pas toute.

Et il me promit de faire en sorte de m'en procurer, puisque la mien tirait vers la fin.

Il me dit alors que le prophète n'avait jamais recommandé de ne p boire de l'eau-de-vie, mais seulement de ne pas boire de vin, et q comme il n'y avait pas de vin en Égypte, la défense n'était pas pour pays.

— Mais, bouza, ajouta-t-il, bouza, je veux boire aussi longtemps que pourrai me promener sur le tillac d'un vaisseau.

En achevant ces mots, il partit, et je ne doutai nullement qu'il ne ti la promesse qu'il faisait de boire, soit qu'il revînt à bord ou non.

Pendant la nuit, nous fîmes bonne garde suivant notre coutume, et ne nous arriva rien de fâcheux.

La matinée du 17 fut extrêmement brumeuse jusqu'à dix heures que temps commença à s'éclaircir. Cet exemple et plusieurs autres parei que nous avons eus dans le cours de notre voyage, prouvent qu'Hérodo s'est trompé quand il a prétendu que le Nil n'était jamais chargé d brouillards.

L'après-midi, nos gens descendirent à terre pour tuer des pigeons, do la chair était noire et fort mauvaise; ce qui provenait sans doute de que la saison du grain était passée. Je me mis à arranger mon journa quand je vis avec surprise l'Arabe Howadat entrer dans ma chambre s'asseoir très près de moi. Cependant, je ne fus point effrayé; j'avais u coutelas à ma ceinture et deux pistolets à côté de moi.

— Qu'est-ce, ami, lui dis-je, qui t'amène ici?

En même temps il me baisa la main en disant :

— Farduc, je suis sous votre protection.

Puis il tira un petit paquet de dessous sa ceinture, et il me confia qu' allait à la Mecque, où il portait ce qu'il tenait dans sa main; qu'il trem blait que son patron ne le dépouillât et ne le jetât ensuite dans le Nil, o qu'il n'apostât quelqu'un pour le dérober et l'assassiner; et qu'enfin u des jeunes Maures de l'équipage le croyant endormi la nuit d'auparavant était venu tâter s'il n'avait point d'argent.

Je lui fis compter la somme, qui consistait en sept sequins et demi, c une pièce d'argent de la valeur d'environ un écu de trois livres. Ces pièce se nomment en Syrie aboukelb, c'est-à-dire le vieux chien, parce que c sont des pièces de monnaie de Hollande, sur lesquelles il y a un lion ram

nt, que les Arabes, qui tronquent tous les noms, appellent un chien-
ıfin le petit trésor de l'Howadat valait un peu plus de trois guinées, et
me pria de le lui garder.

— N'en parlez pas aux gens du vaisseau, me dit-il, parce que je quitte-
i devant eux mes vêtements et ma ceinture, et je me baignerai dans le
uve; et quand ils verront que je n'ai rien de caché sur moi, ils ne cher-
eront point à me faire du mal.

— Mais qui est-ce qui vous assure, lui répondis-je, que je ne volerai pas
oi-même ce qu vous me confiez, et que quelqu'une de ces nuits je ne
us jetterai pas dans le Nil?

— Non, non, s'écria-t-il; je sais que cela est impossible. Je n'ai pas
rmé l'œil depuis l'instant que je suis entré à bord jusqu'au moment où
vous parle. Faites de moi et de mon argent ce que vous voudrez, mais
livrez-moi des inquiétudes que me causent ces scélérats.

— Fort bien! repris-je, mon ami. Maintenant que vous n'avez plus
argent sur vous, restez en sûreté, et soyez au nombre de mes domesti-
ıes. Vous pourrez coucher à la porte de ma salle à manger; certaine-
ent ils n'oseront pas toucher un cheveu de votre tête pendant que je se-
i en vie.

Les pyramides, que nous avions toujours aperçues à notre droite et à
fférentes distances depuis que nous étions partis de Saccara, offraient
i un spectacle très singulier. A environ deux milles du Nil, entre Suf
Woodan, il y a une pyramide qui, au premier coup d'œil paraît toute
une pièce. Elle est de brique qui n'a point été cuite, bien entière, et les
ns du pays l'appellent la fausse pyramide. La base est formée d'une
ontagne taillée en pyramide jusqu'à une grande élévation; ensuite le
ıut a été bâti dans les mêmes proportions et terminé comme la pointe
une pyramide ordinaire. Il est très difficile de distinguer la différence
ıns un certain éloignement, car la couleur du roc ressemble beaucoup
l'argile qui compose les pyramides de Saccara.

Hassan Abou-Cuffi me tint parole à certains égards. Il revint le soir, et
ne paraissait pas avoir beaucoup bu. Mais il n'avait pas pu trouver de
au-de-vie, ce qui vraisemblablement l'avait fait revenir plus vite.

J'avais veillé une grande partie de la nuit pour tâcher de faire quel-
ıes observations astronomiques, mais les brouillards m'en avaient em-
ché, et, depuis que nous étions partis du Caire, j'avais éprouvé le
ême obstacle.

Le 18, à huit heures du matin, nous nous préparâmes à continuer notre
ute. La brise était au sud et n'avait que très peu de force. Je demandai
notre raïs où était ce bon vent qu'il nous avait promis; et il me répon-

dit que sa femme, se disputant avec lui toute la nuit, l'avait empêché d se mettre en prières.

— C'est pourquoi, ajouta-t-il avec une mine plaisante, je vais tente pour vous tout ce qu'un saint peut faire.

— Qu'est-ce donc? lui dis-je.

— Tirer le vaisseau avec une corde jusqu'à ce que le vent se lève, m répliqua-t-il avec le même air.

Je louai beaucoup sa sage précaution; et le vaisseau commença à ma cher, mais très lentement.

En parcourant le voyage de M. Norden, je fus frappé du passage su vant que je trouvai dans son second volume :

« Nous vîmes, ce jour-là, une grande abondance de chameaux; mais il » ne vinrent pas à la portée de nos fusils, ce qui fit que nous n'en tuâme » pas. »

Je réfléchis alors que si on tuait des chameaux en Egypte, on ne sera guère mieux traité que si on tuait des hommes; et qu'il avait été trè heureux pour M. Norden que les chameaux ne vinssent pas près de lui, c'était la seule raison qui l'eût empêché de leur tirer des coups de fusi Mais en jetant les yeux sur une note que je vis au bas de la page, je m' perçus bientôt qu'il y avait une méprise du traducteur, qui dit que, dar l'original, il y a des chameaux d'eau, mais qu'il ne sait pas si c'est u animal d'une espèce particulière ou bien de l'espèce ordinaire des ch meaux.

Mais l'auteur n'a voulu désigner aucun animal qui ait rapport avec chameau. Il parle d'un oiseau nommé en français le pélican, et que le Arabes appellent jimmel-el-bahar, c'est-à-dire le chameau de rivière. L'a tre oiseau, semblable à une perdrix, que les gens de M. Norden tuèren dont il ne put pas apprendre le nom, et qu'il trouva meilleur qu'un p geonneau, est le gooto. On en voit beaucoup dans tous les déserts de l'A frique. J'en ai dessiné de diverses couleurs. Ceux du Tripoli et du Cyr naïque sont extrêmement beaux. Ceux de l'Égypte sont tachetés de blan comme la pintade; mais le fond de leur plumage est brun et non pas d'u bleu cendré.

En général, le gooto est un assez mauvais manger; il n'est point d l'espèce des perdrix; ses jambes et ses pieds sont tout couverts de pl mes, et il n'a que deux ergots devant. Les Arabes imaginent qu'il se nou rit de petites pierres, mais le fait est qu'il vit d'insectes.

Au-dessus de Comadreedy, le Nil est encore divisé par un fragmen d'île, et il se jette un peu vers l'occident. Sur la rive orientale, on y vo le village de Sidi-Ali-el-Courant. Il n'y avait à côté que deux seuls pa ıiers, d'après quoi on aurait pu juger qu'il devait être désert; mais tout l'entour le blé avait cinq pouces de hauteur, et était conséquemment ien plus avancé que celui que nous avions vu jusque-là. Les montagnes, ui sont au-dessus et du même côté, viennent presque jusqu'au bord du euve et n'offrent qu'un aspect blanchâtre, sablonneux et d'une nudité orrible. On n'y aperçoit d'ailleurs aucune apparence d'habitation.

Le Nil a, en cet endroit, un peu plus d'un quart de mille de large. Il ıe sembla que là pourrait être la place de la ville d'Angyrorum, dont parle tolémée. Mais ni la nuit, ni le jour, il ne me fut possible de déterminer latitude. Des nuages blancs, qui passaient sans cesse, n'obscurcissaient as précisément le ciel, mais ils l'embrouillaient de manière à interrompre toutes mes observations.

Bientôt nous vîmes un couvent de cophtes, auprès duquel il y avait ne petite plantation de palmiers. Le bâtiment est fort mal construit, suronté d'une espèce de dôme qui représente un moine debout et sans aume autre décoration.

A quatre milles de là on rencontre le village de Nizelet-el-Arab, consisınt seulement en quelques misérables huttes. Il est environné de grandes lantations de cannes à sucre, les premières que nous eussions encore ues sur la route; et il y en avait alors plusieurs bateaux chargés et prêts partir pour le Caire.

Les cannes croissent, en cet endroit, de la grosseur d'environ un pouce un quart de diamètre. Les Égyptiens les coupent par morceaux de trois ouces de long, et, après avoir fendu ces morceaux, il les mettent dans es vases de bois remplis d'eau. Cette espèce de liqueur est très agréable très rafraîchissante. D'ailleurs, pendant que les morceaux de canne sarent l'eau, ils s'imbibent eux-mêmes de cette eau, et perdent cette douur pâteuse qui altère quand on les mâche. Je fus vraiment surpris de oir que cette plante pût si bien réussir dans une latitude si avancée dans Nord; nous n'étions guère que par les 29°, et les plantations paraisient de la plus grande beauté.

Je pense que la canne à sucre est originaire de l'ancien continent, et a té transportée par les Européens dans le nouveau. En Egypte, elle vient e graine. J'ignore s'il en est de même au Brésil; cependant, je ne doute as que l'Egypte ne l'ait ainsi cultivée dans tous les temps. Il m'a été imposble jusqu'à présent de savoir où l'on a d'abord trouvé cette plante; mais il udrait que quelque personne savante dans l'histoire de la botanique disnguât enfin les productions du vieux et du nouveau monde, avant ue ce qu'on peut en connaître achève de se perdre dans les ténèbres des iècles.

L'origine du sucre, du tabac, du rocou, du coton, de quelques espèc de solanées, de l'indigo et d'une multitude d'autres plantes, n'est pas e core bien connue.

Le prince Henri de Portugal, ardent à mettre toutes les découvert à profit, transporta dans chaque partie du monde les plantes dont el manquait et qui enrichissaient les autres. Aussi séra-t-il bientôt tr difficile de dire de quel pays viennent les plantes, même les plus co munes.

Le blé même, cultivé depuis longtemps en Egypte, y a été apporté. croît très bien sous la ligne entre les tropiques et jusqu'aux extrémit du nord et du sud. Les rigueurs de l'hiver semblent même le favorise et il a une nouvelle vigueur dans la neige et sous la gelée ; cependan nous ignorons encore d'où il vient originairement.

Nous avions vu des champs de blé verdir le long des bords du Nil, c cepté du côté du couvent des cophtes, où il y avait une interruption culture d'environ un demi-mille de chaque côté. Ces malheureux save que, s'ils semaient, les Arabes ne leur permettraient jamais de recueilli Aussi laissent-ils en friche le terrain qui est autour d'eux.

Sur le rivage, qui est vis-à-vis de Sment, les champs de blé continue de Sment jusqu'à Mey-Moom, et de Mey-Moom à Shenuiah, qui se trouve un mille plus loin. Dans toute cette côte, qui n'a guère qu'un quart mille de large, on voit non-seulement du froment, mais du trèfle, que l Egyptiens nomment bersine. J'ignore s'il vaut celui que j'ai vu en Angl terre; mais on le sème et on l'entretient de la même manière.

Derrière cette plaine étroite qui borde le Nil, s'élèvent, presque perpe diculairement, des montagnes blanchâtres, dont le sommet est plane taillé comme une table carrée. Ces montagnes semblent être posées sur surface de la terre et non sorties de son sein ; car leurs différents degr paraissent nivelés, comme si on les avait placés à la règle et au compa d'ailleurs, elles ne sont pas d'une excessive hauteur.

Bientôt nous atteignîmes Boush, village situé sur la rive occidentale, deux milles de Shenuiah ; et un peu plus loin nous trouvâmes Beni-A où nous vîmes pendant une minute les montagnes à la droite du Nil s tendre dans une direction presque sud, et s'élever excessivement. A env ron cinq milles de Boush est le village de Maniareish, à l'orient du fleuv et là finit de chaque côté la chaîne des montagnes.

Boush est éloigné des bords du fleuve d'environ deux milles et un qua Beni-Ali est un très grand village, et Zeytoon, qui l'avoisine, encore p grand. Ils sont l'un et l'autre sur la rive occidentale. Je crois que Zeyto faisait autrefois partie du district d'Héraclée, le seul endroit de l'Egy où Strabon dit que les oliviers croissaient; mais je ne vis cependant nulle trace des monuments qui illustraient jadis la contrée.

Un peu au sud de Zeytoon est Baiad, devenu fameux par le combat qui se donna entre Hussein-Bey et Aly-Bey. Ce dernier était alors en exil, et la victoire qu'il remporta sur son rival le rétablit dans le gouvernement du Caire.

De Maniareish à Beni-Suef, dans l'espace de deux milles et demi, on découvre de nouveau des montagnes très élevées, à environ douze milles de distance. Quoique Beni-Suef ne soit pas mieux bâti que les autres villages, il nous parut plus intéressant par son étendue. C'était, sans contredit, le lieu le plus considérable que nous eussions vu depuis que nous avions quitté le Caire. Il y a un cacheff et une mosquée avec trois grands clochers, et on y tient marché.

La campagne des environs est parfaitement bien cultivée et d'une grande fertilité. Les habitants y sont mieux vêtus et semblent moins malheureux, moins opprimés que ceux qui vivent près du Caire.

Le Nil a fort peu de profondeur et un courant très rapide vis-à-vis de Beni-Suef. Nous touchâmes plusieurs fois, quoique nous tinssions le milieu du fleuve. A un quart de mille au-dessus, dans un endroit nommé Baha, nous jetâmes l'ancre pour passer la nuit.

Nous fûmes avertis de faire une bonne garde, parce qu'il y avait à l'orient du Nil des troupes de voleurs qui avaient récemment pillé quelques vaisseaux, et le cacheff n'avait pas osé ou n'avait pas voulu venir au secours. En conséquence, nous veillâmes très attentivement toute la nuit; mais nous ne vîmes aucun voleur, et il ne nous arriva rien de fâcheux.

Le 18, le temps fut beau et le vent très favorable. Les villages assez tristes et les plantations de palmiers toujours verdoyants que nous aperçûmes, ne compensaient pas la satisfaction que nous aurions eue à contempler des champs mieux cultivés, une plaine moins étroite et des montagnes moins arides.

Nous passâmes devant Mansura, Gadami, Magaga, Malatiah et divers autres villages, dont quelques-uns n'avaient qu'une quinzaine de maisons. Nous vîmes ensuite à l'occident du fleuve, Gundiah et Kerm, auprès desquels il y avait beaucoup de dattiers. Quatre milles plus loin est Sharuni, il ne paraît point de montagnes du côté du couchant; mais, en revanche, il a des forêts de palmiers qui s'étendent depuis Gundiah jusqu'à quatre milles au-dessus.

En remontant le fleuve pour arriver à Abou-Azéeze, il y avait beaucoup de plantations de cannes de sucre qu'on coupait; et de ce dernier village jusques à Kafoor, nous ne vîmes des deux côtés de l'eau qu'un terrain sablonneux et stérile. Bientôt après, on trouve Etfa à l'occident. Le Nil, qui se partage en cet endroit, y forme une île. Là, toutes les maisons ont des colombiers dans leur grenier, et les habitants en retirent beaucoup de profit. Ces colombiers sont garnis de pots de terre placés les uns sur les autres et fort bien arrangés, et les murs en dehors sont faits avec une sorte d'élégance.

Le soir, nous vînmes à Zahora, qui est à un mille au-dessus d'Etfa. Zahora a trois belles plantations de dattiers, et est éloigné de Miniet d'environ cinq milles. Là, nous nous arrêtâmes pendant la nuit du 18 décembre.

Le lendemain, nous n'aperçûmes rien de remarquable jusques à Barkaras, village bâti sur le penchant d'une montagne et environné d'une épaisse forêt de palmiers.

Le vent était si haut qu'à peine pouvions-nous porter la voile : et quand nous fûmes à Sheik-Témine, où le fleuve était extrêmement rapide, nous le remontâmes avec une force terrible. Notre raïs me dit alors qu'il carguerait bien un peu les voiles; mais que, sachant que j'étais très curieux de voir comment son vaisseau manœuvrait, et que d'ailleurs il n'y avait point de danger d'être submergé, quoique le courant de l'eau fût effrayant, il voulait me montrer tout ce qu'un canja pouvait faire.

Je le remerciai de son attention; nous étions déjà devenus très bons amis.

— Ne craignez jamais les rivages, lui dis-je; car s'il s'en rencontrait quelqu'un qui voulût accrocher vos larges voiles, vous n'auriez qu'à lui ordonner de se ranger de côté, et soudain il vous obéirait.

— J'ai eu des passagers, me répondit-il, qui auraient cru ce que vous dites là, et plus que cela, si je le leur avais affirmé : mais je vois bien que je perdrais mon temps avec vous, si je vous parlais de miracles.

— Vous vous trompez beaucoup, mon raïs, lui répliquai-je. J'aime singulièrement à entendre raconter des miracles nouveaux. Il y a toujours quelque chose d'amusant dans ces récits.

— A bord de vos vaisseaux chrétiens, me dit-il, vous faites toujours une prière à midi; ensuite vous buvez un coup d'eau-de-vie. Je voudrais donc bien que, puisque vous ne voulez pas être un Turc comme moi, vous fussiez au moins bon chrétien.

— Fort bien, mon cher Hassan, répondis-je; laissez votre vaisseau profiter du vent, tant qu'il n'y aura point de danger; et j'aurai soin de me pourvoir d'une provission d'eau-de-vie pour tout le voyage, dans le premier village où nous pourrons en acheter.

Nous aperçûmes plusieurs villages à l'occident du Nil : mais la rive orientale nous parut absolument déserte. Le premier de ces villages est très grand et se nomme Feshné. Ensuite nous vîmes Miniet ou l'ancienne Phylæ, lieu bien plus considérable encore, qui a été fortifié du côté du fleuve, et ou l'on voit quelques canons; un bey rebelle s'était emparé de cet endroit, et les vaisseaux sont obligés de s'y arrêter, d'autant que le fleuve y est étroit et rapide : mais notre raïs, étant très animé, résolut de profiter du vent, comme je le lui conseillais; et nous passâmes sans qu'on nous fît aucun signal.

Nous découvrîmes bientôt Rhoda, d'où nous contemplâmes les superbes ruines de l'ancienne ville d'Antinoüs, bâtie par Adrien. Malheureusement je ne savais point à mon départ du Caire que ces ruines existaient, et je n'avais pris aucune lettre de recommandation pour cet endroit; ce qu'il m'eût été très aisé de faire.

Je demandai au raïs quelle espèce de gens on trouvait là; et il me répondit que ce lieu n'était peuplé que de mauvais Turcs, de mauvais Maures et de mauvais chrétiens; qu'il y avait résidé plusieurs diables, et qu'on ne les avait découvert que parce qu'ils étaient doux et plus honnêtes que le reste des habitants.

Le géographe de Nubie nous apprend que c'est de là que Pharaon fit venir ses magiciens, lorsqu'il voulut comparer leur pouvoir à celui de Moïse.

Je dis au raïs qu'il était indispensable pour moi d'aller à terre; et je lui demandai si les habitants de Rhoda ne respectaient pas les saints. J'ajoutai que je pensais que, s'il voulait se parer en mon honneur de son turban rouge, comme il l'avait fait à Comadreedy, il paraîtrait être un saint, puisqu'il m'avait déjà dit qu'il était connu pour tel par tout le monde. Il ne parut pas trop content de cette expédition : mais il gouverna aussitôt au sud-est, et nous voguâmes à pleines voiles droit aux ruines. En peu de temps nous arrivâmes au lieu de débarquement; la côte était très basse, et nous entrâmes dans une petite baie, où il y avait une espèce de barre, où notre vaisseau toucha un peu, mais sans danger.

Mahomet, fils d'Abou-Cuffi, et l'Arabe Howadat descendirent à terre, sous prétexte d'acheter quelques provisions et d'examiner le rivage : mais, d'après l'idée que nous avions du caractère malfaisant des habitants, nous étalâmes toutes nos armes à feu sur le tillac. Pendant ce temps-là, tantôt avec ma lunette d'approche, tantôt avec mes yeux seulement, j'observai les ruines, de manière à désirer vivement de les contempler de plus près.

J'aperçus les colonnes de l'angle du portique debout et faisant face au nord. Une partie du tympanum, la corniche, la frise, l'architrave, paraissaient bien conservées et élégamment ornées. Le reste m'était dérobé par des arbres épais. Les colonnes étaient très hautes et très flûtées. Les chapiteaux de l'ordre corinthien demeuraient tout entiers. Ils étaient probablement de marbre de Paros; mais il avaient perdu cette blancheur éclatante, ce poli que conserve encore l'Antinoüs romain, et leur couleur ressemblait au jaune brillant du gladiateur. J'entrevis aussi un monument du même style que le premier, qui me parut être un arc triomphal ou une porte de ville; et, à côté, il y avait plusieurs blocs d'une pierre très blanche et semblable à de l'albâtre; mais il me fut impossible de deviner à quoi ils avaient servi.

Personne n'avait encore remué à terre, quand tout-à-coup nous entendîmes un bruit qui nous avertit que Mahomet et le Maure étaient attaqués Aussitôt le raïs, se dépouillant de sa robe, sauta à terre, et détacha la corde avec laquelle nous étions amarrés, tandis qu'un autre de nos Maures planta une longue perche dans l'eau, et roula la corde tout autour Nous étions dans un endroit très calme, de sorte que le vaisseau demeurait immobile.

Nous n'avions encore pu qu'entendre Mahomet et le Maure : mais bientôt nous les aperçûmes. La populace s'était emparée du turban de Mahomet, qui se défendait assez vivement, et qui nous cria que toute la ville venait nous attaquer. Dès qu'il fut près du vaisseau, il s'élança dans l'eau ainsi que le Maure, et ils montèrent à bord avec beaucoup d'agilité. Cependant un grand nombre d'habitants s'étaient déja rassemblés sur le rivage, et on nous tira trois coups de fusil qui se suivirent de très près.

Je leur criai aussitôt en arabe :

— Infidèles, voleurs, scélérats, retirez-vous, ou vous serez à l'instant punis.

En même temps je fis partir un coup de mousquet, chargé avec des balles de pistolet, mais je dirigeai le coup assez haut pour qu'il passât par dessus la tête sans les toucher. Les trois ou quatre hommes qui étaient le plus près de nous, tombant soudain la face contre terre, se glissèrent en rampant comme des couleuvres par derrière les buissons, et bientôt nous n'en vîmes plus aucun.

Alors nous revirâmes de bord, nous hissâmes notre petite voile, et nous sortîmes du port. Cependant Mahomet criait aux habitants :

— Prenez garde à vous. Si vous êtes des hommes, nous sommes des soldats de Sanjack, nous reviendrons ce soir chercher le turban.

Mais personne n'était plus là pour lui répondre.

Nous ne fûmes pas plus tôt hors de danger que notre raïs, prenant sa pipe, me dit d'un air fort grave de remercier Dieu de ce que j'étais embarqué avec un homme tel que lui, parce que c'était là l'unique raison qui m'avait empêché d'être massacré à terre.

— Certes, lui répondis-je, Hassan, grâce à Dieu, le moyen de n'être jamais massacré à terre, c'est de ne pas sortir du vaisseau : mais ne pensez-vous pas que mon mousqueton vous a été aussi utile que votre sainteté? Mahomet, dites-nous à présent d'où est venue votre querelle?

Mahomet me dit alors que les habitants de Rhoda avaient entendu parler de nous depuis notre séjour à Métrahenny, et qu'ils nous attendaient dans l'intention de nous piller et de nous assassiner; qu'à l'instant où ils avaient appris que nous venions d'aborder, ils étaient accourus dans leurs maisons pour chercher leurs armes et pour venir fondre sur le vaisseau; qu'alors lui et le Mauro s'étaient enfuis, et qu'ils avaient rencontré trois hommes et un enfant qui heureusement n'étaient point armés, mais qui, malgré cela, lui avaient enlevé son turban.

Il ajouta que la ville était divisée en deux partis, dont l'un tenait pour Ali-Bey, et l'autre pour le bey rebelle, qui s'était emparé de Miniel; qu'ils avaient déjà combattu deux ou trois fois pour cette querelle, et qu'ils étaient encore prêts à en venir aux mains, chaque parti ayant appelé des Arabes à son secours.

Mahomet-Bey ajouta l'Arabe Howadat, doit venir bientôt avec ses soldats, et amènera avec lui notre sheik et ses guerriers, pour brûler les maisons de ces misérables, détruire leur cultures, et les réduire à toutes les horreurs de la famine.

Cependant Hassan et son fils Mahomet étaient extrêmement irrités; et, pour les satisfaire, il eût fallu nous approcher du rivage, et tirer contre nos assaillants toutes les armes à feu que nous avions à bord. Mais indépendamment de ce que cette vengeance était étrangère à mon caractère, j'aurais craint en m'y livrant de nuire aux tentatives des voyageurs qui viendront après moi, et qui pourront joindre les tableaux de ces belles ruines à ceux des grands monuments de l'architecture ancienne qui nous ont été conservés.

C'est assurément un voyage bien digne de nous être transmis par la gravure. J'en puis garantir l'importance et la beauté. L'artiste qui voudra aller le dessiner peut s'y rendre en quatre jours de navigation assez agréables et sans aucun danger; et, dans les temps de paix, il lui sera aisé de se procurer à peu de frais la protection nécessaire des chefs.

CHAPITRE V

Continuation du voyage dans la Haute-Egypte. — Ruines d'Ashmonnein. — Ruines de Gava Kibéer. — Méprise de M. Norden. — Achmim. — Couvent de catholiques. — Dendera. — Ruines superbes. — Aventures avec un saint du pays.

La curiosité de notre raïs le fit essayer de me déterminer à relâcher à Reremont, qui était à trois milles et demi de Rhoda, et précisément vis-à-vis de nous. Il m'apprit en même temps que c'était une ville de chrétiens cophtes ; et comme plusieurs habitants du village de Sheik-Abadé étaient aussi chrétiens, je crus qu'ils étaient trop voisins pour me mettre dans le cas d'avoir rien à démêler avec eux.

A Reremont on voit une grande quantité de roues à la persane, qui élèvent l'eau du Nil et la versent dans des canaux par où elle va arroser les plantations des cannes à sucre, appartenant aux chrétiens. L'eau qu'on conduit ainsi passe au dessous de la ville, et est prise au dessus; preuve qu'en cet endroit la pente des montagnes n'est pas une erreur d'optique, comme l'a prétendu le docteur Shaw.

Nous fûmes bientôt à Ashmounein, qui vraisemblablement doit être l'ancienne Latopolis. Ashmounein est une grande ville qui donne son nom la province, et où l'on voit de magnifiques ruines de l'architecture égyptienne. De là nous nous rendîmes à Melawé, ville encore plus grande, mieux bâtie et mieux habitée qu'Ashmounein. C'est là que réside le cacheff. Mahomet-Aga s'y trouvait alors avec ses troupes. Il venait de prendre Miniet, et par l'amitié du sheik Haman, gouverneur de la haute Égypte, il retenait tous les habitants de ce côté du fleuve dans le parti d'Ali-Bey.

Je l'avais déjà vu au Caire, et à la prière de Risk, il avait promis d me rendre service, s'il me rencontrait pendant son expédition. Ain j'allai lui rendre visite à Melawé, pour me plaindre du traitement qu j'avais reçu à Sheik-Abadé ; et comme il n'avait alors rien à faire, je vo lais le prier de vouloir bien faire un tour pour l'amour de moi dans u endroit où l'on respectait si peu les droits de l'hospitalité. J'étais bie sûr que Mahomet-Aga ne me refuserait point : mais il était absent av ses troupes. Je ne trouvai qu'un vieux Grec, qui était à son service, et qu par bonheur, me reconnut pour un ami d'Ali-Bey et du patriarche.

Il me procura environ quatre pintes d'eau-de-vie, et une jarre d limons et d'oranges confites dans le miel ; ce qui me fit grand plaisi Il me procura aussi un agneau, avec quelques légumes. Parmi ces d verses provisions, il se trouvait des raiforts préparés comme du ginger bre, et qui, quelque salubres qu'ils pussent être, me parurent la chose plus detestable dont j'aie jamais goûté. J'en donnai un morceau bie trempé dans du miel à mon raïs, qui toussa et cracha pendant une dem heure, en criant qu'il était empoisonné.

Je vis bien qu'Abou-Cuffi ne se souciait pas que je restasse à Melaw Il avait peur que les troupes du bey ne l'obligeassent à les porter quelq part. Aussi partit-il volontiers ; et, très satisfait de mon emplète d'ea de-vie, il m'assura qu'il ferait voile autant que le vent le lui permettrai

Nous passâmes devant Mollé, petit village où les plantations de pa miers sont entre-mêlées d'un grand nombre d'acacias. Cette varié plaît beaucoup, non-seulement par rapport à la forme des arbres, ma par la différence du vert.

L'acacia paraît être le seul arbre indigène de la Thébaïde, comme sycomore l'est de la Basse-Egypte. Cet acacia est l'*acacia vera* ou *spina egyptiaca*, portant une fleur ronde et jaune. On le nomme saïel, c'est de lui que découle la gomme arabique. Cette gomme vient princip lement de l'Arabie-Pétrée, où les saïels sont très multipliés ; mais ces a bres croissent depuis la partie la plus au nord de l'Arabie jusqu'aux extr mités de l'Ethiopie ; et leurs feuilles sont la seule nourriture que trouver les chameaux qui traversent ces vastes déserts. La gomme arabique e appelée sumach dans l'ouest de l'Afrique ; et les Yalofs, peuples du Sén gal, en font un assez grand commerce.

Après avoir passé Mollé, on trouve une grande plantation de palmier qui s'étend sur la rive occidentale du Nil jusqu'au village de Masara. Là le fleuve, quoique très large, est rempli d'écueils, et nous allions ave tant de vitesse que nous donnâmes sur un banc de sable, d'où nous ne pû mes pas nous retirer avant le coucher du soleil. Alors nous gagnâme

a rive opposée à Masara, où nous mouillâmes pendant la nuit du 19 dé-
:embre.

Le 20, nous remîmes à la voile de bon matin. Bientôt après nous vîmes leux villages, dont le premier se nomme Wellet-Behi, et le second Salem. ls sont situés à l'occident du fleuve et à environ un mille et demi l'un de 'autre. Les montagnes de ce même côté paraissent éloignées du rivage de près de seize milles, et elles forment une chaîne très exhaussée, qui s'é-end au sud-est; mais celles qui sont à l'orient du Nil suivent la même lirection que le fleuve, et ne sont pas à plus de trois milles de ses bords.

Nous passâmes devant Deirout, et ensuite devant Zohor, l'un et l'autre situés sur la rive orientale, et environnés de palmiers. Peu après nous vî-nes, toujours du même côté, Siradé, où il y a une petite forêt d'acacias. Ces arbres nous parurent pleins de vigueur, et quoique nous fussions au mois de décembre où les matinées sont très froides ils étaient tous cou-verts de fleurs.

En nous éloignant de Siradé, nous ne tardâmes pas à découvrir sur la rive opposée la ville de Montfalout. Elle est encore assez vaste; mais elle fut jadis bien plus considérable, et les anciens Egyptiens y faisaient un grand commerce. Ruinée par les Romains, c'est aux Arabes qu'elle a dû son rétablissement.

Un auteur arabe (Messoudi) raconte qu'en creusant à Montfalout parmi les fondements d'un ancien temple égyptien, on trouva un crocodile de plomb chargé d'hiéroglyphes; et il croit que c'était un talisman pour em-pêcher les crocodiles de remonter plus avant dans le Nil. En effet, nous cessâmes d'en voir dans cette partie du fleuve. Mais comme ces animaux aiment extrêmement la chaleur et que les matinées sont là très froides, ils n'ont pas besoin d'autre talisman pour les retenir dans le sud.

La vallée d'Egypte a, du côté de Montfalout, environ huit milles d'éten-due du pied d'une montagne à l'autre.

En suivant notre route, nous aperçûmes Siout, autre ville assez grande, bâtie des débris de l'ancienne cité d'Isiû. Elle est à quelques milles de dis-tance du Nil, et placée sur le bord d'un canal où l'on voit un ancien pont. C'est là que se reposait autrefois la caravane qui se rendait à Sennaar. Ceux qui la composaient se rassemblaient à Siout et à Montfalout, et se mettaient sous la protection du bey, qui y résidait. Ensuite, entrant par le sud-est dans le désert de la Libye, ils passaient à el-Wa, qui est la grande Oasis des anciens, et de là ils traversaient l'immense désert de Selima.

A peine avions-nous fait trois milles au-delà de Siout que le vent tourna tout-à-coup au sud, ce qui nous obligea de passer le reste du jour à Tima. Je descendis à terre, car j'étais déjà très ennuyé du vaisseau. Tima est une petite ville environnée d'une plantation de palmiers, comme toutes celles que nous avions déjà vues. Au-dessous de Tima, à trois milles de distance de la rive orientale, est Bandini. Là, le Nil a formé un grand nombre de petites îles de sable. Les premières, que les débordements laissent à découvert, sont cultivées, et elles sont principalement du côté du levant. Celles qui sont au couchant demeurent stériles et n'ont aucune trace de culture.

J'allai me promener dans le désert, qui est au-delà du village. J'y tuai beaucoup d'oiseaux de l'espèce qu'on nomme gooto, ainsi que plusieurs lièvres, et j'en chargeai un de mes domestiques pour les porter à bord. En allant plus loin, je trouvai un petit village appelé Nizelet-el-Himma, et je m'en revins par un autre encore plus petit, nommé Shaka, situé à un quart de mille de Tima. J'étais excessivement fatigué à cause du sable mouvant dans lequel j'avais marché au pied de la montagne, et à cause de la chaleur qu'occasionait le vent du sud (1). Je commençais alors un apprentissage que j'ai bien achevé depuis.

Les habitants de ces villages me semblèrent un peu moins misérables que ceux des autres villages que j'avais déjà vus. Je leur trouvai d'abord un air de réserve et d'aigreur ; mais, après que j'eus causé avec eux, ils se montrèrent assez doux. Ils me vendirent quelques médailles de peu de valeur ; et comme ils apprirent de mes gens que j'étais médecin, ils me présentèrent divers malades auxquels j'enseignai des remèdes, cela les disposa très bien en ma faveur. Ils m'apportèrent de l'eau fraîche et des cannes à sucre qu'ils dépecèrent et mêlèrent à l'eau. Aussi ne fus-je pas moins satisfait d'eux qu'ils l'étaient de moi. Ils m'apprirent alors qu'il y avait beaucoup d'anciennes ruines à quatre milles de leur village, et ils m'offrirent de me donner un guide pour m'y conduire; je n'acceptai point leur offre, parce que je devais passer près de ces ruines le lendemain.

Le 21 décembre, nous nous rendîmes de bon matin à Gawa, où, après être partis du Caire pour remonter le Nil, on trouve le second théâtre des débris de l'architecture égyptienne. Je descendis aussitôt à terre et je vis un petit temple de trois colonnes de front dont les chapiteaux étaient bien conservés, et les colonnes séparées en plusieurs morceaux. Ces colonnes semblaient, par la légèreté de leurs proportions, être du style le plus moderne de ces sortes d'édifices ; mais elles n'en étaient pas moins couvertes

(1) On l'appelle hamséen, parce qu'il a coutume à souffler à la Pentecôte.

'hiéroglyphes et d'emblêmes de l'ancienne mythologie. On y voyait l'é-ervier et le serpent, l'homme assis avec la tête de chien, et avec une erge ou baguette à mesurer; dans une de ses mains étaient un hémis-hère et des globes avec des ailes, et de l'autre des feuilles qu'on croit re de bananier.

Le temple était rempli de décombres et du fumier des bestiaux que les rabes y conduisent pour les abriter contre la chaleur.

Il y a à Gawa deux villages qui portent le même nom et qui sont vis-à s l'un de l'autre. Le premier et le plus grand est Gawa-Shergieh, c'est dire le Gawa de l'est, et l'autre le Gawa-Garbieh.

J'eus quelque plaisir en voyant là, pour la première fois, deux chiens berger qui buvaient au courant du fleuve, et qui se couchaient fort anquillement dans l'eau. Cet exemple réfutait l'opinion fabuleuse qu'on a ie les chiens qui vivent sur les bords du Nil ne boivent jamais qu'en cou-nt de peur des crocodiles.

Tout à l'entour du village de Gawa-Garbieh et de ses plantations, ainsi i'auprès de Meshta et de Raany, c'est-à-dire sur toute la rive occidentale ı fleuve, le terrain est cultivé depuis le pied de la montagne jusqu'au ord de l'eau, on sème le grain sur la vase aussitôt que le Nil baisse. Le é avait, à mon passage, environ quatre pouces de hauteur.

Nous rencontrâmes plus haut trois villages : Shaftour, Commawhaia et nedi; nous jetâmes l'ancre au-dessus de Shaftour et à la vue de Taahta. aahta est un grand village où il y a plusieurs mosquées. Du côté de l'c-ent s'élève une montagne nommée Jibbel-Héredy, d'après un saint turc, i, suivant la tradition du pays, vécut plusieurs années, fut métamor-osé en serpent, et doit vivre à jamais. Les Maures et les Turcs croient votement cette fable.

Dans la soirée du 22, nous arrivâmes à Achmim. Là je fis mettre à terre on quadrant et les instruments qui m'étaient nécessaires pour observer e éclipse de lune; mais à peine la lune se leva que des nuages et d'épais ouillards couvrirent tellement les cieux qu'il me fut impossible de voir e seule étoile passer au méridien.

Achmim est un endroit très considérable. Il appartenait autrefois à un ince arabe qui lui donna son nom, et qui le possédait sous la protection grand seigneur, à qui il payait un revenu annuel. La famille du prince hmim est éteinte, et maintenant un autre prince arabe, Aman-Sheik de rshout, possède aux mêmes conditions la ville et tout le pays, de Siout Luxor, à l'exception du bourg de Girgé.

Les habitants d'Achmim sont très jaunes et ont un air malsain, ce qui ovient sans doute en grande partie des mauvaises exhalaisons d'un canal fort bourbeux qui traverse la ville. Il y a en outre beaucoup d'arbre de buissons aux environs de ce canal qui l'embarrassent et en augme tent l'insalubrité.

On a établi à Achmim un hospice ou couvent de l'ordre des franci cains, destiné à recevoir les chrétiens persécutés de la Nubie, quand peut les découvrir.

Je parlerai dans la suite plus en détail de cette institution. Je me bc nerai ici à remarquer qu'un des princes de la maison de Médicis, c protecteurs renommés des sciences, proposa aux moines du couve d'Achmim de leur faire construire un observatoire, et de leur fourn tous les instruments qui leur seraient nécessaires; mais ils refusèrent so prétexte qu'ils donneraient de l'ombrage aux habitants.

Ces moines nous accueillirent assez civilement.

Ils sont tranquilles et à leur aise, parce qu'ils sont fort aimés de l'Aral sheik Haman; et, comme ils se mêlent un peu de médecine, le peuple l considère. Ils me dirent qu'il y avait huit cents catholiques dans la ville malgré cela, je suis certain qu'on n'y aurait pas trouvé la cinquième part de ce nombre. Le reste des habitants sont des Coptes et des Maures; ma ceux-ci forment le plus petit nombre. Aussi, comme je l'ai déjà remarqu les missionnaires chrétiens ne sont nullement inquiétés.

Il y a à Achmim une grande manufacture d'étoffes de coton fort grossi res. De plus, on y élève beaucoup de volaille qu'on envoie au Caire, et qu passe pour la meilleure de toute l'Egypte. La raison en est facile à dev ner; c'est parce qu'Achmim fournit une grande quantité de froment. Tout la campagne d'alentour est bien cultivée et produit du blé d'une extrêm beauté. Trente-deux grains tirés d'un seul épi formaient un volume égal quarante-neuf grains du plus beau blé de Barbarie, recueilli dans la mêm saison. On sent combien cette disproportion serait considérable si tous le épis étaient de même. Le jeune blé n'avait pourtant guère plus de hauteu dans cette partie de l'Égypte que dans le bas, c'est-à-dire peut-être un pe plus de quatre pouces; mais tout le terrain était semé jusqu'à toucher le Nil

Les habitants, plus sages là qu'ailleurs, et consacrant tous leurs soin et toutes leurs terres à la culture du blé, n'ont que quelques palmier autour de leurs maisons, et très peu de cannes à sucre à côté de leurs jar dins. Aussitôt que leurs blés sont coupés, ils ensemencent de nouvea leurs champs pour recueillir une seconde récolte, avant que le soleil ai desséché l'humidité occasionée par les débordements du Nil.

On pêche à Achmim du poisson excellent et en grande quantité. Il y e a surtout d'une espèce particulière appelée bynny, qui a quelquefois jus qu'à quatre pieds de long et un de large.

Les habitants de cette ville sont doux et paisibles, et paraissent fort peu curieux. Ils ne témoignèrent pas le moindre étonnement à la vue de mon grand cadran et de mes télescopes. Nous avions dressé une tente sur le rivage, et nous y passâmes la nuit sans trouble, quoiqu'on nous eût dit qu'il y avait beaucoup de voleurs dans la ville. Peut-être aussi que jugeant par la lumière que nous avions qu'ils nous trouveraient éveillés, ils n'osèrent pas tenter de nous surprendre.

Achmim est, je crois, la Panopolis des anciens; et j'en juge non-seulement par sa latitude, mais par une inscription que je vis sur un grand arc de triomphe, à quelque cent pas du couvent. Cet arc fut élevé par l'empereur Néron. Il est de marbre, et la dédicace contient ces deux mots, **ΠΑΝΙ ΘΕΩ**. Les colonnes du frontispice sont brisées et dispersées. L'arc lui-même est déjà enfoncé dans la terre ou renversé sur un côté; mais les différentes pièces qui le composent ne sont pas encore tout-à-fait disjointes.

Le 24 décembre nous partîmes d'Achim, et à deux milles au delà, sur la rive occidentale, le village de Sheik-Ali s'offrit à notre vue. Deux milles encore plus loin nous trouvâmes Hamedi. Aboudarat et Salladi se montrèrent à l'orient du fleuve; puis Salladi-Garbich, et Salladi-Shergieh, l'un au levant et l'autre au couchant, comme leurs noms le désignent; et enfin nous continuâmes à trouver un grand nombre de villages sur les deux bords du Nil, et presque toujours vis-à-vis les uns des autres.

A trois heures de l'après-midi nous arrivâmes à Girgé, la ville la plus considérable que nous eussions vue depuis notre départ du Caire, et où, suivant la juste latitude que Ptolémée lui a assignée, devait être l'ancienne Diospolis parva; c'est là que commence le nom de Diospolis, et le Nil y fait encore, comme autrefois, un coude très remarquable. Girgé est aussi sur la rive occidentale du fleuve comme l'était Diospolis, et à une distance juste de Dendera, qui est l'ancienne Tentyra; preuve qui ne peut pas permettre de se tromper.

Le Nil a à Girgé une espèce de renflement. Il est très large, et son cours très rapide. Nous passâmes là avec un vent du nord; et alors les vagues s'élevaient comme celles de l'Océan.

Toute la campagne, après qu'on a passé Girgé, ne forme des deux côtés du fleuve qu'une forêt de palmiers, parmi lesquels sont semés des villages de distance en distance, tels que Doulani, Confaed, Deirout et Berdis, au couchant; Welled-Hallifi et Beni-Haled au levant.

Ces villages, qu'on voit à travers les arbres, forment un spectacle très pittoresque, surtout à cause des colombiers qui sont placés au faîte des maisons. Les montagnes du levant commencent à s'écarter du fleuve, et celles de l'autre côté s'en rapprochent. Nous jetâmes l'ancre le 24, e le village de Béliani et celui de Mobanniny, et nous y passâmes la nu

Le 25, impatients de visiter les plus considérables, les plus b ruines de la haute Égypte, nous partîmes de très bon matin de Bélian à dix heures nous arrivâmes à Dendera. Quoiqu'on nous eût prévenus les habitants étaient les plus dangereux de tout le pays, cela ne nous pira pas beaucoup de crainte. Je m'étais muni de deux lettres d'Ali pour les deux principaux habitants du pays; et ils étaient avertis dan lettres que leur vie et leur fortune répondaient du mal qui pourrait arriver. J'avais de plus une autre lettre très pressante pour le sheik Ha qui résidait à Furshout, et dans le territoire duquel nous étions alo

Je plantai ma tente sur le bord du fleuve, un peu au-dessus de r vaisseau, puis j'envoyai un messager au principal habitant, et ensu l'autre, le priant de m'envoyer une personne sûre pour que je puss remettre les ordres du bey. Je ne voulus point confier ces lettres matelot, parce que Dendera est bâtie à près d'un demi-mille du riv Les deux hommes vinrent au bout d'un certain temps, et m'apport chacun un mouton. Je leur remis les lettres du bey. Ils s'en retourn très promptement; et bientôt après, ils revinrent avec un cheval et ânes, pour me conduire aux ruines de Tentyra.

Dendera est encore une ville considérable, environnée de forêts de miers, et telle que Juvénal l'a décrite.

La ville est gouvernée par un cacheff, nommé par le sheik Ha A un mille de Dendera on trouve les ruines de deux temples, l'un des est si fort enseveli dans la terre, qu'il est assez difficile de le voir; l'autre, bien plus magnifique, reste encore tout entier, et est accessil toutes parts. Il est couvert d'hiéroglyphes, en relief, tant au dehors dedans; et on y trouve tous les emblèmes, simples et composés, qu été jusqu'à présent publiés et mis au rang des hiéroglyphes.

La forme de cet édifice est un carré long, à chaque bout duquel e grand vestibule supporté par d'énormes colonnes remplies de figure roglyphiques. Quelques-unes de ces figures ressemblent à des hom d'autres à des animaux. Plusieurs ont la forme des instruments qu vaient aux sacrifices, pendant que d'autres plus petites paraissent êt inscriptions dans l'écriture ordinaire des hiéroglyphes, ainsi que je pliquerai par la suite. Toutes ces figures sont du plus beau fini.

Les chapiteaux sont tout d'une pièce, et représentent quatre gr têtes d'homme, tournées l'une à l'opposé de l'autre, avec des oreill chauve-souris; mais ce qu'il y a de bien mal imaginé, et de for exécuté, c'est un pli de draperie qui les sépare.

Ces têtes sont surmontées d'un grand bloc, formant un carré long, plus arge encore que le chapiteau, avec quatre fronteaux aplatis et disposés omme des panneaux, et ayant une bordure arrondie sur les angles, et eaucoup d'hyéroglyphes sur la façade et sur les côtés. Les murailles et la oûte sont également remplies d'hiéroglyphes. Entre les deux vestibules ui sont aux extrémités, il y a trois autres appartements qui ne diffèrent es premiers que par leur petitesse.

Tout l'édifice est d'une espèce de pierre blanche, tirée des montagnes oisines, à l'exception cependant de deux pierres où l'on avait mis les onds pour suspendre les portes (car on voit encore qu'il y a eu des portes), esquelles deux pierres sont de granit ou de porphire bleu et noir.

Le dessus du temple est aplati. Les bouts des conduits pour rejeter l'eau eprésentent des têtes monstrueuses de sphinx. Les globes avec des ailes, es deux serpents avec un bouclier ou cuirasse qui les sépare sont fréquemment répétés, et ressemblent parfaitement à ceux que nous voyons dans es médailles carthaginoises.

Les hiéroglyphes avaient été sculptés et peints, et il reste encore sur les ierres une partie de la couleur. Il y a du rouge dans toutes ces nuances, t principalement de ce rouge foncé qu'on appelait la pourpre tyrienne; du aune très frais; du bleu de ciel, semblable à ce bleu diaphane que nous oyons au soleil levant, de plusieurs teintes, et plus légères que les nôtres; t enfin du vert de différentes nuances. Les autres couleurs, s'il y en a eu, e se sont point conservées.

Il me fut impossible de découvrir à Dendera aucune trace des maisons u'habitaient les anciens. Il n'en reste pas plus là que dans les autres illes de l'Égypte. J'imagine que les premiers habitants de ces brûlantes ontrées se bâtirent des maisons fort peu solides, après qu'ils eurent abandonné les cavernes où il se retiraient dans les montagnes. Qu'avaient-ils n effet besoin d'autre chose? Ne connaissant pas la régularité des inondations du Nil, ils ne devaient jamais se croire en sûreté contre cette spèce de déluge. Aussi c'est vraisemblablement la coutume de bâtir très égèrement les maisons particulières qui est cause qu'on trouve si peu de restes des nombreuses villes qui ont jadis couvert l'Égypte. S'il y a encore d'autres monuments, ils sont ensevelis dans le sable blanc qui tombe sans cesse des montagnes.

Il n'entrait ni dans mon plan ni dans mon goût de parler en détail des restes extraordinaires de Dendera (1).

(1) Dendera ou Denderah a été exploré avec soin par les savants attachés à la célèbre campagne d'Égypte. Un zodiaque, artistement détaché du plafond du premier temple dont parle Bruce, a été apporté à Paris en 1802, et placé au musée du Louvre.

Ce monument en impose singulièrement au premier aspect; mais l'in pression qu'il produit est semblable à celle qu'on éprouve à la vue d'u très haute montagne. On ne peut en conserver qu'une idée confuse. Je su sûr qu'un artiste très actif, en travaillant du matin au soir, demeurera au moins six mois à copier les hiéroglyphes qui sont dans l'intérieur d temple. Il y en a plusieurs dont l'arrangement ne ressemble point à cel qu'on voit dans la collection des hiéroglyphes déjà connus. Je fus étonn de ce qu'étant là dans le voisinage de Lycopolis, il n'y eût pas dans to ces emblèmes un seul loup. Nous n'y vîmes que ce qui avait quelque ra port avec l'eau. Cependant le loup est sur toutes les médailles, et ce me fait croire que l'adoration de cet animal est une superstition m derne.

Dendera est placée à l'extrémité d'une plaine étroite, mais très fertile le blé y avait treize pouces de hauteur, et nous n'étions qu'à Noël. La r colte s'y fait à la fin de mars. Là nous vîmes, pour la première fois, de arbres appelés dooms. Ils croissent en grande quantité parmi les pa miers, et ils leur ressemblent tellement qu'il est difficile de les disti guer à une certaine distance. Cet arbre est le même que les naturaliste ont nommé *palma thebaïca cuciofera*. Sa noix a parfaitement l'air d'u noyau de pêche, et est recouverte d'une pulpe noire et très amère, sem blable à l'enveloppe d'une noix très mûre.

Un peu avant d'arriver à Dendera, nous aperçûmes le premier croc dile. Après quoi nous en vîmes sur toutes les îles se promener par cer taines. Malgré cela, les habitants de Dendera font baigner dans le Nil leu bétail de toute espèce, et ils l'y laissent même quelquefois des heures en tières. Les femmes, même les filles, qui vont puiser de l'eau dans leu cruches, entrent dans le fleuve et y restent assez longtemps; et si nous e jugeons par ce qui leur arrive, elles ne courent pas plus de risques qu'elle n'ont de peur; car je n'ai jamais entendu dire qu'une seule d'entre elle eût été attaquée par un crocodile.

Cependant, si le peuple de ces contrées était maintenant aussi habi chasseur de crocodiles qu'il le fut autrefois, au rapport des historiens, n'y a sûrement aucun endroit du Nil où ils pussent mieux exercer leu talent que devant leur ville même.

Lorsque j'eus témoigné ma reconnaissance aux guides qui m'avaie conduit aux ruines des temples, je repris le chemin du vaisseau, ou plut de la tente que j'avais dressée sur le rivage. Pendant que je m'en retou nais, je vis à une certaine distance un homme bien vêtu et coiffé d'un tu ban blanc, recouvert d'un shaul jaune, avec une foule de bas peuple q l'entourait. Je crus que c'était quelque querelle survenue entre les hal ts. Je n'y fis nulle attention, et me hâtai d'arriver dans ma tente pour anger mon quadrant et achever mes observations.

Mais à peine mon raïs m'aperçut qu'il courut à moi et me dit d'un air ligné :

— Que vous sert-il d'être l'ami du bey, d'avoir des lettres de recom- ndation et de vous trouver aux portes de Furshout, puisqu'il y a ici un nme qui veut vous enlever votre vaisseau ?

— Doucement, doucement, lui répondis-je, Hassan. Si Ali-Bey, Sheik- man, ou quelque autre personne a besoin d'un vaisseau pour le service blic, je dois lui prêter le mien. Voyons !

— Sheik-Haman et Ali-Bey ! s'écria-t-il. Non, non, aucun d'eux ne it votre canja. C'est un fou, un imbécile, un drôle, qui va mendier de s côtés et qui se dit un saint ; c'est un extravagant, aussi sot et aussi he qu'on puisse l'être ; c'est enfin un voleur, que je connais bien pour !

— Si c'est un saint comme vous, mon cher Hagi-Hassan, lui dis-je, un nt connu par tout le monde, je ne vois pas pourquoi je me mêlerais de te querelle. Saint contre saint, la partie est égale.

— C'est le cadi, répliqua-t-il ; c'est le cadi lui-même.

— Suivez-moi, lui dis-je alors, Hassan. Allons voir ce cadi. Si c'est le li, ce n'est pas un fou, mais c'est peut-être un fripon !

Il était assis sur un tapis étendu à terre, branlant la tête d'un côté et utre, tenant une espèce de chapelet dans sa main et marmotant des ères. Sa vue ne me donna pas bonne opinion de lui ; cependant je l'a- dai, en disant fièrement, *salam alicum*. Ce ton parut l'offenser. Il me garda avec un grand air de dédain et ne fit aucune réponse ; mais bien- il parut déconcerté de mon audace.

— Êtes-vous le cafre, dit-il, à qui appartient ce vaisseau ?

— Non, lui répondis-je. Il appartient à Hagi-Hassan.

— Croyez-vous, répliqua-t-il, que j'appelle cafre Hagi-Hassan, qui est un ériff ?

— Cela dépend, lui dis-je, de votre prudence, dont aucune preuve ne me t à même de juger.

— Êtes-vous le chrétien qui est allé ce matin voir les ruines ? re- it-il.

— Oui, répondis-je, je suis allé ce matin voir les ruines, et je suis chré- n.

— Ali-Bey appelle les chrétiens *nazarani ;* c'est le nom qu'on leur donne arabe au Caire et à Constantinople, et je n'en entends pas d'autre.

— J'ai besoin d'aller à Girgé, ajouta-t-il ; voici un saint qui doit faire la même route, et j'ai promis de le prendre avec moi dans votre vaissea parce qu'il n'y en a pas d'autre qui aille du même côté.

Pendant ce temps-là le saint entra dans le vaisseau et s'assit sur le vant du tillac. C'était un homme d'une mine basse et désagréable, aya l'air malade et presque aveugle.

— Vous ne devez point faire de promesses téméraires, dis-je au cad car vous ne pouvez pas les accomplir. Je ne vais point à Girgé. Ali-Be dont vous êtes l'esclave, m'a donné ce vaisseau ; mais il ne m'a pas d'embarquer des saints, ni des cadis. Voilà mon vaisseau ; entrez-y, vous l'osez ! Et vous, Hagi-Hassan, prenez garde que je ne vous voie remu un aviron ou hisser une voile pour un cadi ou pour un saint, pendant q je ne serai pas avec eux.

Alors je repris le chemin de la tente, et mon raïs me suivit.

— Hagi-Hassan, lui dis-je, il y a un proverbe dans mon pays qui no enseigne qu'il vaut mieux flatter les fous que de les combattre. Allez tro ver le fou ou le saint, et offrez-lui une demi-piastre. Croyez-vous qu'à prix-là il ne renonce point au voyage de Girgé ? Après cela, moi, je m'a rangerai avec le cadi.

— Le saint prendra la demi-piastre de tout son cœur, s'écria Hassan, il vous baisera la main par dessus le marché.

— Présentez-lui donc cette demi-piastre, lui dis-je, pour qu'il se retir Faites-lui entendre que je la lui donne par charité ; mais qu'en retour m'attends qu'il aura la complaisance de se conformer à mes volontés.

Au même instant un chrétien cophte entra dans la tente et me dit :

— Seigneur, ignorez-vous ce que vous faites ? Le cadi est un homn très puissant. Offrez-lui un présent et délivrez-vous de lui.

— Quand il se conduira mieux, je lui ferai des présents, répondis-je. vous êtes de ses amis, conseillez-lui de rester tranquille, de peur qu n'arrive bientôt un ordre qui le fasse traîner au Caire. Votre compatric Risk ne me donnerait sûrement pas un avis tel que le vôtre.

— Risk ! dit-il. Est-ce que vous connaissez Risk ?

— N'est-ce point là l'écriture de Risk ? répondis-je, en lui montra une lettre du bey.

— Wallah ! (1) s'écria-t-il ; et soudain il se retira, sans ajouter une seu parole.

Il était déjà nuit. Le saint avait pris la demi-piastre que le raïs lui av offerte, et il s'était retiré en chantant. Le cadi s'en alla aussi, le peuple dispersa, et nous fîmes crier par un des Maures du vaisseau que, si qu

(1) Bon dieu !

ı'un s'approchait de la tente pendant la nuit, on lui tirerait des coups de sil.

Peu après, on nous lança deux ou trois pierres, mais on ne nous attei- ıit point.

Après avoir fini mes observations et déterminé la latitude de Dendera, renvoyai mes instruments à bord.

Tandis que nous abattions notre tente, une foule de peuple s'avança de ɔtre côté, mais sans être accompagnée du cadi. J'ordonnai aussitôt à mes ens de prendre leurs armes, et alors la populace se tint à une certaine stance ; mais le saint ou plutôt le fou monta à bord : il tenait un pavillon une dans sa main, et il s'assit au pied du grand mât, en disant avec un re niais, que nous pouvions faire feu, parce qu'il était hors de notre ɔrtée. Cependant on nous lança quelques pierres, sans pouvoir nous ucher.

J'ordonnai alors à deux de mes domestiques, qui tenaient chacun un 'os mousqueton de cuivre, très brillant, de monter par-dessus la grande ıambre. Puis, je pointais un autre fusil suédois par la fenêtre, et je criai e toute ma force au peuple :

— Prenez garde à vous ! La première pierre qu'on nous jettera, je fais ırtir un coup de fusil qui balayera trois cents d'entre vous de dessus la ce de la terre. Je ne crois pourtant pas qu'ils fussent en tout plus de deux ents.

Je dis à Hagi-Hassan de lever aussitôt l'ancre ; et comme au premier as- ect des mousquets la populace s'était dispersée, notre vaisseau fut au mi- eu du fleuve avant qu'elle pût se reconnaître pour revenir vers nous. Le ent nous favorisait bien, quoiqu'il ne fût pas très fort, nous hissâmes nos eux voiles, et nous allâmes d'un bon train.

Le saint, qui s'était mis à chanter pendant tout le temps de la dispute, ommença alors à craindre pour lui. Il demanda à Hagi-Hassan si nous renions la route de Girgé ; et il n'eut d'autre réponse que ces mots :

— Oui, c'est la route que les fous prennent pour aller à Girgé.

Nous lui fîmes ainsi remonter le fleuve, environ un mille de chemin. nsuite, voyant un endroit propre à le débarquer, je lui demandai s'il vait reçu mon argent, ou non, la veille.

Il dit qu'il en avait reçu pour la veille, mais non pas pour le lende- ıain.

— Eh bien ! maintenant, repris-je, ce que j'ai à vous proposer, c'est 'aller à terre de bonne volonté ou de vous résoudre à être jeté dans e Nil.

— Quoi ! me répondit-il, avec un air de confiance, ne savez-vous pas qu'un mot de ma bouche peut arrêter pour jamais votre vaisseau, le plonger au fond du Nil, et le faire soudain croître comme un arbre ?

— Fort bien ! dit Hagi-Hassan ; et, de plus, porter des limons et des oranges. Mais, si vous ne faites pas ce miracle, vous êtes un fripon.

— Allons ! mes amis, dis-je aux gens de l'équipage, ne perdez point de temps, jetez-le dehors.

Le vaisseau n'était pas à plus de trois pieds du rivage, le saint m'avait paru malade et aveugle ; mais plaçant un de ses pieds sur le bord du navire, il sauta très lestement à terre.

Alors nous regagnâmes le large, et nous profitâmes du vent à pleine voiles. Aussitôt le saint entra dans une colère affreuse, blasphémant, nous maudissant, frappant la terre avec son pied, et criant à tout instant « Shar Ullah ! » C'est-à-dire : « Que Dieu me fasse justice ! »

Sur cela les gens du vaisseau se mirent à le plaisanter ; ils lui demandèrent s'il voulait fumer une pipe de tabac pour se réchauffer, parce que la matinée était très froide ; mais je leur ordonnai de le laisser en paix. Il était assez curieux de voir ce pauvre diable, d'aussi loin que nous pûmes le distinguer, tantôt s'asseyant à terre, tantôt se relevant, sautant, remuant son pavillon et courant une centaine de pas, comme s'il nous avait poursuivis, mais se reculant ensuite d'un pas grave.

Aucun autre habitant de Dendera ne nous avait suivis. Le saint était sans doute l'instrument dont le cadi s'était servi pour nous jouer un tour et quand celui-ci se vit frustré de ses espérances, tout le monde abandonna l'autre. On le laissa dans l'oubli, comme on laisse toujours ses pareils quand les fripons n'en ont plus besoin.

CHAPITRE VI

Arrivée à Furshout. — Aventure du père Christophe de Thèbes. — De Luxor et de Carnac. — Ruines d'Edfu et d'Esné. — Continuation du voyage.

Dans la matinée de ce même jour 26 décembre, nous arrivâmes heureusement à Furshout.

Cette ville est située dans une plaine bien cultivée, et elle a neuf milles d'étendue des bords du Nil au pied des montagnes. Elle était à la fois couverte de champs de blé et de plantations de cannes à sucre. La ville contient, dit-on, dix mille habitants : mais je crois que cette évaluation est exagérée.

J'allai faire visite au sheik Haman, homme d'uné taille haute, d'une forte corpulence, très bien fait, et âgé d'une soixantaine d'années. Il avait en ce moment une ample pelisse, garnie en peau de renard, par dessus ses autres vêtements, et un schall jaune des Indes, roulé autour de la tête en forme de turban. Il me reçut avec beaucoup de politesse, me fit asseoir à côté de lui, et me fit beaucoup causer; mais ses questions se portaient plus souvent sur le Caire que sur l'Europe.

Le raïs lui avait déjà appris notre aventure avec le saint, dont il avait beaucoup ri, en disant que j'étais un homme sage, et qui savais me conduire; quant à moi, il me dit que les habitants de Dendera étaient de la canaille : sur quoi je lui répondis qu'il y avait bien peu de villes au monde où l'on ne trouvât quelque canaille.

— Votre observation est juste, me répliqua-t-il : mais à Dendera il n'y a pas autre chose. Reposez-vous ici : c'est un lieu fort tranquille, quoiqu'il y ait quelques personnes un peu moins honnêtes qu'elles ne devraient l'être.

Ce sheik était un homme excessivement riche. Peu à peu il avait mettre sous sa seule domination tous les districts de la Haute-Egyp qui auparavant avaient toujours été soumis à des princes particulie Mais Sheik-Haman avait des relations directes avec Constantinople, son crédit était si bien établi qu'il inspirait beaucoup de jalousie au l du Caire. Il payait une redevance au grand-seigneur pour tout le p qui s'étend entre Siout et Syène ou Assouan.

Je crois que c'est le même prince de la Haute-Egypte dont M. Irw parle avec tant de reconnaissance. Peu de temps après mon passage fut trahi et massacré par un des beys à qui il avait donné l'hospita dans ses états.

Tandis que nous étions à Furshout, nous fûmes témoins d'un phe mène. Il plut beaucoup toute la nuit et jusque au lendemain à n heures du matin ; de sorte que le peuple craignit que la ville ne fût tièrement détruite. La pluie est regardée comme un prodige quand e tombe à Furshout ; les prophètes disent qu'elle annonce un changem dans le gouvernement; cette fois-ci tout rendait la prophétie extrên ment probable; et, en effet, elle ne tarda pas à se vérifier.

Au delà de Furshout, dans la même plaine en tirant vers le sud, i a une autre ville dépendante du sheik Ismaël, neveu du sheik Ham. C'est un endroit considérable, bâti d'une pierre argileuse comme Fu hout, et environné de forêts de palmiers et de plantations de cann On y fabrique même du sucre.

Le sheik Ismaël était un homme très gai et très aimable, mais f valétudinaire, attaqué d'un asthme violent, et sujet à des pleurésies do on ne le guérissait qu'à force de le saigner. Il avait fait présent a moines de Furshout d'une maison pour établir un couvent à Badjou mais, comme ils n'en avaient pas encore pris possession, il m'invita à demeurer.

L'un des moines, nommé frère Christophe, qu'on me dit avoir barbier à Milan, servait de médecin au sheik; mais, en vérité, il savait moins en chirurgie que le plus ignorant de nos barbiers angla Il ne savait saigner qu'avec une sorte d'instrument semblable à ceux dc nous nous servons pour ventouser, mais qui n'avait qu'une seule lan Malgré cela, il avait été assez heureux pour ne pas estropier ses malad Cet instrument s'appelle un tabange, ainsi que celui auquel je l'ai co paré. Je ne pouvais jamais m'empêcher de frémir, en voyant l'air confiance avec lequel le frère Christophe plaçait une espèce de boîte cuivre sous le bras des malades, et poussait la pointe de son instrume au hasard de ce qui en pourrait arriver.

Le sheik Ismaël aimait singulièrement ce chirurgien, et le frère passait également très attaché au sheik. Tout aurait donc été assez bien,
e frère Christophe n'avait pas voulu aussi passer pour un astronome.
manie était surtout de se montrer grand ennemi du système de Coper-
, système que malheureusement il prenait pour une hérésie. Et tant
près ses idées et ses connaissances bornées que d'après ses almanachs
Milan, il s'avisait de prédire le temps. Le ciel était alors nébuleux;
y avait changement de lune, et nous allions entrer dans le mois de
nadan, qui est le carême des sectateurs de Mahomet.

Il arriva que les habitants de Badjoura et leur sheik Ismaël étaient
rs dans une sorte de rivalité de savoir avec le sheik Haman et son
iple; et, se flattant d'obtenir l'avantage sur eux par le moyen du frère
ristophe, ils continuèrent à manger, boire et fumer, deux jours après
commencement de la nouvelle lune.

Cependant la lune avait été vue la seconde nuit dans le désert par un
uir, qui en avait fait avertir le sheik Haman. Celui-ci commença aus-
ôt son jeûne; mais le sheik Ismaël, à qui le frère Christophe soutenait
e la lune ne pouvait avoir encore paru, ne fit aucun cas des avis du
uir.

Les habitants de Furshout voyant leurs voisins chanter, danser et
ner leurs pipes, furent très scandalisés, et leur demandèrent avec
nnement s'ils avaient abjuré leur religion. Des paroles on en vint
ntôt aux coups, et il y eut de chaque côté sept ou huit blessés, dont
r bonheur aucun ne le fut mortellement.

Haman alla dès le lendemain voir son neveu, pour s'instruire des
ais motifs de cette dispute et pour savoir le parti qu'il y avait à pren-
e; car les deux villages s'étaient réciproquement déclarés infidèles.

J'étais en ce moment avec tous mes domestiques à Badjoura, où je
ais fort tranquille sous la protection du sheik Ismaël, qui me témoi-
ait la plus grande confiance. Malgré cela, au bruit que j'entendis dans
rues, je barricadai les portes d'entrée de ma maison. Une haute
raille fermait l'avant-cour. Ainsi je demeurai en repos et à l'abri de
ite atteinte.

Bientôt j'appris que le sujet de la querelle était l'observation du rama-
n. Ayant des provisions et de quoi m'occuper chez moi, je résolus de
pas sortir jusqu'à ce que la guerre fût terminée, me souciant peu
ailleurs que la victoire demeurât à un parti plutôt qu'à l'autre. Cepen-
nt, vers midi, Ismaël m'envoya chercher, et je trouvai son oncle Haman
ec lui.

Il me dit qu'il y avait eu plusieurs personnes blessées à la suite d'une dispute qui s'était élevée pour le ramadan, et il me pria d'en pre soin.

— Pour le ramadan, lui dis-je, votre grand jeûne? Eh quoi! ne l'a vous pas encore commencé?

Mais, sans répondre à ma question, il me demanda soudain :

— Quand est-ce qu'il y aura nouvelle lune?

Je ne savais rien de ce qu'avait dit frère Christophe; et je fixai au s les heures, les minutes, les secondes de la nouvelle lune, selon qu' étaient marquées dans les éphémérides.

— Voyez-vous, dit Haman, voilà une excellente parole!

Et, s'adressant à moi, il ajouta :

— Quand est-ce que nous verrons la lune?

— Seigneur, répondis-je, il m'est impossible de vous le dire, parce cela dépend du temps qu'il fera; mais si le ciel n'est pas trop charg nuages, vous la verrez ce soir; si vous y avez fait attention hier, avez pu l'apercevoir très basse à l'horizon et aussi mince qu'un fil. a maintenant trois jours.

A ces mots il se leva, et me raconta les prédictions du frère Christ et les suites qu'elles avaient eu.

Ismaël, honteux, maudit le frère, et jura qu'il s'en vengerait. Il trop tard pour me rétracter. D'ailleurs la lune parut, et parla elle-mê Le pauvre frère, disgracié, fut banni de Badjoura : heureusement pou que le sheik eut une nouvelle pleurésie. Il m'envoya chercher po saigner, ce que je fis avec une lancette. Mais il fut si effrayé du bril de la lame, du bassin, de la bande, de tous mes préparatifs enfin, ne put pas s'y accoutumer; et il se réconcilia avec frère Christophe et tabange.

Le 7 février 1769, nous partîmes de très bon matin de Furshout n'est que jusqu'à cette ville que j'avais freté mon vaisseau; mais la b intelligence qui subsistait entre mon raïs Abou-Cuffi et moi fut cause nous nous arrangeâmes aisément pour qu'il me portât plus loin. Il sentit, pour quatre livres sterling, de me porter à Syène, et de me ra ner à Furshout; espérant, dit-il, que, s'il se comportait bien, il aurait gratification.

— Et si vous vous comportez mal, repris-je, Hassan, qu'espérez- vo

— D'être pendu, me répondit-il; et je ne demande pas mieux.

Nous eûmes d'abord assez peu de vent. Mon raïs me dit que son v seau n'allait pas comme il avait coutume d'aller, et qu'il commençait doute à être métamorphosé en arbre. Cependant le vent augmenta l'heure de midi, et ses craintes furent dissipées. Nous passâmes de

e grande ville, appelée How, et située à l'occident du Nil ; à environ
ıtre heures après-midi nous arrivâmes vis-à-vis du petit village del-
urni, qui est à un quart de mille des bords du fleuve. On y a conservé
temple des anciens Egyptiens ; et je crois que ce temple et les deux
nceaux de ruines qu'on voit à peu de distance du Nil sont des restes
la fameuse ville de Thèbes.

Shaamy et Taamy sont deux statues colossales, assises et couvertes
iéroglyphes. Celle qui est au sud est d'une seule pierre, et bien con-
vée dans son entier ; mais l'autre est fort mutilée. C'est sans doute
nbyse qui la brisa ; et l'on voit qu'on a depuis essayé de la réparer.
première a les cheveux singulièrement bien arrangés. Ils ont précisé-
nt la forme de nos perruques les plus modernes. Ces deux statues,
cées dans la campagne fertile de Thèbes, servaient sans doute à mar-
er les accroissements du Nil : les traces que les eaux ont laissées sur
r base le démontrent suffisamment. Cette base reste encore découverte
qu'au bas de la plinthe du piédestal, de manière qu'il n'y en a pas la
itième partie d'un pouce cachée par le limon du fleuve, quoiqu'elles
ent dans le milieu de cette plaine depuis plus de trois mille ans. Certes,
puis ce temps-là, si le Nil exhaussait l'Egypte, comme on l'a fausse-
ent prétendu, la terre aurait déjà couvert la moitié de ces statues.

Ces colosses sont chargés d'inscriptions grecques et latines, qui si-
ifient à peu près toutes que quelques voyageurs ont entendu la statue
Memnon rendre des sons harmonieux quand le soleil la frappait de
s rayons.

Ce serait peut-être ici l'occasion de parler de la fondation et de la chute
la première Thèbes ; mais je serais obligé pour cela de remonter à des
cles trop reculés et d'interrompre trop longtemps le fil de ma narra-
n. D'ailleurs ces objets ont des rapports plus directs avec l'origine de
elques peuples dont je traiterai par la suite, et conviennent mieux aux
scussions d'un historien qu'aux esquisses rapides d'un voyageur. Je n'en
rlerai que quand j'écrirai l'histoire, et plus particulièrement encore
and je ferai connaître l'origine des pasteurs, et que je retracerai les
ıux qu'a faits à l'Egypte cette nation puissante et terrible que tant
écrivains ont célébrée, et dont l'histoire reste encore presque in-
nnue.

Il ne reste maintenant de l'ancienne ville de Thèbes que quatre temples
menses, qui paraissent plus antiques, mais qui sont moins magnifiques
moins bien conservés que ceux de Dendera. Les temples de Médinet-
bu sont plus élégants que ceux d'el-Gourni. Les hiéroglyphes en sont
ulptés dans quelques parties à un demi-pied de profondeur ; mais ils

représentent les mêmes figures que ceux de Dendera, et avec bien moi de variété.

Les hiéroglyphes sont de quatre sortes. Les premiers ont un conto qui n'est qu'indiqué et à peine tracé dans la pierre; les seconds sont cre sés, et dans le milieu s'élève une figure en relief, dont la partie la pl haute est de niveau avec la pierre même, tandis que tout autour il y a u petite bordure qui semble avoir été faite pour préserver l'hiéroglyphe d'a cident; les troisièmes sont en bas-relief : la figure, proéminente sur pierre, n'est défendue d'aucune manière; les quatrièmes sont enfin ce dont j'ai parlé au commencement de cette description, et dont les figur ont été profondément taillées dans la pierre.

Tous les hiéroglyphes, excepté ceux de la dernière espèce, sont peints el-Gourni, comme à Dendera, en rouge, bleu et vert, sans mélange d'a cune autre couleur.

Malgré les diverses manières dont les hiéroglyphes sont sculptés, ma gré la quantité prodigieuse que j'en ai vue dans tous les anciens mon ments de l'Égypte, je n'en ai pu compter que cinq cent quatorze, dont l figures diffèrent les unes des autres; encore dans ce nombre y en avait sans doute beaucoup dont la différence ne venait que d'une mauvai exécution. Je conclus donc que les hiéroglyphes ne doivent pas form seuls toute une langue; car il n'y a point de langue qui pût être bornée cinq cents mots. Probablement ils ne font pas un alphabet de simpl lettres, car cinq cents lettres feraient un alphabet beaucoup trop étend Il est vrai que les Chinois se servent d'un grand nombre de lettres sa avoir d'alphabet; mais aussi qui est-ce qui entend parfaitement la lang chinoise?

J'ai remarqué qu'il y avait eu dans le même temps en Egypte trois so tes d'écritures : l'hiéroglyphe, celle des momies, et l'éthiopienne. Je les vues toutes les trois employées dans la même momie, passage fort obscu mais je crois que la dernière seule formait une langue suivie.

Les montagnes qui s'élèvent derrière Thèbes laissent encore apercevo les nombreuses cavernes qui servirent d'abord de demeure à la colon d'Ethiopiens, qui jeta les fondements de cette fameuse ville. J'imagi qu'elle habita longtemps les cavernes, car vraisemblablement les templ n'ont jamais été destinés qu'à des fêtes publiques et solennelles; et da aucune des villes anciennes de l'Égypte, je n'ai pu découvrir ni les m railles ni les fondements d'une maison particulière. On n'y voit que d monuments, des temples et des tombeaux; et les temples et les tombea étaient peut-être alors la même chose. Pour des restes de maisons, il n' existe plus la moindre trace. Quoi qu'en dise Diodore de Sicile, des édific erre eussent été trop coûteux pour de simples particuliers. Les mai- des premiers Egyptiens étaient probablement d'argile, palissadées des branches de palmiers, comme celles des Égyptiens de nos jours; est pour cela qu'il se trouve si peu de restes des nombreuses villes qui adis été bâties le long du Nil.

ièbes, à ce que dit Homère, avait cent portes. Cependant il est impos- d'apercevoir le moindre vestige des murs qui formaient son en- te; et quant au grand nombre d'hommes qui, suivant le poète, en aient à cheval ou sur des chariots, la Thébaïde entière couverte de ent n'eût pas pu en nourrir la moitié.

s ruines des temples de Thèbes, qu'on nomme Medinet-Tabu, sont ées dans un espace d'un mille d'étendue, et dans le sable qui s'accu- au pied des montagnes sur les jardins suspendus, ou *horti pensiles*, me les appelle Pline, qui étaient sans doute pratiqués sur les flancs de nontagnes; on y élevait l'eau par le moyen de quelques machines. L'on ait fait tout cela pour ménager la plaine, et on avait eu grande raison; toute la campagne que possédait Thèbes pour nourrir ces millions mmes et de chevaux n'avait pas plus de trois quarts de mille de large, e la ville et le fleuve, et les eaux s'y élevaient pendant les inondations Nil jusqu-à quatre et cinq pieds de hauteur, comme nous pouvons re en juger par les marques qu'on voit sur les statues Shaamy et ny. Aussi je crois que toute cette immense population de l'ancienne bes est fabuleuse.

y a une chose très remarquable dans la façon dont les anciens temples bâtis : c'est qu'on ne voit pas de piliers dans ceux dont les murs exté- rs sont solides. Mais les uns ont la façade et les côtés élevés perpendi- irement, et les autres sont inclinés de manière à former un angle très sidérable, et l'on peut juger par les hiéroglyphes et les divers orne- ts qui les couvrent que ces derniers temples sont de la plus haute anti- é. De là je suis porté à croire que cette singulière construction était un e de goût de ceux qui les ont bâtis pour leurs premières habitations. imitaient l'inclinaison des montagnes; et c'est cette inclinaison et e manière de bâtir qui leur donna ensuite la première idée des pyra- es.

se retire dans les cavernes qui sont au-dessus de Thèbes un grand ibre de voleurs, semblables à ces troupes d'Égyptiens ou de Bohémiens nous voyons en Europe. Ils sont toujours, sans autre forme de procès, is de mort dès qu'on les attrape. Un ancien gouverneur de Girgé (Os- n-Bey), indigné de tous les excès auxquels s'abandonnaient ces gens- s'empara des hauteurs des montagnes, y fit porter une immense quantité de fagots, on fit remplir toutes les cavernes, et ensuite on y m feu; de sorte que la plupart de ces malheureux furent brûlés; mais de leur troupe s'est recrutée, et elle n'a point changé de mœurs.

A environ un demi-mille au nord d'el-Gourni, on voit les superbe majestueux sépulcres de Thèbes. Les montagnes de la Thébaïde sont im diatement derrière la ville. Elles ne s'élèvent point par degrés les unes dessus des autres, mais elles sont chacune isolée sur sa base, de sorte q peut en faire séparément le tour. Il y en a, dit-on, cent où l'on a cr des tombeaux, et une infinité d'autres appartements. Je parcourus beaucoup de fatigue les excavations de sept de ces montagnes; sont très solitaires, et mes guides, impatients et ennuyés peut-être du min que je leur faisais faire, ou ayant réellement peur des bandits habitent les cavernes des environs, m'importunaient pour me faire ret ner au vaisseau, avant même que j'eusse commencé mes recherche pénétré dans les vastes appartements que je voulais voir.

Le premier endroit où j'entrai est l'immense sarcophage que plusi personnes prétendent être celui de Menès, et d'autres celui d'Osimand et qui peut-être n'appartient ni à l'un ni à l'autre. Il a seize pieds de h dix de long et six de large, il est fait d'un seul bloc de granit rouge, e ne doute pas que ce ne soit le plus beau vase qu'il y ait au monde. Son c vercle, décoré d'une figure en relief, est encore posé dessus, et a un brisé. Ce n'est point là vraisemblablement le sarcophage d'Osimand puisqu'il se trouve parmi les tombeaux des rois, et que Diodore de Si dit que celui d'Osimandyas en était éloigné de dix stades.

Il y a eu autrefois des ornements sur les piliers qui sont à l'entrée caveau, mais ils ont été brisés et jetés de côté. De là on trouve un pass incliné, d'environ vingt pieds de large; c'est du moins ce qu'il me pa avoir, car je n'en pris pas la mesure. Les côtés et la voûte de ce pass sont revêtus de stuc, dont le grain est égal à celui du plus beau stuc j'aie vu en Europe. Mon crayon ne s'usait pas plus en y écrivant qu j'avais écrit sur du papier.

Du côté gauche, on voit le crocodile qui saisit le bœuf Apis, et le plo dans le Nil. En face, à droite, est le scarabée thébain, le premier ani qu'on trouve vivant après que le Nil s'est retiré de dessus les terres qu inondées, et qui, par suite, est regardé comme un emblème de la résur tion. Suivant mes conjectures, le bœuf Apis représente les terres culti de l'Égypte; le crocodile est le typhon ou l'être malfaisant, type des t grands débordements du Nil; le scarabée désigne les champs qui ont inondés, mais d'où les eaux se sont retirées. Cet insecte ne peut, ce semble, avoir aucun rapport avec l'immortalité et la résurrection, p u temps où ces emblèmes ont été inventés l'immortalité et la résurrec- n'étaient point l'objet des espérances humaines.

us loin, à la droite après ce passage, les panneaux ou compartiments aussi revêtus de stuc. Mais au lieu de figures en relief, il y en a qui peintes à fresque. Le côté gauche est sans doute le même, mais je ne point vérifié. Cette découverte inespérée me frappa tellement, et je ais d'abord avoir si bien le temps de tout examiner à loisir, que je rêtai aux premières peintures, et qu'ensuite il fut trop tard pour aller avant.

r un panneau, on a peint divers instruments de musique posés à terre. voit surtout plusieurs hautbois avec un chalumeau de roseau et des s ordinaires; des jarres dont l'ouverture paraît recouverte d'un parche- et qui, cordées sur les côtés comme un tambour, étaient sans doute espèce d'instruments nommé *tabor*, qui, dans les premiers siècles, ordaient avec la harpe, et dont on se sert encore en Abyssinie, quoi- a harpe n'y soit plus en usage.

s trois panneaux suivants sont également décorés d'une fresque repré- ınt trois harpes, qui sont dignes de la plus grande attention, tant l'élégance qu'on a donnée à la forme de ces instruments que pour la ction de toutes leurs parties. En les considérant, on ne peut s'empê- de réfléchir sur les progrès étonnants que la musique devait avoir faits pour qu'un artiste pût inventer un pareil instrument.

mme la première des trois harpes que nous examinions semblait la parfaite et celle dont la peinture était le moins gâtée, je m'attachai à ssiner, priant mon secrétaire de se charger de la seconde. Par ce en j'espérais que je pourrais copier aisément toutes les peintures de ce au et étendre mes recherches jusque dans les autres; mais je ne tar- as à m'apercevoir que je m'étais désagréablement trompé.

premier dessin que je traçai représente un homme jouant de la harpe. debout, et la harpe étant fort large, avec une base plate, il la sup- aisément, quoiqu'elle soit penchée sur son bras. La tête du musicien ntièrement rasée; ses sourcils sont très noirs, et il n'a ni barbe ni staches. Il est vêtu d'une espèce de tunique ou de chemise flottante pa- à celles qu'on porte de nos jours en Nubie, excepté qu'elle n'est pas uleur bleue. Ses manches flottent aussi, il a les bras et le cou nus. La ise paraît être de grosse mousseline, et elle a, sur la bordure, une cramoisie d'environ une ligne et demie de large; ce qui prouve, si étoffe est de manufacture égyptienne, que ces peuples savaient dès teindre le coton en cramoisi, art qu'on n'a pu trouver que depuis peu ées en Angleterre. Mais si elle est de fabrique indienne, elle fait voir

jusqu'à quelle époque remonte le commerce qui se faisait entre l'Égyp
les Indes.

La tunique du joueur de harpe lui tombe jusqu'à la cheville du pie
paraît avoir une soixantaine d'années. Il est d'une forte corpulence et d
couleur un peu plus noire que la couleur ordinaire des Égyptiens. Q
aux détails du tableau, le peintre semble avoir eu à peu près le m
degré de talents que nos bons peintres d'enseigne. Le musicien a cinq p
dix pouces de haut, et la harpe, dans sa plus grande largeur, a un
moins de six pieds et demi.

Cet instrument est bien plus avantageux, par sa forme, que la h
triangulaire des Grecs. Il a treize cordes ; mais il lui manque le bout
haut, qui doit être vis-à-vis de la corde la plus longue. La table, ou la
tie résonnante, est composée de quatre pièces de bois minces et jointe
forme de côte qui s'élargit vers le pied ; de sorte qu'à mesure que les
des sont plus longues, le carré de la partie résonnante qui y répond
à proportion, et doit mieux en renvoyer les vibrations. Les principes
près lesquels on a fait cette harpe paraissent très ingénieux et très sa
et les ornements qui l'accompagnent sont de la plus grande élégance.

Le pied et les côtés de l'instrument semblent incrustés avec de l'iv
de l'écaille et de la nacre de perle, productions des déserts et des mers
sont dans le voisinage de l'Égypte. Il serait, sans contredit, impossil
nos meilleurs ouvriers de faire une harpe avec plus de goût et de g
Indépendamment de la finesse du travail, on voit combien elle approch
la perfection, puisqu'il ne lui manque que deux cordes pour avoir
octaves complètes ; mais il est indubitable que ces cordes ont été om
exprès, et non par manque de savoir, si on en juge par ce que je vais
porter.

Je n'eus pas plus tôt achevé de dessiner la première harpe, que je
rendis auprès de mon secrétaire pour examiner si son ouvrage avançai
trouvai, à mon grand étonnement, que la harpe qu'il copiait différait es
tiellement de la mienne, tant pour l'ensemble que pour les détails ; e
pendant, bien loin d'avoir moins d'élégance, elle était finie avec plu
soin que la première. Le bois paraissait, comme dans l'autre, incrusté
de l'ivoire et de l'écaille ; mais les cordes en étaient différemment di
sées : les trois plus longues se trouvaient à l'endroit où elles sont joi
en bas à la partie résonnante, effacées par un trou qu'on avait creusé
la muraille ; plusieurs autres étaient également gâtées en différents
droits où l'on avait gratté la muraille avec un couteau ; mais tout le r
paraissait bien conservé. Cette harpe avait dix-huit cordes, et elle é
pincé par un homme plus âgé que le premier, mais vêtu de la même

ière, ayant le teint d'une couleur aussi noire et la tête rasée. Il jouait vec ses deux mains, tenant la harpe vers le milieu, et paraissant moins nimé que l'autre.

A la suite de ces deux harpes il y en avait une troisième à dix cordes eulement. Je ne me rappelle pas précisément de sa forme, parce que je n'y etai qu'un coup d'œil en entrant dans le caveau, et que je me proposais de a copier comme les autres.

Je pense que ces instruments étaient les harpes thébaines, dont on se ervait au temps de Sésostris, qui ne rebâtit point l'ancienne Thèbes, mais ui y ajouta seulement plusieurs embellissements. Quand ces harpes seaient les seuls monuments qui nous resteraient en ce genre, je les regarderais comme une preuve incontestable que tous les arts qui ont servi leur construction étaient portés au plus haut point de perfection. Problement les autres arts des anciens avaient le même avantage.

Nous voyons aussi que ces peuples possédaient un art relatif à l'archiecture, celui de sculpter avec la plus grande aisance les pierres les plus lures, art qui nous est encore presque étranger. Nous n'avons pas des outils d'une assez bonne qualité pour faire aussi facilement qu'eux des bas-reliefs sur du granit et du porphire ; et notre impuissance à cet égard est d'autant plus frappante, que nous avons toutes sortes de raisons de croire que les outils dont ces peuples se servaient pour ces étonnants travaux étaient d'airain, métal dont, après mille expériences, nous n'avons pu faire un bon couteau. Cependant il est bien certain que les anciens 'employaient même pour leurs rasoirs.

Les harpes que j'ai décrites plus haut détruisent, ce me semble, tout ce qu'on a dit sur l'état où était la musique en Orient dans les premiers temps. Elles prouvent en outre par la régularité de leur forme, par l'élégance de leurs ornements, bien mieux qu'une infinité de passages grecs, que dès lors la géométrie, la peinture, la musique avaient fait les plus grands progrès, et que le temps que l'on a depuis dit être celui de l'inven t'on de ces arts n'est que le temps de leur renouvellement. Tel était d'ailleurs le sentiment de Salomon, qui écrivait à peu près à l'époque où les harpes des caveaux de Thèbes furent peintes. « Y a-t-il une seule chose, » dont on puisse dire : cela est nouveau ! tout ce que nous voyons a déjà » été de même dans les premiers temps. »

Ces mêmes contrées nous ont offert, quand les Arabes les ont conquises, un second exemple de l'ignorance où les peuples peuvent retomber. Le calife Omar, en brûlant la fameuse bibliothèque d'Alexandrie, porta un coup terrible aux sciences, que nous avons ensuite vues refleurir.

Les effets les plus terribles de la révolution qu'occasiona l'invasion des pasteurs furent la destruction de Thèbes, la ruine de l'architecture, et la perte de l'astronomie en Égypte.

Cependant il subsista encore quelques notions des sciences et des arts parmi les colonies thébaines, et dans les villes qui avaient eu des rapports avec Thèbes. Ézéchiel dit que Tyr était dès longtemps fameuse par le goût du chant et de la harpe ; et c'est vraisemblablement à Tyr que la musique fut cultivée, à l'abri du mépris et de la persécution des barbares pasteurs, qui bien qu'ils forment une nation très nombreuse, n'ont possédé jusqu'à ce jour aucune espèce de musique. ni d'instrument propre à être perfectionné.

Quoiqu'il soit, sans doute, très curieux et très digne d'attention d'avoir trouvé des harpes aussi parfaites et aussi variées dans les ruines de l'Égypte, nous ne devons pas en être extrêmement étonnés. L'ancienne Thèbes, comme nous allons bientôt le voir, avait été détruite; et ensuite elle fut non pas rebâtie, mais ornée et embellie par Sésostris. Ce fut à peu près entre le règne de Menès, premier roi de Thèbes, et la première guerre des pasteurs, que ces embellissements et ces peintures furent faits, ce qui les fait remonter à une haute antiquité. Mais en supposant que la harpe fût en usage lors de la fondation de Tyr (1), treize cent vingt ans avant Jésus-Christ, et que Sésostris ait vécu du temps de Salomon, comme le prétend Newton dans sa chronologie, il y avait trois cent vingt ans que cet instrument était porté à une certaine perfection, et il n'est pas surprenant qu'on en variât la forme.

Dès que mes guides virent que je me proposais de pousser plus loin mes recherches, ils perdirent toute patience. Ils avaient peur que je ne voulusse passer la nuit dans ce caveau et visiter les autres le lendemain, ce qui était effectivement mon intention. Pleins de mécontentement et de mauvaise humeur, ils éteignirent leurs torches en les frappant contre la première harpe, et ils sortirent du caveau me laissant dans les ténèbres moi et mes gens. Ce ne fut pas tout : pendant qu'ils s'en allaient, ils nous annonçaient les événements les plus tragiques, qui ne pouvaient pas, disaient-ils, manquer de nous arriver dès qu'ils nous auraient abandonnés.

Il ne me fut donc pas possible d'aller plus loin. En vain je leur offris beaucoup plus d'argent qu'ils ne devaient en espérer. La peur de voir fondre sur eux les habitants des cavernes de Médinet-Tabu les avait atterrés ; et pensant enfin moi-même que leurs craintes n'étaient peut-être pas sans fondement, je les suivis. Il est certain que si les brigands nous

(1) Avant ce temps-là même, il est parlé de la harpe comme d'un instrument très connu du temps d'Abraham, 1370 avant Jésus-Christ. (*Voyez la Genèse*, chap. 32, vers. 27).

ient attaqués, nous n'aurions pu obtenir aucune justice du mal qu'ils is auraient fait.

Fâché de ce contre-temps, je remontai à cheval pour me rendre au age. Le chemin où nous passâmes était pratiqué dans une vallée, entre ix montagnes stériles et pierreuses. Je ne fus pas plus tôt au fond de la lée, que j'entendis parler très haut des deux côtés, et au même instant us assailli par un déluge de grosses pierres que j'entendais tomber, is que la nuit m'empêchait de voir; ce qui redoublait ma terreur.

ugeant par l'impatience de mon cheval que les pierres qu'on jetait le paient, et pensant aussi que c'était le bruit qu'il faisait en marchant aidait nos assaillants à diriger leurs coups, je mis pied à terre, et je monter à cheval un Maure qui m'avait suivi, et qui en galopant se mit ntôt hors de tout danger. C'est ce que j'aurais fait moi-même si j'avais n pensé; mais j'avais en ce moment l'esprit préoccupé des peintures je venais de dessiner. Cependant je résolus de me venger avant de loigner de ces bandits, et, écoutant attentivement, j'entendis leurs voix le côté droit de la montagne. En conséquence, je les couchai en joue si bien qu'il me fut possible sans les voir, et je leur tirai un coup de il. Un profond silence suivit ce coup; mais bientôt il partit un grand poussé par trente ou quarante personnes à la fois. Je pris alors le usqueton de mon domestique, et je le tirai sur cette troupe, qui se mit sitôt à parler très confusément, mais qui ne jeta plus de pierres. nme je jugeai que c'était le moment le plus favorable pour me sauver, narchai dans l'obscurité aussi vite qu'il me fut possible le long de la ntagne, jusqu'à ce qu'enfin j'arrivai à l'entrée de la plaine. Là, nous hargeâmes nos fusils, nous attendant bien à être encore attaqués avant river au vaisseau, vers lequel nous marchions avec rapidité.

Nous trouvâmes notre raïs très inquiet de ce qui nous arriverait. On lui it dit que, dès qu'il serait nuit, tous les bandits habitants des cavernes aient venir pour piller et détruire le vaisseau.

Mais pour ce soir-là il n'y eut que l'escarmouche de la montagne. L'as- général était réservé pour le lendemain. Nous tînmes conseil, et nous es de la même opinion, comme nous l'avions été pendant tout le age. Nous pensâmes que, puisque l'ennemi nous laissait tranquilles e nuit, ce serait bien notre faute s'il nous attrapait le lendemain. si nous dénouâmes sans le moindre bruit la corde qui nous attachait ivage, et nous allâmes nous placer de l'autre côté du fleuve. A minuit, rise commença à souffler, et nous prîmes la route de Luxor, où il y t un gouverneur pour lequel j'avais des lettres de recommandation.

onvaincu par l'examen des ruines de Thèbes que cette ville n'avait

jamais été entourée de murailles, et que les cent portes dont Homère pa
n'étaient qu'une invention des poètes, je me mis à réfléchir sur ce q
pouvait avoir donné lieu à cette fable.

Il n'y a nul doute, je crois, que les habitants de Thèbes n'aient vé dans les cavernes des montagnes ; il est également probable que les cc montagnes qu'on voit auprès de cette ville, creusées et remplies de mor ments des arts, faisaient l'admiration du siècle d'Homère. Jusqu'à r jours même ces montagnes sont nommées Beeban-el-Meluke, c'est-à-di les portes des rois ; c'est donc là peut-être ce qui a donné lieu à la fable c cent portes que les Grecs ont rendues si célèbres. Homère n'avait jam vu Thèbes. Cette ville était détruite avant le siècle des premiers écriva profanes que nous connaissons, tant en prose qu'en vers ; et l'imaginati du chantre d'Achille ajouta sans doute beaucoup à la vérité.

Tout ce que les historiens et les poètes venus après Homère ont dit Thèbes doit s'appliquer à Diospolis, que les Grecs bâtirent longten après que Thèbes fut détruite, comme son nom le prouve. Diodore Sicile s'est trompé quand il a avancé que cette ville fut fondée par Busir Elle était située sur la rive orientale du Nil, et Thèbes sur la rive oc dentale, quoique l'une et l'autre fussent considérées comme une mê cité. Aussi Strabon dit que le Nil passe dans le milieu de Thèbes; ce signifie au milieu de l'ancienne Thèbes et de Diospolis, ou de Minet-Ta et de Luxor.

Nous fûmes très bien accueillis par le gouverneur de Luxor, qui ét grand partisan de l'astrologie judiciaire. Je lui fis un petit présent, e me fournit des provisions parmi lesquelles il y avait un peu de sucre br Nous avions vu d'excellents limons à Thèbes ; aussi nous résolûmes nous rafraîchir avec du punch en commémoration de l'Angleterre. M comme, après ce qui nous était arrivé la nuit précédente, aucun de nc n'osa se hasarder à la rencontre des brigands, nous chargeâmes un des c mestiques du gouverneur de monter sur une peau de bélier remplie vent, et de naviguer sur le Nil, de Luxor à El-Gourni, pour aller chercl les fruits dont nous avions besoin ; ce qu'il fit très promptement.

Il nous informa à son retour que les habitants des cavernes étaient d cendus le matin dans le dessein de piller notre vaisseau ; qu'il y en av eu plusieurs de blessés par les coups de fusil que je leur avais tirés, qu'ils menaçaient de nous poursuivre jusqu'à Syène.

Le domestique du gouverneur avait fait de son côté tout ce qu'il avait pour les épouvanter. Il leur avait dit que le projet de son maître était marcher contre eux avec ses troupes, d'essayer de les exterminer com l'avait fait Osman-Bey de Girgé, et que nous l'aiderions de nos arme feu. Je ne sais pas ce qu'ils devinrent, mais nous n'en entendîmes plus parler.

Luxor et Carnac, éloignés l'un de l'autre d'environ un quart de mille, sont les lieux où l'on voit les ruines les plus magnifiques de l'Égyte. Elles sont bien plus considérables que celles de Thèbes et de Dendera réunies.

Il y a deux obélisques de la plus grande beauté. Ils paraissent, à la vérité, un peu moins grands que ceux de Rome, mais ils ne sont point mutilés. Le pavé sur lequel porte l'ombre de ces obélisques est encore si bien de niveau qu'il peut servir pour faire les observations auxquelles il était destiné. Le bout des obélisques est de forme demi-circulaire; expérience qu'on a faite, j'imagine, à la sollicitation de quelque observateur, parce qu'en variant ainsi la pointe de l'obélisque, on espérait être délivré de la pénombre (1).

A Carnac, nous vîmes deux vastes rangées de sphinx, l'une à droite et l'autre à gauche. Les têtes des sphinx étaient très endommagées; un peu plus bas il y avait un grand nombre de termes. Ces termes étaient en basalte avec une tête de chien ou de lion, de sculpture égyptienne. Ils étaient aussi placés sur deux lignes et semblaient former une avenue qui conduisait à quelque grand monument.

Ils ont été longtemps couverts de terre; mais dernièrement le signor Donati, savant antiquaire vénitien, en acheta un fort cher, qu'il dit être destiné pour le roi de Sardaigne. Cela est cause qu'on en a découvert d'autres; mais il ne s'est plus présenté d'acquéreur.

Sur la partie extérieure des murailles de Carnac et de Luxor, il y a une suite de faits historiques gravés au lieu d'hiéroglyphes, ce que je n'avais encore vu nulle part. Ces sculptures représentent des hommes, des chevaux, des chariots, des combats. Quelques figures sont très hardies et bien dessinées, mais grossièrement taillées sur la pierre, comme les hiéroglyphes de Thèbes. Les armes que les guerriers tiennent en main sont de courtes javelines, telles que celles dont se servent encore de nos jours les habitants de l'Égypte; la seule différence qui est entre elles, c'est que les premières ont des espèces d'ailes garnies de plumes. Cependant, parmi tous ces tableaux il y a un personnage très remarquable. Il est à cheval et combat contre un lion furieux, ainsi que Diodore de Sicile rapporte qu'Osimandyas était représenté à Thèbes. Toutes ces sculptures méritent une attention particulière.

J'ai déjà dit que Luxor était la Diospolis des anciens; et je pense que

(1) L'obélisque de la place de la Concorde, à Paris, est un de ceux dont parle ici Bruce.

cette ville et celle de Carnac réunies faisaient la *Jovis Civitas magna* Ptolémée, quoiqu'il y ait 9' de différence entre la latitude qu'il lui assig et celle que j'ai trouvée ; mais comme mes observations ont été faites sud de Luxor, s'il avait fait les siennes au nord de Carnac, cette différer serait bien diminuée.

Le 17, nous prîmes congé du sheik bienveillant du Luxor; et, plei d'une ardeur nouvelle, nous fîmes voile avec un bon vent. La généros du gouverneur s'était étendue jusqu'à mon raïs, et il lui avait bien reco mandé d'aborder encore chez lui au retour de notre voyage. Il est vrai q je ne lui avais pas été inutile pour quelques maux dont il se plaignait; lui avais procuré du soulagement. Aussi vit-il notre départ avec n moins de chagrin que notre arrivée en causait dans beaucoup d'autres e droits.

A l'orient du Nil, on voit Hambdé, Maschegarona, Tot, Senimi Gibeg.

Le soir, nous jetâmes l'ancre sur la rive orientale, presque vis-à-v d'Esné. Quelques-uns de nos gens étaient descendus pour chasser, s'im ginant qu'ils nous joindraient facilement à cause d'un coude que faisait fleuve; mais ils n'arrivèrent qu'au soleil couché : ils étaient chargés lièvres, de pigeons, de goots; malgré cela, toute leur chasse ne valait p grand' chose. Pour moi, qui étais resté à bord, j'avais tué pour ma pa deux oies dont le plumage était magnifique, mais qui étaient un aus mauvais gibier que le reste.

Le lendemain matin, nous passâmes devant Esné. C'est l'ancienne Lat polis. Elle conserve d'assez grands monuments, parmi lesquels on disti gue un temple dont l'ensemble est très antique, mais qui semble avo été bâti à diverses époques, ou plutôt avec les ruines de plusieurs a ciens édifices. Les hiéroglyphes, fort mal sculptés, ne sont pas peints.

Il réside à Esné un sheik arabe, et les habitants y sont nombreux et fo méchants; mais j'étais habillé moi-même en Arabe, et ils ne cherchèrer point à me faire du mal, parce qu'ils ne me reconnurent pas.

Le 18, nous partîmes d'Esné, et bientôt nous fûmes à Edfu, où l'on vo aussi beaucoup de restes de l'architecture égyptienne. Edfu est l'ancienn *Apollinis civitas magna*. Le vent nous manqua tout à coup, et nous fu mes obligés de nous arrêter dans un des endroits du Nil dont l'aspect es le plus misérable et le plus affreux. On nomme ce lieu Jibbel-el-Silselli. L fleuve était traversé autrefois par une chaîne qu'on avait mise, dit-on pour empêcher les bateaux nubiens de commettre des pirateries en Égypte Les pierres où cette chaîne était attachée des deux côtés du Nil subsisten encore; mais j'imagine que cet établissement avait pour objet quelqu péage plutôt que la guerre. Syène renferme une bonne garnison, et il n'y a nulle apparence que les bateaux de la Nubie osassent passer devant cette ville pour entrer en Égypte. La chaîne pouvait aussi être mise pour empêcher les querelles entre les deux États coadjacents.

Nous apprenons de Juvénal, qui résida longtemps à Syène, qu'il y avait aux environs de cette ville une tribu appelée Ombi, qui eut de violentes querelles avec les habitants de Dendera, à cause du crocodile. Il est bien singulier que ces deux peuples fussent encore antropophages au temps de Juvénal. Aucun historien ne parle de ce fait; cependant, il ne peut pas être révoqué en doute, puisque le poète en fut témoin oculaire.

Maintenant les deux nations, qui se faisaient jadis la guerre, ont entre elles plus de cent milles de pays habité par des peuples neutres. Si elles voulaient encore combattre, elles ne pourraient choisir que le Nil pour champ de bataille ; et si l'une possédait la chaîne qui traversait le Nil, elle arrêterait aisément les entreprises de l'autre. Comme la chaîne était placée dans le territoire d'Hermès, ainsi que la capitale des Ombi, j'imagine que c'était la barrière que cette nation opposait aux habitants de Dendera pour empêcher qu'ils vinssent les manger.

A midi, nous vîmes Coom-Ombo, grand bâtiment rond qui ressemble à un château, et où l'on dit qu'était autrefois la ville des Ombis. Bientôt après, nous arrivâmes à Daroo, village fort pauvre. Nous étions loin de prévoir alors que, quelques années après, nous aurions l'obligation à un habitant de ce malheureux village de nous guider à travers les déserts où nous nous serions égarés, et de nous rendre à notre patrie et à nos amis.

Le premier endroit que nous trouvâmes ensuite fut Sheik-Ammer (1), où campent les Arabes Ababdé, les mêmes, je pense, que M. Norden appelle Ababuda, et qui s'étendent depuis Cosséir jusqu'à une grande distance dans le désert. Comme j'avais connu à Badjura un Arabe de cette tribu, et que je lui avais donné des remèdes pour son père, en lui promettant d'aller le voir quand je passerais à Sheik-Ammer ; je ne manquai pas de le demander. Je jugeai bien par l'accueil que je reçus qu'on ne s'attendait pas que je tiendrais ma parole; et peut-être, en effet, ne l'aurais-je pas tenue, si je n'avais réfléchi que prêt à m'engager dans ces immenses déserts, dont les Ababdé dominent une grande partie, je ferais bien de me ménager la bienveillance de cette nation.

Sheik-Ammer n'est pas un village, mais une collection de villages composés de misérables huttes, et renfermant à peu près un millier d'hom-

(1) Anciennement Adei.

mes. Ces Arabes ont peu de chevaux, parce que la plupart montent des chameaux.

Les Ababdé étaient liés d'amitié avec sheik Haman, commandant de la Haute-Egypte, ainsi qu'avec le gouvernement turc de Syène, et avec les janissaires de Deir et d'Ibrim ; et ils servaient de barrière contre les invasions des multitudes innombrables d'Arabes, les Bishareens et autres, dépendants du royaume de Sennaar.

Ibrahim, ce jeune Arabe que j'avais rencontré à Furshout et à Badjoura, me reconnut dès que je me présentai ; et, après avoir averti son père de mon arrivée, il courut au-devant de moi avec une escorte d'une douzaine de ses compagnons nus et armés de lances. A peine fus-je entré dans sa tente, que, suivant la coutume du pays, on servit un grand dîner ; et, après que nous eûmes mangé, ils me répétèrent mille fois au moins combien peu ils s'étaient flattés que je leur rendrais jamais visite.

Je fus présenté au sheik, lequel était alors malade et couché sur un tapis dans le coin d'une hutte. Ce chef des Ababdé, appelé Nimmer, c'est-à-dire le tigre, encore que son audace et son activité fussent cruellement abattues par la maladie, me fit beaucoup de questions sur la Basse-Égypte. Je me pressai de le satisfaire. Après quoi je lui conseillai, d'après le mauvais état de sa santé, de fixer ses pensées autour de lui, et non de s'inquiéter des contrées lointaines.

Nimmer paraissait âgé d'environ soixante ans. La maladie qui le tourmentait si horriblement était la gravelle; ce qui semblait d'autant plus extraordinaire, qu'il demeurait au bord du Nil. La gravelle attaque ordinairement ceux qui vivent dans le désert et qui boivent de l'eau de puits. Aussi ce chef me dit que, jusqu'à l'âge de vingt-sept ans, il n'avait vu le Nil que lorsqu'il s'en était approché avec ses compagnons pour y chercher du pillage, qu'il avait été constamment en guerre avec les habitants des plaines de l'Égypte qui sont en culture, et qu'il les avait réduits souvent à mourir de faim; mais que maintenant qu'il était vieux, ami du sheik Haman, et résident au bord du Nil, il buvait de l'eau du fleuve et se trouvait un peu soulagé de la maladie qui le faisait souffrir depuis longtemps. Je lui avais envoyé de Badjoura des pillules savonneuses qui lui avaient fait grand bien. Je lui donnai alors de l'eau de limon, et je lui promis qu'à mon retour j'enseignerais à ces gens à faire cette eau.

Nous causâmes ensuite très-amicalement, et on me répéta encore bien des fois qu'on n'avait jamais espéré de me voir venir.

Cette fréquente exclamation semblait annoncer deux choses : la première que quand je donnais ma parole, je n'étais pas exact à la tenir ; la seconde, que je n'estimais pas assez ces Arabes pour prendre quelque inc par rapport à eux ; ainsi je crus qu'il était nécessaire de répondre à 'a.

— Sheik-Nimmer, lui dis-je, je ne puis m'empêcher de vous faire obser-r que ces mots que vous répétez si souvent me sont pénibles à entendre. suis chrétien, et je vis, depuis plusieurs années, parmi vous autres Ara-s. Pourquoi donc pouvez-vous penser que je ne tienne pas ma parole, ›i qui sais que c'est un principe inviolable, parmi les Arabes, de tenir la ır ? Quand votre fils Ibrahim me vint voir à Badjoura, et m'apprit les ıux que vous souffriez nuit et jour, la crainte de Dieu et le désir de faire bien, même à ceux que je n'avais jamais vus, m'engagèrent à vous en-yer les remèdes qui vous ont soulagé. Après cette preuve de mon amour ur l'humanité, qu'y a-t-il donc de si extraordinaire à me voir vous ren-e visite, lorsque je passe chez vous ? Je ne vous connaissais point, il est ai ; mais ma religion m'apprend à faire du bien à tous les hommes, ème à mes ennemis, sans en avoir de récompense, et même sans consi-rer si je les reverrai jamais.

» Maintenant, pour prix des remèdes que je vous ai envoyés par votre s Ibrahim, dites-moi, mais avec vérité et sur la foi d'un véritable Arabe, les gens de votre tribu me rencontrent dans le désert, chercheront-ils à e nuire, me feront-ils plus de mal qu'à cette heure que je viens de man-r et de boire avec vous ?

Le vieux Nimmer souleva alors sa tête de dessus le tapis où il était cou-é, et se mettant sur son séant, il m'offrit le spectacle d'une des plus leuses, des plus horribles figures que j'aie jamais vues.

— Non, dit-il, sheik. Maudit soit l'homme de ma nation, ou tout autre, i osera jamais lever la main contre vous, tant dans le désert que dans le *ell* (c'est-à-dire dans la partie cultivée de l'Égypte). Tandis que vous de-eurerez dans cette contrée ou dans le pays qui s'étend d'ici à Cosséir, ›n fils vous accompagnera et vous servira avec zèle. Une seule des nuits douleur que vos remèdes m'ont épargnée serait encore payée trop peu and je vous suivrais moi-même à pied d'ici jusqu'à Messir (c'est-à-dire squ'au Caire).

Je jugeai alors que je devais saisir l'occasion de leur faire part du des-in que j'avais formé de pénétrer par ce côté dans l'Abyssinie ; et nous mmençâmes là-dessus une discussion dans laquelle ils s'expliquèrent une manière très amicale et avec beaucoup d'esprit et de raison.

— Nous pourrions, dit le vieillard, vous conduire à El-Haimer. (Je crus ›rs qu'El-Haimer était un puits creusé au milieu du désert, mais je l'ai ieux connu depuis pour mon malheur). Nous pourrions vous conduire sque-là, avec l'aide du ciel, sans qu'il vous arrivât aucun mal, ni que vous eussiez rien à craindre. Tout ce pays était autrefois chrétien, et n étions chrétiens nous-mêmes aussi bien que vous.

— Les Sarrasins n'ont là aucun pouvoir, et nous vous déposerions sûreté aux portes de Suakem. Mais nous ne pourrions pas aller plus lo Les Bishary sont des hommes qui ne méritent aucune confiance; n serions obligés de vous laisser au milieu d'eux; ils vous mettraien mort, et ils vous insulteraient encore par des railleries en vous tourm tant. Ainsi, puisque vous avez envie de voir l'Abyssinie, entrez-y par C séir et Jidda, où vous autres chrétiens vous êtes les maîtres.

Je lui dis que je craignais que les Kennouss, qui habitent aux envir de la seconde cataracte au-dessus d'Ibrim, ne fussent un peuple méch et dangereux. Il me répondit qu'effectivement les Kennouss étaient as mauvais au fond du cœur, mais que c'étaient des serviteurs avilis, esclaves qui n'avaient aucune force en mains, et qui n'osaient jamais fa du mal à quelqu'un qui était avec sa nation.

— S'ils l'osaient, ajouta-t-il, je les exterminerais tous en un s jour.

Je lui témoignai combien j'étais satisfait qu'il me parlât avec vérité; je lui demandai ensuite quel était le meilleur chemin pour me rendr Cosséir.

— Le meilleur chemin, me répondit-il, est celui qui part de Kenné de Cust. Je fais charrier par là, en ce moment, une grande quantité de de la Haute-Egypte, pendant que le sheik Haman en expédie un autre c voi du pays qui lui est soumis. Les deux envois se rendront à Cosséir, là on les chargera pour Jidda.

— Tout cela est fort bien, sheik, lui dis-je. Mais supposons que vo peuple nous rencontre dans le désert, en allant à Cosséir ou autreme quel parti prendrons-nous? Faudra-t-il combattre?

— Je vous ai déjà dit, sheik, me répondit-il, que maudit soit l'hom qui lèvera sa main contre vous, ou même qui ne vous traitera pas en a et ne vous défendra au péril de sa vie, fût-ce Ibrahim, mon propre fils!

Je lui dis alors que j'étais décidé à aller à Cosséir, et que si je me tr vais dans quelque embarras, j'espérais qu'en m'adressant à son peuple me protégerait. Je le priai de faire dire partout que j'étais un yagoube, médecin, qui, loin de vouloir du mal à personne, ne faisait que du bie que je me trouvais obligé, par un vœu et par la crainte de Dieu, à er pour un certain temps dans les déserts, et qu'on ne devait pas se perm tre de me nuire en aucune manière.

Le vieillard tint à ses enfants quelques discours que je ne compris poi parce qu'il les prononça dans la langue des pasteurs de Snaken. Com

ait la première fois qu'il parlait sans que je pusse l'entendre, je m'a-
sai à mêler un peu de jus de limon avec de l'eau, dans une grande bou-
le vénitienne qu'on m'avait donnée au Caire, remplie de liqueur. Un
ment après, je vis une foule d'Arabes entrer dans la cabane.
C'étaient les prêtres et les moines de leur religion, avec les chefs des
illes; mais la cabane ne put pas en contenir la moitié. Les principaux
ntre eux s'avancèrent, et, en joignant les mains, ils répétèrent une
te de prière qui dura deux minutes, dans laquelle ils déclaraient
ils seraient maudits, eux et leurs enfants, si jamais ils levaient la main
tre moi dans le Tell, dans les champs du désert, ou dans le fleuve, ou
moi, ou aucun des miens, s'adressant à eux pour leur demander du
ours, ils ne nous défendaient pas, au péril de leur vie, de leur famille et
leur fortune, ou plutôt, comme ils l'exprimaient eux-mêmes avec plus
mphase, jusqu'à la mort du dernier enfant mâle de leur race.
Lorsque j'eus distribué des médecines, et qu'on m'eût promis amitié et
ours, le bon sheik fit porter dans mon vaisseau deux boisseaux de fro
nt et sept moutons. Il m'était bien difficile de ne pas recevoir cette
rque d'affection, dans un pays où le refus d'un présent est un affront
n moins sensible que de ne porter aucun présent lorsqu'on a recours à
supérieur.
Cependant je fis observer au sheik que j'allais voyager parmi les Turcs,
étaient obligés de me défrayer; et qu'en conséquence ils épargneraient
qui lui appartenait, et emploiraient ses moutons aux repas qu'ils me
neraient.
— Vous et moi sommes Arabes, ajoutai-je, et vous connaissez les
rcs.
Au nom des Turcs, le sheik et tous ceux qui étaient présents pronon-
ent entre leurs dents quelques malédictions, et nous convînmes qu'ils
rderaient les moutons jusqu'à mon retour, à condition qu'ils pourraient
uter alors à ce présent tout ce qui leur plairait.
Cette affaire ainsi arrangée, nous nous séparâmes très satisfaits les
s des autres. Mon raïs, qui avait appris l'histoire des moutons, fut le
il qui n'en parût pas content, d'autant que, comme il savait que nous
riverions le lendemain à Syène, où nous ne manquerions pas de viande,
les regardait déjà comme sa propriété. Cependant, pour bannir son
agrin, je lui dis qu'il ne devait pas faire attention à ce qui venait de se
sser à Sheik-Ammer, et que je l'en dédommagerais à notre retour.

CHAPITRE VII

rivée à Syène. — Le chevalier Bruce va voir la cataracte. — Tombeaux remarquables. — L'ag. propose au chevalier un voyage à Déir et à Ibrim. — Retour à Kenné.

Nous fîmes voile le 20, avec un vent favorable, qui dura jusqu'au .atin, une heure avant le lever du soleil. A neuf heures, nous jetâmes ıncre à l'extrémité sud d'une forêt de palmiers, et au nord de la ville : Syène, presque vis-à-vis d'une île, sur laquelle il y a un petit temple ;yptien, très-joli et très bien conservé. C'est le temple de Cnuphis, où ait jadis le Nilomètre.

Tout auprès de la forêt de palmiers, nous vîmes une assez belle maison)partenant à Hussein-Schourbatchie, celui qui avait coutume d'aller rece-)ir au Caire la paie des janissaires qui sont en garnison à Syène, et sur quel j'avais une lettre de crédit pour une petite somme.

L'on a trois raisons principales pour se munir de lettres de crédit quand ı voyage dans ces contrées : la première, c'est qu'on peut tomber malade ı avoir besoin d'acheter des antiques ; la seconde, et la plus utile peut- .re, c'est qu'il est bon que le peuple chez lequel on passe sache qu'on n'a)int d'argent sur soi, et la troisième enfin, c'est que les espèces changent : valeur, et n'ont même pas de cours au delà d'Esné.

Hussein n'était point chez lui. Il était sorti pour affaires. Mais j'eus espérance de le voir dans le cours de la journée. Jamais dans ces contrées hospitalité ne se refuse, et on peut la réclamer sous le plus léger prétexte. ussi ayant des lettres pour Hussein, et sachant qu'il n'y avait personne ans sa maison, j'y envoyai mes gens et mon bagage. A peine fus-je rrivé qu'un janissaire, revêtu d'une longue robe à la turque, et ne por- .nt pour toute arme qu'un bâton blanc à la main, vint à moi pour me dire que Syène était une ville de garnison, et que l'aga était au châtea prêt à me donner audience.

Je lui répondis que je savais bien que mon devoir, comme étrange était de me rendre auprès de l'aga qui commandait dans une ville de ga nison ; mais qu'étant chargé d'un firman du grand seigneur, de lettres bey du Caire, et d'autres lettres de la part des janissaires pour l'aga particulier, et me trouvant en ce moment fatigué et indisposé, j'espéra qu il voudrait bien me permettre d'attendre mon hôte ; que, pendant temps-là, je me reposerais un peu, je changerais de vêtements, et je sera plus en état de lui présenter mon respect.

Bientôt après, je reçus un nouveau message par deux janissaires, q insistèrent pour me voir, et qu'on fit entrer en conséquence dans l'appa tement où je reposais. Ils me dirent que Mahomet-Aga avait reçu r réponse; qu'il ne m'avait point envoyé le premier janissaire, ni pour r presser, ni pour me déranger, mais pour savoir plus tôt quel service pourrait me rendre; qu'il avait eu une lettre particulière d'Ali-Be d'après laquelle il avait envoyé à Esné l'ordre de me bien recevoi mais que comme je n'avais point été voir le cacheff, il n'avait pas é instruit de mon passage.

Je fis servir du café à ces janissaires très polis. Ensuite je me repos environ deux heures ; mon hôte arriva, et après midi nous allâmes ense ble rendre visite à l'aga.

Le fort de Syène est bâti d'argile, et on y a monté quelques peti canons ; ce qui suffit pour tenir dans la crainte les habitants du pays.

Je trouvai l'aga dans un petit kiosk ou cabinet, où il était assis sur u banc de pierre couvert de tapis. Je n'avais rien à craindre de lui, ainsi résolus de profiter de tous mes priviléges ; et comme le dernier des Tur pourrait le faire devant le premier homme d'Angleterre, je me plaç sur un coussin qui était à terre, après avoir mis la main sur mon sei et dit d'une voix très haute, et cependant avec de grandes marques respect : *Salam alicum !* à quoi l'aga répondit sans la moindre difficult *Alicum salam !* Ce salut veut dire que la paix soit entre nous, et la répon signifie la paix est entre nous.

Après être resté assis pendant deux minutes, je me levai, et me tena debout au milieu de la chambre et en face de l'aga, je lui dis : « Je su porteur d'un batishériff qui vous est adressé. » Et tirant le firman de m sein je le lui présentai. Alors il se leva, ainsi que tous ceux qui étaie assis autour de lui ; il inclina sa tête jusque sur le tapis, porta le firm à son front, l'ouvrit et fit semblant de le lire; mais il était déjà bi instruit de ce qu'il contenait; et je crois d'ailleurs qu'il ne savait ni li crire dans aucune langue. Je lui remis ensuite les autres lettres que .is apportées du Caire pour lui; et il ordonna à son secrétaire de les ire tout bas.

près cette cérémonie, il demanda une pipe et du café. Je refusai la pipe me ne m'en servant jamais; mais je pris une tasse de café. Ensuite i dis qu'Ali-Bey m'avait confié des choses secrètes pour lui, et que je ıaitais de les lui dire sans témoins, lorsque cela lui ferait plaisir. sitôt tout le monde sortit, excepté le secrétaire de l'aga qui s'en allait .i; mais je le retins par la robe, en lui disant :

- Demeurez, vous, s'il vous plaît, nous aurons besoin de vous pour re la réponse.

ous ne fûmes pas plus tôt seuls que je dis à l'aga que, étant étranger e connaissant point les dispositions des autres officiers, ni de quelle ière il vivait avec eux, et ayant demandé d'être adressé à lui seul par ey et nos amis communs, je voulais le laisser le maître d'avoir ou de 'oir pas de témoins quand je lui offrirais le petit présent que je lui s apporté du Caire. L'aga parut très sensible à ce procédé, et me pria out de ne pas parler à mon hôte le Schourbatchie de ce que je venais ui donner.

out cela étant terminé, et m'étant mis en bonne intelligence avec le vernement, j'envoyai mon présent, le soir, à l'aga par un de ses domes-es, sous prétexte de demander des chevaux pour aller voir la cata-e. Le messager revint me dire que les chevaux seraient prêts le len-ain à six heures du matin. En effet, le 21, l'aga fit conduire chez son propre cheval, avec des mulets et des ânes pour monter les gens na suite.

ous passâmes par la porte de la ville du côté du midi, et nous en-nes dans une petite plaine sablonneuse, qui se présenta la première ınt nous. Un peu à notre gauche, nous vîmes un grand nombre de beaux de pierre, chargés d'épitaphes en langue et en écriture cuf-ne, que quelques voyageurs ont appelé mal à propos une langue et caractères inconnus. Cette langue et ces caractères étaient les seuls t se servit Mahomet; et de son temps les savants de sa secte n'en ont employé d'autres.

'écriture cuffienne semble être toute en lettres capitales. Aussi peut-pprendre à la lire plus aisément que l'arabe moderne, et elle ressem-singulièrement à l'écriture samaritaine.

es tombeaux sont ceux des guerriers qui périrent en combattant dans née d'Haled Ibn el Waalid, que Mahomet avait surnommé Saif-Ullah, t-à-dire l'épée de Dieu, et qui, sous le califat d'Omar, s'empara de

Syène et la détruisit, après avoir perdu une grande quantité de s armée en en faisant le siége.

Syène fut rebâtie dans la suite par les Arabes pasteurs du Beja, alors étaient chrétiens. Elle fut conquise de nouveau dans le temps Saladin, avec le reste de l'Égypte, et depuis elle est demeurée sous dépendance du Caire.

En 1516, Syène se rendit avec tout le pays à Selim, empereur Turcs, qui fit construire deux postes avancés, Déir et Ibrim, jusqu'au d ce la cataracte de Nubie. On mit en même temps dans ces postes u petite garnison de janissaires, qu'on a eu soin d'entretenir jusqu'à jour.

On tire leur paie du Caire. Ceux qui se marient épousent les filles leurs camarades, et rarement des femmes du pays; et à la mort d' d'entre eux, il est remplacé par son fils, par son neveu, ou par son p proche parent. Ces janissaires ont oublié leur langue naturelle ; et il conservent guère du caractère turc qu'un grand penchant à la violen à l'injustice et à la rapine, à quoi ils ont la perfidie des Arabes. Un a qui réside dans le fort commande ces troupes, consistant à peu près deux cents hommes de cheval, armés de carabines, et qui, avec le secou des Ababdé, campés à Sheik-Ammer, suffisent pour maintenir dans l'orc les Bishareens et toutes ces nombreuses tribus d'Arabes répandus da les déserts de Sennaar.

Les habitants de la ville de Syène, les marchands et le peuple général sont gouvernés par un cacheff.

Il n'y a à Syène ni beurre ni laitage, si ce n'est le lait qu'on fait ver de la basse Égypte. On peut en dire autant des volailles. Les dattes n mûrissent pas; et celles qu'on vend au Caire sous le nom de Syène, vie nent d'Ibrim et de Dongola; mais en revanche, le Nil fournit à Syè d'excellent poisson, et on le pêche facilement, surtout du côté de cataracte, où les eaux sont brisées.

Lorsque nous eûmes passé les tombeaux de pierre qui sont en deho de la porte du midi, nous entrâmes dans une plaine qui a environ ci milles de long, bornée du côté gauche par une montagne peu élevé mais sablonneuse comme la plaine; on voit sur cette montagne quelqu ruines, qui paraissent bien moins anciennes que les autres monumen de l'Égypte dont j'ai déjà parlé. Ce n'est, je crois, qu'un mélange bizar de l'architecture de divers siècles.

De la porte de la ville à Termissi ou à Marada, qui sont des peti villages situés auprès de la cataracte, il y a six milles anglais. Un voy geur qui a lu ce que certains écrivains rapportent de cette cataracte, arrive sur ses bords, doit être un peu surpris en voyant que des seaux la remontent, et que conséquemment sa chute n'est pas assez vante pour occasioner, comme on l'a prétendu, une surdité à ceux qui pprochent.

e lit que remplit le fleuve, lorsque j'y allai, n'avait pas plus d'un i-mille de large. Il forme plusieurs petits canaux, qui séparent de gros blocs de granit, de trente à quarante pieds de haut. Les eaux enues pendant un assez long espace entre les montagnes de rocher a Nubie, semblent ici essayer de s'épandre avec violence. Leur choc re les obstacles qu'elles rencontrent, la réunion bruyante de leurs ants opposés à l'issue des canaux, tout forme un bouillonnement, une usion, un désordre, qui portent dans l'âme plus de surprise que de eur.

ous vîmes les pauvres Kennoufs, peuples qui habitent sur les bords Nil, au delà de la seconde cataracte de Nubie. Pour se procurer leur rriture journalière, ils se tiennent derrière les rochers, un hameçon main, cherchant à attraper un peu de poisson, et ils ne nous parurent très adroits à ce métier.

es Kennoufs ne sont pas noirs, mais très bruns; des cheveux et non a laine couvrent leur tête. Ils sont petits, minces, agiles et semblent ours affamés. Je fis signe à l'un d'entre eux que je voulais lui parler; s me voyant environné de gens à cheval et d'armes à feu, il n'osa pas procher. Alors je laissai mes gens et mes armes, et je marchai seul eux. Cela ne les rassura point; ils se reculèrent toujours; et comme ersistais à les suivre, ils se mirent à courir et allèrent se cacher parmi rochers.

line dit que de son temps la ville de Syène était située sous le tropique cancer, et qu'il y avait un puits sur lequel les rayons du soleil tomnt si perpendiculairement, que le fond était éclairé par cet astre. Stra- a rapporté la même chose. Cependant l'ignorance ou la négligence, paraît dans la mesure géodésique de cette observation, est extraordi- e. La situation de l'Égypte a été déterminée depuis les siècles les plus ulés, et la distance entre Syène et Alexandrie devrait avoir été parfaite- it connue. Mais, d'après cette inexactitude, je soupçonne que les autres ervations, attribuées à Ératosthènes, et par lesquelles on a fixé le paaxe du soleil à dix secondes et demi, ne sont pas réellement de lui; s bien que ce sont d'anciennes observations chaldéennes ou égyptien- faites par des astronomes plus savants, et dont il a profité.

es Arabes appellent Syène, Assouan, c'est-à-dire l'éclairée, par allu- sans doute au puits dont le fond était éclairé par le soleil, lorsqu'il passait directement dessus dans le mois de juin. Dans le langage du Bé le nom de Syène signifie un cercle ou une portion de cercle.

Syène est fameuse par les premières tentatives que firent les géomèt grecs pour déterminer la mesure de la circonférence de la terre. Érat thènes, né à Cyrène, environ deux cent soixante-seize ans avant Jés Christ, fut appelé d'Athènes à Alexandrie par Ptolémée Évergètes, qui confia sa grande et magnifique bibliothèque. Dans les observations qu fit alors, on détermina bientôt deux choses : l'une, c'est que de Syèn Alexandrie il y a exactement cinq milles stades de distance, et l'aut c'est que ces deux villes sont sous le même méridien. Il fut encore vér que dans le solstice d'été, à midi, le soleil étant dans le tropique du c cer, dans sa plus grande déclinaison au nord, le puits se trouvait to lement éclairé, et aucun corps élevé perpendiculairement et sur u surface plate ne pouvait donner de l'ombre à cent cinquante sta autour du puits; d'où l'on conclut justement que ce jour-là le sol passait si verticalement sur Syène, que le centre de son disque corr pondait immédiatement au centre du puits; et ces observations prélin naires étant bien déterminées, Ératosthènes commença ses nouvel expériences.

Le jour même du solstice d'été, au moment où le soleil était au mé dien de Syène, il plaça perpendiculairement une baguette de fer dans fond d'une sphère à demi-concave, et il l'exposa en plein air à Alexandr Si cette baguette n'avait point donné d'ombre à Alexandrie, elle eût précisément comme celle qu'on aurait plantée dans le milieu du puits Syène; et la conséquence, c'est que le soleil aurait passé verticaleme dessus. Mais Ératosthènes trouva, au contraire, que la baguette donn de l'ombre à Alexandrie, et en mesurant la distance de l'extrémité l'ombre au pied de la baguette, il jugea que puisque le soleil était au z nith, et ne laissant point d'ombre autour des corps qu'il frappait à Syèr et qu'il en produisait à Alexandrie, cette dernière ville était éloignée point vertical ou zénith de 7° 1/5 = 7° 12' — ce qui était 1/50 de la c conférence de tous les cieux ou d'un très grand cercle.

D'après cela, il conclut qu'Alexandrie était éloignée de Syène d'un ci quantième de la circonférence du globe.

Les 22, 23 et 24 janvier, me trouvant à Syène, logé dans une mais située à l'orient de la petite île, où subsiste encore presque entier temple de Cnuphis, que Strabon, qui lui-même visita ces lieux, dit av été bâti dans l'ancienne ville, et vis-à-vis du puits destiné à réfléchir soleil dans le temps du solstice, je fis, pendant que le soleil était au mé dien, trois observations différentes, avec un cadran de trois pieds, f ar l'Anglais et décrit par M. de la Lande, et je trouvai que la latitude de yène était par les 24° 0'.45'' nord.

Et comme la latitude d'Alexandrie est fixée, d'après les diverses obser-ations des académiciens français, celles de M. Niébuhr et les mien-es, à 31° 11'33'', sans qu'on puisse en contredire la justesse, la diffé-ence du méridien entre Syène et Alexandrie doit être de 7° 10' 48'' ou 1' 2'', moins qu'Ératosthènes n'avait trouvé; et, malgré cela, sa précision st vraiment étonnante quand on considère l'imperfection de l'instrument ont il se servit, et la difficulté presque insurmontable qu'il dut avoir à istinguer la division de la pénombre.

Les géomètres grecs commirent certainement une erreur en plaçant yène et Alexandrie sous le même méridien; car si je n'eus pas, ainsi ue je le désirais beaucoup à mon premier passage à Syène, occasion de éterminer la longitude comme la latitude, je la déterminai à mon retour n 1772, d'après une éclipse du premier satellite de Jupiter, et je trouvai ue cette ville était par les 33° 30', tandis que la longitude est 30, 16' 7'', 'est-à-dire que Syène est 3° 14' plus dans l'est qu'Alexandrie, et fort loin 'être sous le même méridien.

Il est impossible de fixer le temps de la fondation de Syène. Après avoir xaminé très attentivement les hiéroglyphes et les divers monuments qui sont, j'ai pensé qu'elle avait été bâtie un peu plus tard que Thèbes, ıais avant Dendera, Luxor et Carnac.

Il ne serait pas moins curieux de savoir si le puits dont Ératosthènes se ervit pour observer le soleil avait été creusé exprès pour ses observations, u s'il était fait depuis le temps qu'on fonda Syène. Je suis porté à croire u'il était aussi ancien que la ville, et qu'en plaçant cette ville et ce puits irectement sous le tropique, on avait eu en vue de régler la longueur de 'année solaire, en un mot, ce point si important à déterminer fut l'objet e l'attention constante des premiers astronomes, et c'est pour cela qu'on t le cadran solaire d'Osimandyas, et qu'on éleva tant d'obélisques dans es anciennes villes de l'Égypte. Nous ne pouvons assurément point nous ıéprendre sur cela, si nous considérons les manières différentes dont on taillé la pointe des obélisques. Quelquefois cette pointe est très aiguë; uelquefois elle forme une portion de cercle, et on la faisait ainsi pour âcher d'éviter le grand inconvénient qui tourmentait les astronomes, la énombre.

Les pavés à l'entour des obélisques, dont la projection est constamment ers le nord, bien nivelés, formés de grands carreaux de granit parfaite-ment unis, et joints avec un art infini, ont été si solidement construits, u'ils peuvent encore jusqu'à ce jour servir pour faire des observations

Il est probable que Syène et son puits ont été construits dans le même temps, et que l'un et l'autre furent l'ouvrage des premiers astronomes, peu après la fondation de Thèbes. Mais si cela est ainsi, nous devons conclure que ce qu'on disait encore du temps d'Ératosthènes, que tout le puits était éclairé par le soleil, ne pouvait être qu'une ancienne tradition ; car le changement périodique de l'angle que forme l'équateur et l'écliptique n'était pas alors connu ; et l'étendue de l'arc du méridien entre Alexandrie et Syène pouvait être erronée d'après toute autre cause, comme sa base l'a été en comptant une fausse distance, au lieu d'une distance exactement mesurée.

L'on voit à Axum un obélisque érigé par Ptolémée Évergètes, le même qui fut le protecteur d'Ératosthènes. Cet obélisque est sans hiéroglyphes, faisant face directement au sud ; son sommet est très aminci, et ensuite le bout s'élargit en forme de demi-circulaire. Le pavé est nivelé d'une manière très curieuse, et on y distingue, autant qu'il est possible, l'ombre véritable de la pénombre.

Cet obélisque fut probablement érigé pour vérifier les calculs d'Ératosthènes ; car on ne doit pas supposer que Ptolémée se proposa d'observer à Axum l'obliquité de l'écliptique. Quoiqu'il soit bien certain qu'Axum, par sa situation, semble très convenable à ces expériences, puisque le soleil passe verticalement deux fois l'année sur la ville et sur l'obélisque, il est également vrai qu'un obstacle, qui ne devait point être ignoré de Ptolémée, et qui ne permettait point qu'on vît le soleil toutes les fois qu'il était vertical à Axum, l'aurait empêché de dépenser autant de temps et d'argent à construire son obélisque ; cet obstacle est que, vers le 25 avril et le 20 août, où le soleil se trouve verticalement sur l'obélisque, le ciel est si nébuleux et il tombe tant de pluie, principalement vers le milieu du jour, que ce n'eût été que par une espèce de prodige que Ptolémée aurait pu faire ses observations une seule fois durant tout le cours du mois.

Quoique le séjour de Syène ne paraisse pas devoir être malsain, les maux d'yeux y sont très communs ; et cette maladie n'est pas ordinairement passagère, mais elle se termine par une cécité absolue, ou au moins par la perte d'un œil. On rencontre rarement dans les rues un homme qui voie bien de ses deux yeux. Les habitants de Syène attribuent ce fléau au vent brûlant du désert ; et je crois qu'ils ont raison, surtout si j'en juge par l'inflammation et la douleur violente que nous ressentîmes dans nos yeux, lorsqu'à notre retour nous traversâmes le grand désert pour revenir à Syène.

Cependant nous avions déjà terminé toutes nos affaires, et nous nous préparions à redescendre le Nil.

Tranquilles, bien traités pendant tout le temps que nous avions ;journé dans la ville, nous étions fort satisfaits des habitants, nous ensions qu'ils devaient être également satisfaits de nous, et nous étions oin de prévoir aucune altercation à notre départ. Mais malheureusement our nous, mon hôte le schourbatchie, sur lequel j'avais des lettres de rédit, et qui s'était montré très serviable et très obigeant, se trouvait tre propriétaire d'un bateau qu'il ne savait à quoi employer en ce moient; et il voulait absolument exiger que je le frétasse, au lieu de m'en etourner dans celui qui m'avait porté jusque-là.

Je ne pouvais y consentir sans rompre mon marché avec mon raïs bou-Cuffi, qui s'était toujours très honnêtement conduit, et auquel étais bien résolu de ne manquer de parole sous aucun prétexte. Les anissaires prirent le parti de leur camarade, et ils menacèrent Abou-Cuffi e le tailler en pièces et de le donner à manger aux crocodiles.

Abou-Cuffi n'eut point peur. Il dit hardiment aux janissaires qu'il tait au service d'Ali-Bey, et que s'ils lui faisaient aucun mal, leur paie erait arrêtée au Caire jusqu'à ce qu'on eût livré les coupables pour être unis. Il se moqua même d'eux très finement sur la menace de le tailler n pièces; il les assura que s'il s'en plaignait à son arrivée dans la Basse-Égypte, il n'y aurait pas un seul janissaire de la garnison de Syène qui e courût plus de risque que lui d'être mangé par les crocodiles.

J'allai, le soir, voir l'aga, et je me plaignis à lui du procédé de mon hôte. e l'assurai positivement, mais avec de grandes marques de respect, que 'aimerais mieux descendre le Nil sur un radeau que de mettre le pied lans aucun autre vaisseau que celui qui m'avait mené. Je le priai de bien rendre garde à ce qu'il ferait, parce que ce serait mon rapport et non e sien qui parviendrait au bey. Mon air grave et résolu fit grande impression sur l'aga, qui envoya chercher le schourbatchie et lui adressa, ainsi qu'à tous ceux qui avaient voulu soutenir sa cause, une vive réprimande. Ensuite je pris le schourbatchie en particulier, et, pour faire cesser la rancune qu'il pouvait conserver contre mon raïs, je lui promis une pièce le drap vert, que je savais être l'objet de ses désirs.

Cet expédient réussit à merveille, et nous réconcilia si bien que le endemain le schourbatchie donna ordre à ses domestiques d'aider Abou-Cuffi à charier nos bagages à bord.

L'aga témoigna d'autant plus d'étonnement de mon départ, qu'il avait appris que j'avais l'intention de voir, avant de partir, Ibrim et Déir. Je lui répondis que les garnisons de ces postes avaient une très mauvaise réputation; que quelques années avant un voyageur danois s'y était rendu avec des lettres du gouverneur du Caire, qu'il avait été pillé et presque assassiné par Ibrahim, cacheff de Déir. Etonné, il secoua la tête, et ne parut pas croire ce récit. Mais je persistai dans mon assertion, et je lui dis que le frère de l'aga de Syène accompagnait alors ce voyageur.

— Y a-t-il quelqu'un, dit l'aga, qui puisse avancer qu'un homme que je tiens dans mes mains une fois par mois, qui n'a pas une once de pain que je ne la lui fournisse, et dont la paie, comme l'a très bien observé votre raïs, serait arrêtée sur les premières plaintes qu'on porterait au Caire, ait pu assassiner une personne chargée des ordres d'Ali-Bey, et ayant mon frère avec elle? J'enverrai demain au cacheff de Déir un de mes esclaves qui me l'amènera par la barbe s'il refuse de venir volontairement.

— Les temps sont heureusement changés, répondis-je. Il n'y eut pas toujours au Caire un souverain semblable à Ali-Bey, ni à Syène un commandant doué d'autant de prudence et de capacité que vous. Mais, comme je n'ai point d'affaires à Déir et à Ibrim, je ne veux pas m'exposer à y trouver la garnison de mauvaise humeur, et exerçant un tout autre emploi que celui pour lequel on l'a mise là.

Le 26 juin nous rentrâmes à bord à l'extrémité nord de la ville de Syène, et précisément dans le même endroit où je me rembarquai trois ans après.

Le soir, nous arrivâmes à Sheik-Ammer, et j'allai rendre visite à mon malade Nimmer, sheik de la tribu des Ababdé, que je trouvai en bien meilleure santé que la première fois, mais non moins reconnaissant. Je lui rappelai mes ordonnances, et lui fis de nouvelles offres de service.

Tandis que je descendais le Nil, je voulus m'amuser à tirer sur des crocodiles, mais il me fut impossible d'en ajuster aucun d'assez près, et je n'attrapai à cette chasse qu'une fièvre très-forte.

Le 31 janvier nous arrivâmes à Négadé, où est le quatrième couvent des moines franciscains de la Haute-Égypte.

Négadé, est un petit village très joli, environné de palmiers, et habité par des Cophtes.

Vis-à-vis, sur la rive opposée et à environ trois milles du fleuve, on trouve Cus, grande ville qui est l'*Apollinis civitas parva* des anciens. Il n'y subsiste aucun monument; mais elle est assez fameuse, parce que là se rassemble la caravane qui transporte à travers le désert, jusqu'à Cosséir, le blé pour la Mecque.

Celle qui devait partir quand j'arrivai à Cus n'était pas encore prête. Les Arabes Atouni avaient annoncé qu'ils iraient à sa rencontre et ne la laisseraient point passer. Il fallait faire venir de Furshout une garde our l'escorter dans le désert. Ainsi je ne pouvais manquer d'être averti temps de son départ.

Le 2 février je retournai à Badjoura, et j'allai m'établir dans la maison ù j'avais logé la première fois, au grand contentement du sheik Ismaël, ui, bien qu'il fût raccommodé avec le frère Christophe, n'avait pas tout-fait oublié qu'il avait eu cinq hommes blessés par le mécompte du frère u sujet du ramadan, et qui n'était pas sans quelques craintes que tôt u tard une plus fâcheuse inadvertance ne lui devînt funeste dans ses ttaques d'asthme, ou, ce qui était encore plus vraisemblable, dans les pérations du tabange.

Comme j'étais alors à la veille de commencer cette partie de mes oyages, où je ne pouvais avoir aucun rapport avec l'Europe, je me mis repasser mes observations, et j'ajoutai à mon journal des notes expliatives, afin que mon travail ne fût pas totalement perdu pour le public, i je venais à périr dans le cours d'une expédition où je n'ignorais pas ue m'attendaient mille dangers.

Ayant donc mis mes écrits en ordre et en état d'être bien compris, e les envoyai au Caire à mes amis, messieurs Julien et Rosa, pour qu'ils es gardassent jusqu'à mon retour, ou jusqu'à ce qu'ils eussent des nouelles que je n'existais plus.

CHAPITRE VIII

épart de Kenné. — Voyage à travers le désert de la Thébaïde. — Montagnes de marbre. — Arrivée à Cosséir, sur la mer Rouge. — Séjour à Cosséir.

Le jeudi 16 février 1769, nous joignîmes la caravane qui allait partir de Kenné, la *Cœne Emporium* des anciens. De Kenné nous marchâmes à l'orient pendant une demi-heure, en suivant le pied des montagnes, qui sont bordées par un terrain bien cultivé. Ensuite nous tournâmes au sud-est; et à onze heures avant midi nous traversâmes un mauvais petit village, appelé Seraffa. Pendant tout ce trajet, on ne voit à gauche que des montagnes inhabitées, et sur lesquelles on ne distingue d'autre verdure que quelques plantes de l'espèce du grand solanum, et qu'on nomme, dans la langue du pays, burrumbuc.

A deux heures après midi nous arrivâmes à un puits appelé Bir-ambar, le puits des épiceries, auprès duquel il y a un chétif village du même nom appartenant aux Azaizi, tribu d'Arabes pauvre et peu nombreuse. Ces Arabes vivent du prix qu'ils retirent de leur bétail, qu'ils louent aux caravanes se rendant à Cosséir, et qu'ils accompagnent quelquefois eux-mêmes.

Le nom de Bir-ambar a, suivant moi, été donné au puits, parce qu'apparemment c'était là que s'arrêtaient autrefois les caravanes venant de la mer Rouge, et qui conduisaient les épiceries apportées des Indes.

Les Azaizi sont logés dans des maisons singulièrement bâties, si toutefois on doit appeler maisons ces sortes de constructions. Elles sont en entier d'argile, et ont la forme d'une ruche d'abeilles. La plus grande n'a pas dix pieds de haut et six pieds de large.

Il n'y a là aucun vestige du canal qu'on dit avoir été autrefois creusé pour communiquer du Nil à la mer Rouge. La terre cultivée le long fleuve n'a pas plus d'un demi-mille de largeur ; mais les inondations Nil vont plus haut, et quand il déborde il ne laisse pas à découvert moindre apparence de plaine.

Quand nous eûmes quitté Bir-ambar nous arrivâmes, à quatre heu après midi, à Gabba (1), qui est à un mille de Cuft le long du dése Nous plantâmes nos tentes à Gabba, et y passâmes la nuit.

Le 17, à huit heures du matin, je fis monter tous mes domestique cheval; nous prîmes nous-mêmes la conduite de nos chameaux, et nc nous avançâmes lentement à travers le désert. Il y avait dans no caravane un désordre, une confusion qu'il est impossible de décrire, nous n'ignorions pas que les gardes qui nous escortaient n'étaient qu'u troupe de voleurs. Ils étaient au nombre de deux cents, tous à chev armés de carabines, et ayant l'air de vrais lions; mais, malgré cela, c quante Arabes auraient fait fuir ces héros à la première vue, sans pandre une seule goutte de sang.

A peine avions-nous fait deux milles, que je fus joint par l'Ara Howadat, que j'avais reçu dans le vaisseau à mon départ du Caire. m'offrit ses services avec de grandes marques d'affection et de rec naissance, et il me dit qu'il espérait que je voudrais bien encore charger de son argent, comme la première fois que nous avions f route ensemble. Ce fut alors qu'il me dit son nom, que je ne savais encore. Ce nom était Mahomet-Abd-El-Gin, c'est-à-dire l'esclavage du d ble ou de l'esprit. Une tribu considérable s'appelle ainsi, et beauco d'Arabes de cette tribu viennent du royaume de Sennaar au Caire; m mon compagnon de voyage était né parmi les Howadat, vis-à-vis de M trahenny, où je l'avais trouvé.

Le chemin que nous suivions était partout très couvert. Il y avait chaque côté des monceaux de sable et de gravier fin, mais qu'on ne d tinguait pourtant pas de loin, au dessus de la surface unie de la plai A près de douze milles de distance, on trouve une chaîne de montagn qui ne s'élèvent pas très haut, mais qui sont peut-être les plus ari qu'il y ait au monde. Quand nous eûmes atteint ces montagnes, nc marchâmes dans une petite plaine d'environ trois milles de large, c les sépare, et où il n'y a pas l'apparence d'un arbuste ni d'un b d'herbe. On n'y aperçoit non plus nulle trace d'aucun être vivant; antilopes, ni autruches, ni serpents, ni lézards, qui sont les habita ordinaires des déserts les plus horribles. Les oiseaux même semblent fu

(1) Gabba n'est point un village, mais un assemblage de sable et de buissons.

éjour aussi désastreux. Nous n'en vîmes pas voler un seul. La surface a terre y est absolument dépourvue de toute espèce d'eau douce ou lache. Le soleil y darde ses rayons, et y répand une chaleur brû-. Nous essayâmes de frotter deux morceaux de bois l'un contre re, et en moins de demi-minute ils furent en feu; ce qui prouve bien dans ce pays tout est desséché et prêt à s'enflammer.

trois heures et demie de l'après-midi, nous dressâmes nos tentes ès de quelques puits dont l'eau nous parut plus amère que de la Heureusement, nous avions porté sur les chameaux des outres plies d'autre eau. Celle de ces puits avait un seul avantage, elle était e, et elle servit à nous rafraîchir extérieurement.

endroit où nous nous étions arrêtés se nomme Légeta. Nous fûmes gés d'y passer la nuit et toute la journée du lendemain, pour attendre ivée de la caravane de Cus et d'Esné, et une partie de celle de Kenné Ébanout, qui étaient demeurées en arrière.

ndis que nous étions aux puits de Légeta, l'Arabe Abde-Gin vint me r son trésor, qui s'était accru jusqu'à la somme de dix-neuf sequins mi.

Eh! quoi, lui dis-je, Mahomet, n'êtes-vous jamais en sûreté parmi vos patriotes, soit sur terre, soit sur mer ?

Non, me répondit-il. La seule différence qu'il y ait, c'est que quand étions à bord du vaisseau, nous n'avions à craindre que trois voleurs, uand nous serons tous rassemblés ici, il y en aura peut-être trois . Mais j'ai un conseil à vous donner.

Mahomet, répliquai-je, mon oreille est toujours attentive aux con-, surtout en pays étranger.

Ces gens-là, reprit alors Mahomet, craignent la rencontre des Ara-Atouni; et si nous étions attaqués, ils s'enfuiraient et vous abandon-ient à ces Atouni qui pilleraient vos bagages. Mais comme vous n'a-ucun intérêt à défendre le blé de la caravane, si les Atouni survien-, n'en tuez aucun, ce qui serait très dangereux pour vous. Contentez-de vous mettre à l'écart, et laissez-moi le soin d'arranger les choses. ous réponds sur ma vie que quand toute la caravane serait dépouillée ise entièrement à nu, et que vous paraîtriez chargé d'or, on ne tou-a à rien de ce qui nous appartiendra.

lui fis beaucoup de questions relativement à cet avis, parce que l'af-était de très grande conséquence; et je fus si satisfait de ses nses que je résolus de me conformer exactement à ce qu'il me t.

après-midi, nous vîmes arriver vingt Turcs qui venaient de la Caramanie, cette partie de l'Asie mineure située sur les bords de la Médit ranée, vis-à-vis des côtes d'Égypte. Ils étaient tous très bien vêtus à turque, montés sur des chameaux, ayant le sabre au côté, des pistolet leur ceinture, et portant en outre une jolie carabine avec des munitic dans des gibernes. Quelques-uns d'entre eux parlaient arabe, et mon (mestique grec, Michaël, servit d'interprète aux autres. Dès qu'ils eur appris que la grande tente appartenait à un voyageur anglais, ils y v rent sans cérémonie. Ils me dirent qu'ils étaient tous voisins et amis, qu'ils étaient partis ensemble pour aller à la Mecque en pèlerinage; m qu'ignorant le langage et les coutumes des Égyptiens, ils avaient traités assez mal depuis qu'ils avaient débarqué à Alexandrie, et partic lièrement dans un certain endroit que je soupçonnai être Achmin; qu' des Owam, c'est-à-dire un de ces voleurs qui plongent dans le Nil, ét monté à leur bord pendant la nuit et leur avait enlevé un petit porte-ma teau contenant deux cents sequins en or; qu'ils s'en étaient plaints au b de Girgé, et qu'ils n'en avaient obtenu aucune satisfaction; qu'enfin venaient d'apprendre qu'il y avait dans la caravane un Anglais qu'ils connaissaient pour leur *compatriote*, et qu'ils venaient lui proposer faire cause commune avec eux, et de se défendre mutuellement cont leurs ennemis.

Voici ce qu'ils entendaient par compatriote :

Il y a dans l'Asie Mineure, entre la Natolie et la Caramanie, un distri appelé Caz-Dagli, et par corruption Caz-Dangli; or les Turcs croient qu c'est de là que les Anglais tirent leur origine. Aussi ne manquent-ils j mais de réclamer à ce titre l'alliance des Anglais, et principalement quar ils ont besoin de leur secours.

J'appris à nos nouveaux compagnons l'arrangement que j'avais fa avec l'Arabe Abdel-Gin. Ils trouvèrent d'abord que je portais trop loi ma confiance; mais je leur persuadai que c'était le vrai moyen de dim nuer le danger; et, au pis aller, j'étais très content que nous fussions u assez grand nombre de gens armés pour battre les Atouni, après qu'i auraient vaincu la caravane d'Égypte, dont on ne devait certainemer espérer aucune résistance.

Je ne puis dissimuler le secret plaisir que j'eus alors en voyant le no et le caractère anglais en si bonne réputation parmi des peuples éloigné qui sont ennemis de notre religion et étrangers à notre gouvernemen Des Turcs, venant du Mont-Taurus, et des Arabes sortant de la Lybie, n se croyaient pas en sûreté au milieu de leurs compatriotes; mais ils co fiaient leur vie et leur fortune à la parole d'un Anglais qu'ils voyaien pour la première fois.

s Turcs paraissaient être un peu au-dessus de la classe ordinaire du le. Tous avaient leur porte-manteau fort bien arrangé, et ils me firent ıdre qu'il y avait de l'argent dedans. Ils les placèrent dans la tente es domestiques, en les attachant l'un à l'autre autour du poteau du eu; précaution nécessaire, car il avait été aisé de s'apercevoir que is le premier moment de l'arrivée des Turcs, les Arabes de la cara- n'avaient cessé d'avoir les yeux sur ces porte-manteaux.

ous séjournâmes le 18 à Légeta, pour attendre la réunion des carava- et nous en partîmes le 19, à six heures du matin. Nous fîmes route ur-là dans une plaine qui, dans sa moindre largeur n'avait pas moins mille, ni dans la plus grande plus de trois milles. Les montagnes que voyions à droite et à gauche étaient plus élevés que les premières et e couleur noire et calcinée. Les rochers qui les hérissaient étaient blables aux pierres qu'on trouve sur les flancs du Mont-Vésuve. Mais le Vésuve il y a des arbres et des plantes, au lieu que sur ces monta- on n'en aperçoit d'aucune espèce.

dix heures et demie, nous passâmes auprès d'une montagne de mar- vert et rouge, et, à midi, nous entrâmes dans la plaine d'Hamra, où s observâmes d'abord que le sable était rouge, et tirant sur la couleur pre du porphyre, d'où l'on a donné le nom d'Hamra à la vallée. Je endis de cheval pour examiner la qualité des rochers, et je reconnus grand plaisir que là commençaient les carrières de porphyre, sans ange d'aucune autre pierre; mais il était imparfait, mou et cassant.

peine y avait-il une heure que je m'amusais à cet examen, que je fus ti que les Arabes avaient fondu sur l'arrière-garde de la caravane, t nous formions l'avant-garde. Les Turcs et mes domestiques s'étaient rangés au pied de la montagne, et placés le plus avantageusement sible. Mais nous apprîmes bientôt que le danger n'était pas grand. Il avait que quelques voleurs qui avaient tenté d'enlever la charge de des chameaux qui ne pouvaient pas marcher aussi vite que les autres. t-être même ce vol s'était-il fait d'accord avec quelques personnes de aravane.

e reste de l'après-midi, toutes les montagnes que nous vîmes étaient porphyre et de la plus belle couleur de pourpre; et on peut observer Ptolémée ne s'est que fort peu trompé sur leur position.

quatre heures, nous campâmes dans un endroit nommé Main-El-Ma- ck, où le sable était de la même couleur que dans la vallée d'El- nra; et nous remarquâmes que les fourmis, les seuls êtres vivants qui itent dans ces déserts, étaient d'une superbe couleur rouge, comme able.

Le 20, à six heures du matin, nous partîmes de Main-El-Mafarcck, dix heures nous fûmes rendus à l'entrée du défilé ; à onze heures, r commençâmes à descendre. Nous avions monté jusque-là depuis Ke mais presque insensiblement.

Alors nous fûmes dédommagés de l'uniformité des objets que r avions vus la veille. De chaque côté de la plaine nous trouvâmes sieurs sortes de marbres, et j'en ramassai des échantillons de douze pèces différentes que j'emportai avec moi.

A midi, nous entrâmes dans une plaine remplie d'acacias, plant égale distance. Ces arbres isolés étendent leurs branches bien davant comme si la nature les faisait croître à proportion du besoin que les v geurs ont de rechercher leur ombrage. C'est sous ces acacias que se dent les Arabes Atouni après la pluie.

Depuis notre départ de Légeta, nous n'avions pas trouvé d'eau. N n'en rencontrâmes pas davantage le jour suivant.

A droite de la vallée d'acacias, nous vîmes du porphyre et du gr d'une extrême beauté ; et dans toute la route que nous fîmes ce jour les montagnes qui bordaient notre chemin des deux côtés étaient porphyre, à l'exception de très peu d'endroits, où nous aperçûmes d pierre commune.

A quatre heures et un quart, nous dressâmes nos tentes à Korain, tite plaine presque absolument stérile ; le sol en est de gravier très fin de sable mêlé de quelques pierres, et l'on n'y voit que peu d'acacias sen de loin en loin.

Le 21, nous partîmes de grand matin de Korain, et à dix heures n passâmes dans divers défilés, étant continuellement inquiétés par la n velle que les Arabes approchaient. Cependant nous n'en vîmes aucun. I défilés que nous avions suivis nous conduisirent dans une longue pla qui tourne à l'est, ensuite au nord-est, et puis au nord ; de sorte qu'e forme une portion de cercle. Au bout de cette plaine nous trouvâmes u montagne dont la plus grande partie était le marbre, *verde anti* comme on l'appelle à Rome, et le plus beau que j'aie vu de ma vie.

Lorsque nous eûmes passé cet endroit, nous vîmes presque continuel ment des montagnes des deux côtés de notre chemin, et surtout à droi Les seules que j'examinai étaient d'une espèce de granit avec des vei rougeâtres et des taches noires, en forme carrée et triangulaire. Ces mo tagnes s'étendent jusqu'à Messag-el-Terfowey, où nous campâmes à mi Là, nous fûmes obligés d'aller chercher de l'eau à plus de cinq milles sud-est. Cette eau ne vient point de source ; on la trouve dans des grott et dans les cavités des rochers, lesquelles sont au nombre de douze ; et st impossible de dire si elles ont été creusées par la nature ou par la n des hommes, ou par tous les deux ensemble. La pluie tombe très ndamment dans cette partie du pays en février, parce que les nuages, ssés vers l'Abyssinie, se brisent contre le sommet des montagnes; s les cavités sont remplies, et les rochers suspendus qui les couvrent pêchent les évaporations.

'était la première eau fraîche que nous eussions bue depuis que nous ons quitté les bords du Nil, et la seule que nous eussions trouvée de- s Légeta; mais telle avait été la prévoyance de notre caravane, que peu gens eurent besoin de ce secours. Presque tous avaient pris une abon- te provision d'eau du Nil; quelques-uns même en avaient assez pour retour. Pour nous, nous n'étions pas dans ce cas-là. Nous avions pris vérité de l'eau du Nil; mais nous ne crûmes jamais que nous pus- s en avoir assez, tant qu'il y aurait de la place dans nos outres pour mettre davantage. Les conducteurs de mes chameaux allèrent donc en rcher dans la soirée, et je les accompagnai dans l'espérance de voir lques antilopes qui vont boire la nuit dans les citernes quand elles n'ont pu y aller le jour.

y avait une demi-heure que j'étais à l'affût au-dessus du sentier qui duit à la principale grotte, lorsqu'une antilope parut seule, marchant tranquillement; puis quatre autres vinrent sur ses traces. Quoique je eurasse caché et tranquille, la première antilope parut m'avoir dé- vert, dès l'instant que je l'aperçus moi-même. J'aurais imaginé que ait son odorat qui l'avertissait que j'étais là; mais j'avais eu soin d'ap- ter un morceau de tourbe allumée avec moi, et j'en avais laissé un au- à côté de mon cheval. Peut-être aussi était-ce cette odeur qui lui pa- sait étrange et qui l'effraya. Quoi qu'il en soit, cette antilope avait air craintif et semblait veiller pour celles qui la suivaient, et qui au de témoigner quelque inquiétude s'amusaient à jouer entre elles. La mière ralentit donc son pas et eut l'air de plus en plus soupçonneuse; s comme elle était bien à ma portée, je ne voulus pas attendre plus gtemps à lui tirer mon coup de fusil, et risquer de n'avoir rien pour enir beaucoup. Je l'ajustai si bien qu'elle ne fit qu'un saut d'environ pieds de haut et tomba raide morte la tête en bas. Je tirai aussitôt un re coup aux quatre qui s'étaient rassemblées en groupe; j'en tuai une onde, et j'en blessai une troisième qui se sauva à travers les monta- s. La difficulté de pénétrer dans ces endroits ne nous permit pas de la vre. Nous étions d'ailleurs contents de notre chasse, et nous aidâmes compagnons à puiser de l'eau.

l était près de minuit quand nous retournâmes avec notre proie et nctre eau. Nous aperçûmes de loin nos tentes toutes éclairées, ce qui pas d'usage à cette heure de la nuit. Cependant je crus que c'ét cause de mon absence; je pensai qu'on avait voulu que cette clart guidât de loin. Dès que nous fûmes à une certaine distance de n tente, on nous cria pour nous demander le mot de passe; je répondis dain : *Charlotte*. Je vis en arrivant que les Turcs, armés, montaie garde autour de la tente. Bientôt après l'Arabe Howadat vint à moi un messager de Sidi-Hassan, qui m'invitait à me rendre immédiater auprès de lui; mais, d'un autre côté, mes domestiques me prièrent tendre ce qu'ils avaient à me dire.

Je m'aperçus tout de suite qu'il était arrivé quelque fâcheuse avent je fis faire mes compliments à Hassan, en ajoutant que s'il avait be de me dire quelque chose à une heure si avancée de la nuit, il devrai nir lui-même ou envoyer quelqu'un à sa place, parce qu'il était trop pour que je fisse des visites dans le désert, et surtout ayant besoi manger et me trouvant fatigué de ma course aux citernes. Je do ordre à mes domestiques d'éteindre les flambeaux que nous n'avions coutume de tenir allumés, et de ne laisser brûler que ceux dont r avions besoin, parce que autrement c'était annoncer de la crainte; r je défendis en même temps que personne dormît; j'exceptai cependan conducteurs des animaux, qui avaient été chercher l'eau.

L'on m'apprit, en me rendant compte de ce qui s'était passé, que, dant le premier sommeil de mes gens, deux hommes s'étaient gli dans leur tente et avaient essayé de dérober un porte-manteau. M comme tous les porte-manteaux étaient attachés l'un à l'autre autou poteau qui soutenait le milieu de la tente, le bruit éveilla mes dom ques, qui saisirent un des voleurs. Les Turcs voulurent aussitôt se faire à coups de sabre de ce misérable; néanmoins, mes domestiques tinrent avec beaucoup de difficulté qu'on l'épargnât, conformément à ordres, car je voulais toujours éviter d'en venir aux dernières extrémi A la vérité, je permettais à mes gens de se servir de leurs bâtons, au que leur prudence le leur conseillait; mais cette fois-ci plusieurs d'e eux, et surtout l'Arabe Abdel-Gin, qui avait le premier arrêté le vol avaient passé les bornes de la modération. En un mot, les coups ava été si libéralement distribués, que celui qui les avaient reçus ne don plus signe de vie que par quelques gémissements, et on l'avait jet quelque distance de la tente, pour que ceux à qui il plairait de le rec naître pussent le ramasser. C'était, à ce qu'il paraissait au moins, domestique de Sidi-Hassan, Égyptien esclave ou serviteur lui-mê du sheik Haman, par l'ordre de qui il conduisait et commandait ıravane, si tant est pourtant qu'il y eût là une conduite et un comman- ement.

J'avais avec moi dix domestiques bien armés, vingt-cinq Turcs, sur squels il semblait qu'on pouvait compter, et quatre janissaires du Caire, ui s'étaient joints à nous; de sorte que nous étions quarante hommes en at de combattre, sans compter les conducteurs de nos chameaux. Comme ous avions parmi nous des gens qui connaissaient les puits du désert, t en outre un ami qui n'était point étranger aux Arabes Atouni, rien ne ouvait nous alarmer.

Nous arrachâmes avec beaucoup de peine un vieux acacia, et nous nous rocurâmes quelque fiente de chameau bien sèche, pour faire rôtir nos eux antilopes. Malgré cela, elles furent mal cuites, et la viande nous en arut exécrable, quoique d'ailleurs elle eût été assez bien préparée, et ue la sauce qu'on y joignit fût excellente. Cependant nous étions dans désert, et là on profite de tout. Nous bûmes un peu d'eau-de-vie, qui cheva notre repas, et ensuite nous nous resserrâmes en cercle auprès du eu, car la nuit était excessivement froide.

Cinq hommes armés de carabines et un grand nombre d'Arabes, la ance à la main, s'avancèrent vers nous. La sentinelle leur demanda le not de passe, et comme ils ne surent pas le dire, elle leur signifia de 'arrêter ou bien qu'elle allait faire feu sur eux. Ils crièrent alors tous la fois : *salum alicum!* Je leur fis dire que trois d'entre eux pouvaient 'avancer, mais que les autres restâssent à l'écart. Trois vinrent en effet, t bientôt ils furent suivis des deux autres. Ils m'annoncèrent de la part le Sidi-Hassan, que mes gens avaient tué un homme et qu'il me priait le lui livrer le meurtrier; enfin d'aller moi-même à sa tente pour être émoin de la justice qu'il voulait rendre.

— Aucun des gens de ma suite, répondis-je, même quand il serait rovoqué, ne donnerait la mort à personne, en mon absence, à moins ue ce ne fût pour défendre sa propre vie; et si j'avais été là lorsqu'on st venu voler dans ma tente, j'aurais certainement fait tirer sur le oleur; mais puisqu'il est mort, j'en suis bien aise, et je compte seule- nent que Sidi-Hassan me remettra celui qui s'est sauvé. Le jour va ientôt paraître, ajoutai-je, et je verrai Sidi-Hassan, lors du départ de a caravane, pour entendre ce qu'il a à dire pour sa justification.

En même temps je défendis que qui que ce fût s'approchât de ma tente usqu'à ce qu'il fît jour, sous aucun prétexte que ce pût être.

Les cinq envoyés se retirèrent en murmurant; mais il me fut impos- ible de comprendre ce qu'ils disaient. Ils ne revinrent plus. Cependant ucun de nous ne dormit. Nous nous répétâmes la promesse de nous soutenir tous mutuellement; et nous reconnûmes depuis qu'on avait voul nous traiter comme on traite ordinairement ces pauvres étrangers, le Turcs, qui sont dépouillés tous les ans en allant à la Mecque.

A la pointe du jour, la caravane fut très alarmée. On avait été inform que trois cents Arabes Atouni étaient venus puiser de l'eau à Terfowey et en effet nous avions vu beaucoup de traces qui indiquaient qu'il avait eu récemment du monde à la citerne où nous étions allés le soi Nous résolûmes, mes camarades et moi, de ne pas charger un seul d nos chameaux et de laisser partir la caravane pour qu'elle rencontrât l première les Atouni; il fut aussi décidé qu'au moment du départ j m'avancerais seul à cheval jusqu'à deux cents pas de ma tente, et qu tout le reste de ma troupe me suivrait à pied, et les armes à la main.

Hassan était aussi monté à cheval avec une centaine de ses soldats, e une multitude d'Arabes qui les suivaient à pied. Il m'envoya dire d m'avancer avec deux de mes gens seulement; mais je répondis que tell n'était pas mon intention; que cependant s'il voulait avoir affaire à moi j'irais le joindre un contre un ou trois contre six, comme il lui plairait. Alors il me renvoya un message pour m'annoncer seulement qu'i désirait me communiquer ce qu'il savait des Atouni, afin que je fuss sur mes gardes. Je lui fis répondre que je me tenais toujours sur me gardes contre toute espèce de voleurs, et que je ne distinguais point les gen qui étaient voleurs eux-mêmes de ceux qui encourageaient les autres à l'être, soit Atouni, soit Ababdé.

Pour toute réplique, Hassan m'envoya dire que la matinée était froide qu'il me priait de lui donner une tasse de café, et de faire éloigner les Turcs. Je fis aussitôt prendre la cafetière par un de mes domestiques et engageai mes compagnons à s'asseoir. Après j'allai joindre Hassan et comme il descendait de cheval, je mis pied à terre au milieu de ving ou trente de ses vagabonds, qui s'assirent auprès de nous. Il me dit alors qu'il était extrêmement surpris que, m'ayant envoyé chercher la veille, je ne me fusse point rendu à sa tente; que tout le camp murmurait de la manière dont un homme avait été battu par mes gens; qu'il avait eu beaucoup de peine à empêcher ses soldats de tomber sur nous et de nous exterminer tous; et qu'enfin j'avais tort de protéger ces Turcs, qui portaient continuellement de l'argent à la Mecque pour acheter des marchandises et les passer en fraudant les droits.

Dans ce moment mon domestique venait justement de verser une tasse de café, qu'il lui présentait.

— Attendez, lui dis-je, jusqu'à ce que nous sachions si nous sommes en paix ou non. Sidi-Hassan, continuai-je, si le moyen que vous employez

lever les droits qui vous sont dus par les Turcs est d'envoyer des
rs chargés d'enlever leur bagage dans ma tente, vous auriez dû
avertir d'avance, et je me serais arrangé en conséquence. Quant à
ne que vous dites avoir prise d'empêcher vos soldats de m'extermi-
c'est une vanterie si ridicule que je ne puis qu'en rire. Ces pauvres
es, à face pâle, qui sont autour de vous, le nez caché dans leur man-
de peur du froid, sont-ils capables de regarder entre les deux yeux
anissaires comme les miens? Parlez bas, et en arabe, quand vous
de pareils propos; car autrement il ne serait peut-être pas en mon
oir de faire pour vous ce que vous dites avoir fait pour moi la nuit
ère : je ne serais pas le maître d'empêcher qu'on ne vous exterminât
a place.

Parla-t-on jamais ainsi? dit un de ceux qui étaient derrière lui.
-moi, maître, êtes-vous un roi?

Sors de devant moi, m'écriai-je; car je jure que, si tu restes ici, on ne
pas une seule goutte de café, et je vais aussitôt remonter à cheval.
me levai, et mon domestique recula sa cafetière. Mais Hassan ordonna
homme de se retirer, et il me dit :

Non, non. Donnez-moi du café, et soyons en paix. Et il but sa
.

Maintenant, ajouta-t-il, ce qui est fait est fait. Mes les Atouni vont
attaquer au passage de Beder. Vos gens sont mieux armés que les
s. Ils sont Turcs et accoutumés à combattre. Je désirerais que vous
issiez marcher en avant; nous nous chargerions de conduire vos
eaux, quoique mes gens en mènent quatre mille des leurs, et qu'ils
t assez embarrassés de veiller sur leur blé.

Moi, répondis-je, si j'avais manqué d'eau ou d'autres provisions,
rais allé en demander aux Atouni, qui m'en auraient donné. Ne
-vous donc pas à qui vous parlez? Ignorez-vous donc que les Atouni
des Arabes amis d'Ali-Bey; que je suis moi-même chargé de sa con-
e et envoyé par lui vers le shérif de la Mecque? Les Atouni ne nous
t point de mal, à nous. Mais, comme vous dites que vous êtes le
nandant de la caravane, nous avons tous juré de ne pas tirer un
de fusil jusqu'à ce que nous vous voyions bien engagé au combat;
rs nous tâcherons d'empêcher les Arabes d'enlever le blé du shérif
Mecque, par égard pour le shérif seulement.

ces mots, ils s'écrièrent tous : « El-Fedtah! Eh-Fedtah! » et je pro-
ai aussi les paroles de paix pour mes compagnons; car aucun Turc
oulut s'approcher d'Hassan.

s-à-vis de l'endroit où nous avions campé était Terfowey, grande

montagne composée en partie de marbre vert, et en partie de gran
d'une couleur rougeâtre sur un fond gris et tacheté de marques long
et carrées. A environ quarante pas en dedans de la vallée étroite
sépare Terfowey de la montagne qui lui est opposée, il y avait le fût
la tige d'un immense obélisque de marbre presque carré. Sa base et s
sommet étaient brisés; malgré cela il avait encore trente pieds de lo
et dix-neuf pieds de face. Environ deux pieds de la base étaient parfai
ment séparés de la montagne, et tout le reste n'était détaché que par
côté. L'entrée de la carrière avait été élargie et nivelée, et le chemin p
tiqué au dessous du bloc.

Nous trouvâmes aussi plusieurs morceaux de jaspe semés dans la plai
Ils avaient des marques vertes, blanches et rouges, et étaient de l'espè
qu'on nomme en Italie *Diaspro sanguine*. Les chaînes des montagn
des deux côtés de la plaine paraissaient être d'un bout à l'autre de
même qualité; mais je ne veux point l'assurer, parce que je ne pus p
les examiner assez longtemps.

Le 22, à une heure du matin, notre caravane se remit en route, plei
de terreur de l'approche des Atouni. Nous marchions du côté de l'orie
et à trois heures nous arrivâmes aux défilés. Mais il faisait encore
obscur qu'il nous était impossible de distinguer les côtés du chemin q
nous suivions; et lorsque le jour commença à paraître, nous nous tro
vâmes au pied d'une montagne de granit, semblable à celle que no
avions vue la veille.

Nous aperçûmes une immense quantité de petits morceaux de gra
de différentes qualités ainsi que des morceaux de porphyre répandus da
la plaine. Ils sortaient probablement des anciennes carrières, et
avaient été chariés là par les torrents. Il y en avait de blancs tachet
de noir et de rouge, avec des veines vertes et des taches noires.

A la suite de cette plaine, toutes les montagnes que l'on trouve à ma
droite sont de marbre rouge. Il y en a immensément; mais il n'est p
très beau. Il nous parut que ces montagnes de marbre avaient à peu pr
la même étendue que celle de granit que nous avions rencontrées aupa
vant; et tandis qu'à notre droite le marbre était rouge, le côté gauche
nous offrait que du marbre d'un vert terne, qu'on eût dit être du marb
serpentine.

Ce spectacle est un des plus extraordinaires que j'aie jamais vus. L
premières montagnes, d'une hauteur considérable, n'avaient pas u
arbre, pas un buisson, pas même un seul brin d'herbe. Celle-ci étaie
moins hautes, mais il semblait qu'elles avaient été couvertes, les unes
tabac d'Espagne, les autres de tabac du Brésil.

Les montagnes de marbre rouge s'étendent le long de la mer, et les vaisseaux qui fréquentent le côté d'Abyssinie pouvant les observer par la latitude de 26°, je fus étonné que l'on n'eût pas imaginé que c'était là la raison qui avait fait donner à cette mer le nom de mer Rouge, plutôt que de l'attribuer à une foule de causes invraisemblables.

A huit heures, nous commençâmes à descendre rapidement. Une demi-heure après nous entrâmes dans un défilé semblable à ceux que j'ai déjà décrits, et ayant de chaque côté des montagnes de marbre vert. A neuf heures, nous vîmes à notre gauche les hautes montagnes que nous venions de passer. Nous les examinâmes attentivement, et nous reconnûmes qu'elles étaient en effet de marbre serpentine, et qu'à environ un tiers de leur épaisseur, il y avait une grande veine de jaspe vert tacheté de rouge. Ce jaspe était si dur, qu'il nous fut impossible d'en détacher des morceaux à grands coups de marteau. Cependant il portait les antiques empreintes de la main des hommes, plus qu'aucune autre partie du reste des montagnes que nous avions déjà vues. On aperçoit encore très facilement les canaux creusés jadis pour conduire l'eau au travers de la montagne, et qui venaient se terminer à la carrière de jaspe; preuve indubitable que l'eau était pour les anciens peuples un des moyens de couper et de détacher ces pierres si dures.

A dix heures nous descendions encore par un chemin très rapide, ayant de chaque côté du jaspe et du marbre vert, mais aucune autre espèce de verdure, lorsque nous eûmes la première vue de la mer Rouge. Une heure et un quart après nous arrivâmes à Cosséir.

J'avais d'abord été étonné, comme tous les voyageurs qui m'ont précédé, en voyant la prodigieuse quantité de marbre magnifique qu'on trouve dans tous les monuments de l'ancienne architecture des Egyptiens; mais mon étonnement à cet égard, ainsi qu'à bien d'autres, cessa quand j'eus traversé en quatre jours un pays où il y a plus de granit, de porphyre, de marbre, de jaspe, qu'il n'en faudrait pour bâtir Rome, Athènes, Corinthe, Syracuse, Memphis, Alexandrie, et une demi-douzaine d'autres villes pareilles. Il est vraisemblable que les chemins creux des montagnes qu'on nomme défilés ne sont point l'ouvrage de la nature, mais des hommes et qu'on a pratiqué tous les passages de cette manière, afin de rendre la descente vers le Nil aussi aisée qu'il était possible. J'ai jugé que, dans ces passages, il n'y avait guère qu'un pied de pente par cinquante pieds de chemin; de sorte que de l'endroit où l'on prenait les plus pesants blocs jusqu'au Nil, ils devaient être tirés avec le moins d'efforts possible, et en même temps assez retenus par le frottement pour qu'ils ne roulassent pas plus vite qu'il n'eût fallu, et qu'ils ne fussent pas emportés avec une vélocité contre laquelle on employait sans doute encore d'autres moyens.

Comme après mon arrivée à Cosséir j'entrepris une nouvelle excursion dans les montagnes de marbre, je vais rapporter ici toutes les observations minéralogiques que j'ai pu y faire.

On reconnaît le porphyre à un sable très fin de couleur pourpre, sans lustre, sans brillant, mais très agréable à la vue. Il est ordinairement mêlé au sable blanc et au gravier naturel des vallées. On trouve en général, dans les montagnes où est le porphyre, une espèce de marbre vert sans aucune bigarrure ; et toutes les fois que ces deux veines différentes se rencontrent, le marbre est fragile, mais le porphyre conserve sa solidité ordinaire.

Le granit est couvert de sable, et a l'air d'une pierre de couleur brune et sale. Mais cette apparence ne lui est donnée que par l'impression du soleil et le contact immédiat de l'air ; car, dès qu'on en casse un morceau, on aperçoit son beau gris, mêlé de marques noires, et orné d'une sorte de vernis rouge. Cette couleur rouge se fane bientôt à l'air ; mais quand on polit le granit, elle reparaît de nouveau dans tout son lustre. Le granit est là en bien plus grande quantité et plus près de la mer Rouge que le porphyre ; et c'est sans doute de cette carrière qu'on a tiré la colonne de Pompée.

Non loin du granit est le mabre rouge. Cependant j'ai observé que l'un et l'autre ne se trouvaient jamais dans la même montagne. Le marbre rouge est recouvert d'un sable de sa propre couleur, et on croirait de loin que toute la montagne est chargée de poussière de brique. Il y a aussi dans le même endroit un autre marbre rouge parsemé de veines blanches, tel que j'en ai vu souvent à Rome, mais non pas employé dans les beaux ouvrages antiques. J'en ai vu aussi de pareil en Angleterre.

Le marbre vert, appelé serpentine, semble être parsemé de tabac du Brésil. Auprès de ce vert, je vis deux échantillons de ce magnifique marbre qu'on nomme isabelle. L'un était embelli par un lustre tirant sur le jaune, et de cette couleur que nous appelons en Angleterre couleur de quaker (1) ; l'autre par un lustre bleuâtre, ou plutôt gorge de pigeon. Ces deux espèces de marbre forment à peu près la moitié de la montagne, dont le serpentine compose le reste. Dans la partie de serpentine ou marbre vert, j'aperçus aussi une veine de jaspe ; mais comme je n'eus pas le temps de l'examiner attentivement, il m'est impossible

(1) C'est une espèce de couleur ventre de biche, un peu foncée.

d'assurer s'il était de la qualité de celui qu'on nomme jaspe sanguin ou du jaspe plus commun.

J'aurais dû parler d'abord du *verde antico*, de ce marbre d'un vert foncé et orné de marques blanches et irrégulières; car il se trouve plus près du Nil que les autres, et il est, d'ailleurs, le plus précieux de tous. Ce marbre est comme le jaspe au milieu des montagnes de marbre vert ou serpentine, et il n'est point recouvert par un sable particulier, dont la couleur puisse le faire reconnaître. On trouve avant une pierre bleue, d'un grain très uni, très solide, et sans aucunes taches différentes. Quand on la brise, elle est un peu plus légère que l'ardoise, et plus belle que beaucoup de marbres; et, dès qu'elle est polie, elle est semblable à la lave des volcans. Après avoir enlevé cette couche de pierre, on découvre les lits de *verde antico*.

En divers endroits de la plaine, il y avait plusieurs petits morceaux de marbre africain dispersés; cependant je ne découvris aucune montagne, ni même aucune veine de cette espèce de marbre. J'imagine que les morceaux que je vis sortaient du cœur de quelque autre marbre coloré, et placé par degrés comme le *verde antico* et le jaspe. Ces immenses carrières de marbre sont placées dans une chaîne de montagnes d'où l'on descend également à l'orient et à l'occident vers le Nil et vers la mer Rouge. Le terrain en plaine est rempli d'un gravier solide propre à supporter le charroi des plus pesants fardeaux, qu'on peut aisément conduire jusqu'au lieu de l'embarquement sur le Nil.

Cette remarque fit encore cesser un de mes étonnements, celui que m'avait causé le transport de ces énormes blocs de marbre que les anciens conduisaient à Thèbes, à Memphis. à Alexandrie.

Cosséir est un petit village entouré de murailles de boue sur le bord de le mer Rouge et au milieu de ces amoncellements de sable que le vent rassemble et disperse alternativement. Il est défendu par un château carré construit en pierres de taille, avec des tours carrées dans les angles; il y a trois petits canons de fer et un de bronze, tous en fort mauvais état. Ces canons ne servent absolument qu'à épouvanter les Arabes et à les empêcher de piller le village quand on y a déposé le blé qu'on veut transporter à la Mecque dans les temps de famine. Les murs ne sont pas très élevés, et ils n'auraient point, en effet, besoin de l'être si les canons étaient bien en ordre; mais comme il en est tout autrement, on a exhaussé les remparts avec de l'argile ou de la boue pour empêcher que les soldats qui défendent Cosséir ne soient sous la portée des armes à feu des Arabes, lesquels pourraient sans cela les commander du haut des montagnes de sable des environs.

Il y a au nord-ouest du château plusieurs puits d'eau saumache que j rendis potable en la faisant filtrer à travers du sable, et cela seulemen pour en faire l'épreuve. L'eau qu'on boit ordinairement à Cosséir vient d Terfowey, qui en est à une bonne journée de chemin.

Ce qu'on appelle le port de Cosséir se trouve au sud-est. Il n'y a ric qu'un rocher qui s'étend à environ quatre cents pas dans la mer et abrit les vaisseaux qui sont à l'ouest contre les vents de nord et de nord-est comme les maisons de la ville les défendent du vent d'ouest.

Il y a dans la ville un grand enclos entouré de hautes murailles d terre où chaque commerçant a un magasin pour renfermer son blé et se autres marchandises, qui ne consistent guère qu'en toiles des Indes pou la consommation de la Haute-Égypte. C'est là tout ce qu'on porte Cosséir, depuis que le commerce de Dongola et de Sennaar a été interrompu.

J'avais des ordres du sheik Haman pour loger dans le château. Mai quelques heures avant mon arrivée, Hussein-Bey-Abou-Kersh avait dé barqué venant de la Mecque et de Jidda, et il s'était emparé des apparte ments qu'on m'avait destinés. C'était un des beys errants qu'Ali-Bey avai vaincus et chassés du Caire. On l'avait surnommé Abou-Kersh, c'est-à dire le père au gros ventre, à cause de son extrême grosseur; mais depui ses revers il était un peu moins gros. Mes gens, qui me précédaient croyant qu'un ami du bey victorieux devait jouir de plus de consideratio qu'un bey banni, déposèrent une partie de mon bagage dans le châtea au moment où ce potentat en prenait possession. Soudain le sabre fu tiré et on menaça de mort mes pauvres domestiques, qui s'enfuirent e se cachèrent jusqu'à mon arrivée.

Dès qu'ils vinrent se plaindre à moi, je leur dis qu'ils avaient eu tort qu'un souverain devait jouir partout de ses droits, et que ce n'était poin à moi à juger s'il en avait le pouvoir ou non. Je me procurai facilemen une maison, et j'envoyai faire mes compliments au bey par un des quatre janissaires du Caire qui s'étaient joints à nous. Je lui fis dire en même temps que je le priais de me rendre mes effets et d'excuser l'ignorance de mes domestiques qui ne savaient point qu'il était à Cosséir; mais que d'après le firman du grand seigneur et les lettres du bey et de la porte des janissaires du Caire dont j'étais muni, ils avaient pensé que j'avais droi de me loger au château s'il n'avait pas déjà été occupé par lui.

Il se trouva par hasard qu'un de mes intimes amis, Mahomet-Topal capitaine d'un des grands vaisseaux du Caire, qui font le commerce d'Arabie, étant le compagnon du bey, l'avait amené voir à Jidda le capitaine Thorenhill, et quelques autres de nos capitaines anglais, dont l cieuse coutume est de faire beaucoup de civilités à ces sortes de per- nages.

Iussein-Bey adressa beaucoup de questions au janissaire, qui lui dit j'étais Anglais, protégé du grand seigneur et du bey du Caire, et que humanité, par charité, j'avais fourni de l'eau et d'autres provisions à étrangers turcs avec qui nous avions traversé le désert. Hussein parut rs très fâché de la conduite de ses gens qui avaient tiré le sabre contre s domestiques, et taillé en pièces mon tapis et quelques cordes. Il or- ına de son propre mouvement à son kaya, ou premier lieutenant, de tter son logement; et, au lieu de me renvoyer mon bagage, il le fit ter dans l'appartement du kaya. Mais je refusai absolument de profiter sa politesse. Je lui fis dire que je savais qu'il n'était là que pour quel- s jours, et que comme j'y resterais moi-même plus longtemps, je me itenterais de prendre son logement lors de son départ pour mettre mes ts à l'abri des Arabes; mais qu'il n'y avait aucun risque à courir pen- ıt qu'il était dans la ville. J'ajoutai que j'irais lui présenter mon res- t dans la soirée, quand la chaleur serait moins forte. J'y allai, en effet, e lui portai un petit présent auquel il ne s'attendait sûrement pas. us nous fîmes réciproquement beaucoup de civilités. Les Turcs, qui ient été mes compagnons de voyage, étaient tous chez lui, et il me ına à plusieurs reprises beaucoup de louanges pour la charité, la géné- ité, l'humanité que j'avais exercées envers eux.

es Turcs, trouvant une occasion d'être favorablement écoutés, ne man- rent pas de porter des plaintes contre l'Arabe qui avait tenté de les voler ıs le désert. Hussein-Bey me demanda si cela était arrivé dans ma tente.

— Non, lui répondis-je, mais dans celle de mes domestiques.

— Pour quelle raison, ajouta-t-il, vous autres Anglais qui connaissez si n ce que c'est qu'un bon gouvernement, n'avez-vous pas donné ordre on fît tomber devant la porte de votre tente la tête du coupable, tandis il était entre vos mains ?

— Bey, répliquai-je, je sais ce que c'est qu'un bon gouvernement; mais anger et chrétien, je n'ai aucun titre pour exercer le pouvoir de vie et mort dans ce pays. Il n'est qu'un seul cas où je me le permettrais : ce ait celui où un homme attenterait à mes jours. Alors je crois que je ais en droit de me défendre, quelles qu'en pussent être les conséquen- pour l'agresseur.

Mes gens prirent l'Arabe sur le fait. Ils savaient de moi que dans ces tes d'occasions il fallait châtier le voleur, de manière à le mettre hors tat de dérober pendant deux mois. Ils le firent, et cette punition, exer- de sang-froid, était suffisante.

— Pour moi, reprit le bey, je ne suis jamais de sang-froid avec de reils coquins. Va, dit-il en parlant à un de ses soldats, dis de ma pa: Hassan, le chef de la caravane, que si l'Arabe qui a voulu dérober n pas pendu demain avant le lever du soleil, je le chargerai de fers même, et le traînerai ainsi jusqu'à Furshout.

Sitôt qu'il eut donné cet ordre, je lui dis en le quittant :

— Hussein-Bey, profitez de mes conseils; ayez un vaisseau et fa partir ces Turcs pour la Mecque, avant que vous ne sortiez vous-mêm la ville; autrement soyez certain qu'ils répondront tous de la mort l'Arabe, et que peut-être ils seront dépouillés et massacrés dès que v ne serez plus là.

C'était tout ce que je pouvais faire pour les mettre à l'abri du resse ment qui les menaçait. Mes avis furent suivis, et les pauvres Turcs s' barquèrent le lendemain matin avec beaucoup de satisfaction. Qu au voleur, on ne lui fit rien sous prétexte qu'il s'était évadé.

Tandis que j'étais à Cosséir, la caravane de Syène y arriva, esco par quatre cents Arabes Ababdé, tous montés sur des chameaux et ar chacun de deux courtes javelines. Leur manière d'aller sur leurs mo res me parut très singulière. Il y avait sur chaque chameau deux pet selles, sur lesquelles étaient deux hommes adossés l'un contre l'au Cela peut être commode pour eux, mais je suis sûr que s'ils nous ava livré un combat, chacune de nos balles aurait tué deux cavaliers. J'ign pourtant quel eût été leur avantage.

Toute la ville fut épouvantée à l'arrivée de tant de barbares, qui connaissent d'autres lois que leur caprice. Ils conduisaient mille c meaux, chargés de blé destiné pour la Mecque. Tous les habitants fer rent leur porte, et je fis comme eux. Le bey m'envoya dire de venir r tablir dans le château. Mais je n'avais pas peur; et apprenant que Arabes étaient de la nation du sheik Nimmer, je résolus d'éprouver s pouvais me fier à eux dans le désert. Je me contentai de mettre en sûr dans une chambre du château, mes instruments, ma pharmacie, mes piers, mon argent et mes autres effets les plus précieux. On en ferm porte, sur laquelle le bey fit clouer des pièces de bois en travers ; on m remit la clef, et on y plaça une sentinelle pendant le jour, et deux p dant la nuit.

Le lendemain matin j'étais allé me promener sur le port, et je m'ar sais à chercher des coquillages, quand j'aperçus un de mes domestiq qui courait vers moi d'un air effrayé. Il m'avertit que les Ababdé avai reconnu qu'Abdel-Gin était un des Atouni, leurs ennemis, et l'avai déjà égorgé, ou que du moins ils étaient prêts à le faire; car il les av vus le saisir avec tant de fureur, qu'il était impossible qu'ils l'épargnassent une minute.

Mon domestique avait eu la précaution de m'amener un cheval sur lequel je montai immédiatement, persuadé qu'il n'y avait pas de temps à perdre. En habit de pêcheur, et avec un turban rouge sur la tête, je traversai la ville au grand galop. Si j'étais alarmé moi-même, je ne manquai pas d'effrayer beaucoup d'autres personnes. Loin de penser que je courais au devant du danger, on croyait que la crainte du péril occasionait ma fuite précipitée. Je dis seulement en passant à mon domestique de m'envoyer deux de mes gens, à qui le bey ferait donner des chevaux.

Cependant à peine eus-je fait un mille au milieu des sables, que je commençai à réfléchir sur la témérité de ma démarche. J'allais m'aventurer au milieu du désert, parmi une troupe nombreuse de sauvages, habitués au meurtre et au pillage, et par lesquels, selon toute apparence, je ne serais pas moins maltraité que l'homme que je voulais sauver. Mais voyant une foule à un demi-mille devant moi, et pensant que c'était là qu'on massacrait peut-être ce pauvre, honnête et bon Abdel-Gin, je ne m'occupai que de lui, et j'oubliai ma propre sûreté.

Six ou sept Arabes à cheval m'environnèrent aussitôt, et commencèrent à parler entre eux dans leur langage particulier. J'avoue que je ne fus pas alors très content de ma situation. Ils pouvaient facilement me donner un coup de lance par derrière, enlever mon cheval, et après m'avoir dépouillé de tous mes habits, m'enterrer dans un tas de sable, s'ils étaient encore assez humains pour prendre cette peine.

Cependant je rassemblai tout mon courage, et leur dit d'un ton plein d'assurance :

— Quels sont les hommes que je vois en avant?

— Après un moment de silence, ils me répondirent :

— Ce sont des hommes.

Ensuite ils se regardèrent entre eux avec une mine assez singulière, et comme s'ils avaient voulu se dire :

— Voilà un étrange personnage!

— Sont-ce des Arabes? repris-je ; viennent-ils de Sheik-Ammer?

L'un d'eux fit un signe de tête, et murmura plutôt qu'il ne répondit :

— Oui, ce sont des Ababdé de Sheik-Ammer.

— Alors, dis-je, Salam Alicum, nous sommes frères. Comment se porte Nimmer? Qui vous commande ici? Où est Ibrahim?

Au nom de Nimmer, au nom d'Ibrahim, leur contenance changea, non qu'ils prissent un air plus doux et plus poli, mais ils me regardèrent avec une grande surprise. Ils ne m'avaient pas encore rendu mon salut : La paix soit entre nous! mais un d'eux me demanda qui j'étais.

— Apprends-moi plutôt, lui dis-je, qui je vois là-bas?

— C'est, répondit-il, un Arabe, notre ennemi, coupable d'avoir répandu notre sang.

— Non, répliquai-je, c'est un de mes domestiques, un Arabe Howadat. Sa tribu vit en paix aux portes du Caire, comme la vôtre vit à Sheik Ammer aux portes d'Assouan. Mais je vous demande encore où est Ibrahim, le fils de votre sheik.

— Ibrahim est à notre tête. C'est lui qui nous commande ici. Mais qu êtes vous?

— Venez avec moi, lui dis-je, faites-moi voir Ibrahim, vous apprendrez que je suis.

Je laissai cette troupe, pour en trouver une autre, au milieu de laquelle était le pauvre Abdel-Gin, attaché par le cou, à moitié étranglé avec une corde de crin, et me criant de toute sa force de ne pas l'abandonner. Je marchai promptement vers la tente noire, au bout de laquelle je vis une longue lance plantée, et je trouvai à la porte Ibrahim et son frère avec sept ou huit Arabes. Ibrahim ne me reconnut pas tout de suite; mais je descendis de cheval, et à peine touchai-je le poteau de la tente en disant *fiardue* (1), que les deux frères se rappellèrent mes traits :

— Eh quoi! me dirent-ils, êtes-vous Yagoubé, notre médecin, notre ami?

— Laissez-moi plutôt vous demander, leur répondis-je, si vous êtes vous-mêmes les Ababdé de Sheik-Ammer, qui avez prononcé une malédiction sur vous et sur vos enfants, si vous leviez la main contre moi ou contre les miens, soit dans le désert, soit dans les champs labourés? Si vous vous êtes repentis de ce serment, ou si vous ne l'avez fait que pour me tromper, je viens me remettre en vos mains dans le désert.

— De quoi s'agit-il donc? reprit Ibrahim. Nous sommes les Ababdé de Sheik-Ammer, nous n'avons aucun étranger parmi nous, et nous disons encore : Maudit soit celui d'entre nos pères ou nos enfants qui lèvera la main contre vous dans le désert, ou dans les champs labourables.

— Ainsi, lui dis-je, vous êtes tous maudits ici, car un grand nombre de vos Arabes sont prêts à assassiner un de mes gens. Ils l'ont pris, à la vérité, dans ma maison en ville, qui peut-être ne se trouve pas comprise dans votre serment, car ce n'est ni le désert ni un champ labourable.

(1) Ce mot signifie : je suis sous votre protection.

J'étais véritablement irrité en prononçant ces paroles.

— Bon! dit Ibrahim. Que signifie cette moquerie? une telle distinc-
n serait une absurdité. Qui sont ceux de mes Arabes qui ont assez
utorité pour prendre des prisonniers et pour les assassiner tandis que
suis ici? Que l'un de vous, ajouta-t-il en parlant à ses gens, monte sur
cheval de Yagoubé, et m'amène cet homme.

Alors revenant à moi, il me pria d'entrer dans sa tente, et de m'as-
oir.

— Que Dieu m'abandonne, moi et les miens, si l'un d'eux, ayant touché,
mme vous le dites, un cheveu de la tête de votre domestique, il boit
core des eaux du Nil.

Plusieurs Arabes, qui m'avaient vu à Sheik-Ammer, se rassemblèrent
ors autour de moi, les uns pour me demander des conseils sur quelque
aladie, les autres pour me faire compliment; d'autres aussi m'importu-
rent par une foule de questions oiseuses. Mais enfin Abdel-Gin parut
ec quarante ou cinquante Ababdé. Il n'avait plus de corde autour du
u. Une violente altercation s'éleva entre Ibrahim et ses gens. Ils par-
ient dans leur langage particulier que je n'entendais point. Tout ce qu'il
e fut possible de comprendre, c'est que ceux qui avaient arrêté Abdel-
in furent violemment réprimandés, car tous les autres leur dirent quel-
ues duretés, en désapprouvant leur action.

Pendant tout le temps que dura l'explication, j'entendis souvent pro-
oncer le nom d'Hassan-Sidi-Hassan. Je commençai alors à soupçonner
uelque chose de la vérité; et ayant demandé en arabe ce que c'était que
Sidi-Hassan, j'appris tout le secret.

L'on peut se rappeler que l'Arabe Abdel-Gin fut celui qui saisit le do-
estique du chef de la caravane, Sidi-Hassan, lorsque ce domestique se
lissa dans ma tente pour dérober un des porte-manteaux des Turcs;
u'alors mes gens battirent le voleur jusqu'à le laisser pour mort sur la
lace, et que depuis Hussein bey ordonna, sur la plainte des Turcs, qu'on
endît ce misérable. Pour se venger, Sidi-Hassan dit aux Ababdé qu'Abdel-
in était un espion des Atouni; qu'il avait été reconnu pour tel dans la
aravane; que son but était de savoir le nombre des Ababdé, et de les
ire surprendre par ses compagnons. Sidi-Hassan se garda bien de dire
lors qu'Abdel-Gin était mon domestique, et que j'étais à Cosséir. De
orte que les Ababdé crurent pouvoir sacrifier justement ce pauvre
rabe.

Tout se termina par des assurances d'amitié. On me demanda quelques
ouveaux remèdes pour Nimmer et on me fit beaucoup de remercîments
our ceux que j'avais déjà donnés. Une immense quantité de viande, fort

bien préparée dans des plats de bois, nous fut servie, et nous bûmes l'eau fraîche des rochers de Tersowey.

Pendant ce temps, deux de mes gens et trois de la suite d'Hussein-B vinrent avec beaucoup d'inquiétude pour s'informer de ce qui se passa mais comme ils ne se souciaient pas plus de la compagnie des Arabes q les Arabes de la leur, je les renvoyai pour apprendre mon aventure bey. Bientôt après je pris moi-même congé des Ababdé, emmenant av moi Abdel-Gin, qui avait été habillé des pieds jusqu'à la tête par Ibrahi Ce sheik nous donna deux de ses Arabes pour nous accompagner en c d'accident.

Je ne puis m'empêcher de m'accuser ici d'une chose que je regar maintenant comme un grand mal; mais j'étais si indigné alors cont Sidi-Hassan, qu'en quittant Ibrahim, je m'oubliai jusqu'à lui dire :

— A présent, sheik, que j'ai fait tout ce que vous avez désiré, sans attendre jamais aucune récompense, la seule chose que je vous demand rai, et qui sera probablement la dernière, c'est que vous me vengiez cet Hassan, qui est tous les jours en votre puissance.

Alors il me tendit la main, en disant :

— Hassan ne mourra point dans son lit, ou je ne parviendrai jama jusqu'à la vieillesse.

Nous retournâmes très satisfaits à Cosséir, où je remarquai que m liaisons imprévues avec les Ababdé me donnaient une considération q me mettait à l'abri de tout danger, d'autant qu'on avait vu en mêm temps que j'étais aussi l'ami des Atouni, puisque j'avais sauvé un Ara de leur tribu.

Le bey voulut absolument que je soupasse avec lui. Je lui racont toute l'histoire; ce qui parut l'étonner beaucoup, car il s'écria plusieu fois :

— Men Ullah ! men Ullah ! muctoub ! mots qui signifient : « C'est volonté de Dieu ! c'est la volonté de Dieu ! cela était ainsi écrit !

Et quand j'eus fini, il me dit :

— Je ne veux point laisser ici ce traître avec vous pour vous inquiéte encore. Je veux l'obliger à me suivre à Furshout, comme c'est so devoir.

Il l'y obligea en effet; mais à mon grand étonnement, Sidi-Hassan, qu ne pouvait ignorer ni ce qui venait de se passer, ni les plaintes que j'avai portées contre lui au sheik Hamam, vint à moi avant son départ, tandi que je prenais du café avec le bey, et me remit un morceau de papie contenant une adresse et une note, avec prière de lui acheter un sabre à l Mecque.

il paraît que ces sortes de sabres sont fabriqués en Perse; et comme ne comprends point les mots dont se servit Hassan pour les désigner, les copie ici, afin qu'on puisse connaître le véritable nom de ces sabres cellents; ils sont appelés *suggaro tabanne haresanne agemmi.*

Quoique assez accoutumé à dissimuler mon ressentiment, il m'était npossible, après le tour que Sidi-Hassan avait voulu me jouer avec les babdé, de me contraindre avec lui. Je jetai le papier aux pieds du bey, disant à Hassan :

— Ce sabre si précieux serait inutile, même déplacé, dans les mains un lâche, d'un traître tel que vous; car vous ne pouvez pas ignorer que sais bien que vous l'êtes.

Il regarda le bey, comme pour se plaindre à lui d'une pareille insulte; ais le bey lui dit sans aucun ménagement :

— Cela est vrai, Hassan, cela est vrai. Si j'étais à la place d'Ali-Bey, que vous en eussiez usé envers aucune des personnes qui me sont tachées, ou même avec aucun étranger, comme vous en avez usé avec i, je vous ferais planter sur un pieu dans le marché, jusqu'à ce que s enfants vous eussent assommé à coups de pierres. Il s'est plaint de ous dans une lettre au sheik Hamam, et je veux déposer moi-même que otre conduite n'est pas celle d'un vrai Musulman.

Tandis que j'avais été avec les Ababdé, on avait aperçu un vaisseau détresse, et tous les canots de la rade étaient allés à son secours et avaient toué dans le port. C'était précisément le vaisseau qui portait s vingt-cinq Turcs, et qu'on avait trop chargé. Rien n'est si dangereux ue de s'embarquer sur cette côte : car les vaisseaux qui y naviguent sont point pontés, on les remplit de blé d'un bout à l'autre, et on met icore une planche dans l'échancrure qui se trouve entre la partie élevée u devant et celle de derrière, et qui ferme à peu près tout ce qui reste au essus des vagues. Des sacs, des voiles goudronnées, des nattes, sont endues sur le blé; et c'est là que les passagers couchent. Lorsque la er est un peu agitée, et qu'elle entre dans le vaisseau, le blé gonfle rodigieusement, et augmente tellement de poids que le vaisseau en-nce, et, l'eau entrant dans l'échancrure que l'on a fermée avec une lanche, il est bientôt submergé.

Quoique chaque jour voie arriver quelque accident semblable et pro-enant de la même cause, le désir de gagner de l'argent dans ces sortes charrois, qui n'ont lieu qu'une fois par an, est tel que tous les vais-eaux partent non moins chargés que ceux qu'un chargement trop consi-érable a fait périr. C'est justement ce qui arriva à celui où étaient les ingt-cinq Turcs. Impatients de s'éloigner de Cosséir, ils ne voulurent pas attendre que le beau temps fût sûr. *Ullah kerim!* s'écrièrent-i « Dieu est puissant et miséricordieux. » Et sur cela ils entreprirent u navigation où, en vérité, il ne fallait pas moins d'un miracle pour sauver.

Ces Turcs se rendirent tous à terre, excepté un seul, le plus jeune et plus aimable, qui, ayant eu le malheur de tomber par dessus le bo s'était noyé. Le bey les accueillit avec beaucoup d'humanité, et les fraya de tout; mais la mer les avait tellement effrayés qu'ils étaient pr que résolus de ne plus se rembarquer.

Le bey était venu de Jidda, dans un petit vaisseau très solide, q était du port de Shéber (1), d'où on l'avait expédié chargé d'encer denrée ordinaire qui sort de ce port. Le raïs avait des affaires à T dans le fond du golfe, et il pria le bey de me le recommander. Je n'av moi-même nul besoin d'aller à Tor; mais comme je m'étais en quelq sorte lié d'amitié avec ce raïs, d'après les fréquentes conversations q nous avions eues ensemble, et qu'il se vantait, comme mon derni patron, d'être un grand saint, espèce de caractère que je croyais pouv ménager à ma fantaisie, je proposai au bey de contribuer avec moi à compenser ce capitaine, pour qu'il portât nos amis les Turcs à Yamb afin qu'ils ne fussent pas privés du bonheur qu'ils espéraient de le voyage au tombeau du prophète, et pour lequel ils avaient déjà pris ta de peine. Je promis en même temps au raïs qu'à son retour de Yambo frèterais son vaisseau pour un mois; et comme j'avais alors formé dessein de visiter la mer Rouge jusqu'au détroit de Bab-el-Mandeb, s'engagea à se conformer à mes ordres jusqu'à ce que je voulusse le re voyer.

Rien ne pouvait être plus agréable que cet arrangement, aux dif rentes personnes qui y étaient intéressées. Le bey promit de ne pas quitt Cosséir jusqu'à ce que le vaisseau eût mis à la voile; moi, je m'oblige de le prendre à son retour; et comme le raïs, en sa qualité de saint, no assura que, si quelque rocher se rencontrait sur son passage, il se ra gerait à côté, ou deviendrait mou comme une éponge, ainsi que cela l était déjà plusieurs fois arrivé, personne ne redouta plus aucun dang pour ce voyage.

Tout allait ainsi à notre satisfaction, quand malheureusement les Tur rencontrèrent, en allant s'embarquer, Sidi-Hassan, qu'ils regardaien avec raison, comme l'auteur de toutes leurs infortunes. Les vingt-quat à la fois tirèrent leurs épées, et sans attendre des sabres de Perse, comm

(1) C'est sur la côte de l'Arabie heureuse, *Siagrum Promontorium.*

lui, ils voulaient le tailler en pièces : mais ils portaient de grandes culottes de drap à la hollandaise, ce qui les empêchait de courir, et Sidi, qui n'était point embarrassé par les siennes, se sauva avec beaucoup d'agilité. Cependant on lui tira plusieurs coups de pistolet, dont un lui attrappa le derrière de l'oreille. Il se réfugia sous la protection du bey; et nous ne le revîmes plus.

CHAPITRE IX

: au Jibbel-Zumrud. — Retour à Cosséir. — Le chevalier Bruce s'embarque à Cosséir. — Il visite les îles de Jaflateen. — Il arrive à Tor.

bey et les Turcs partirent de Cosséir pour leurs différentes destina-. Je fis embarquer avec les Turcs mon Arabe Abdel-Gin; et non-seu-nt je lui offris un présent, mais je le recommandai à mes géné-compatriotes, qui étaient à Jidda, si par hasard il allait dans cette

me logeai alors dans le château; et comme les Ababdé m'avaient ra-des choses fort étranges de la montagne des Émeraudes, je résolus ire un voyage en attendant le retour de mon raïs.

était impossible de savoir la distance de cette montagne par le rap-des gens du pays. Quelquefois on la disait éloignée de vingt-cinq s, quelquefois de cinquante, ensuite de cent; puis Dieu sait combien tait reculée!

pris un homme qui avait été deux fois à cette montagne des Éme-es; je frétai le meilleur vaisseau qui fût dans le port, et le mardi ars, environ une heure avant l'aube, nous fîmes voiles de Cosséir, un vent de nord-est. Ce vent était très modéré, et nous longeâmes la extrêmement récréés par la vue des montagnes de marbre vert ou e qui la dominent.

tre vaisseau n'avait qu'une voile, tissue avec des feuilles d'une espèce almier qu'on appelle *doom*, et semblable à une épaisse natte de e. Elle était attachée en haut, et on la tirait comme un rideau, mais e pouvait pas la baisser avec une vergue, comme une voile ordinaire; orte que dans un mauvais temps, si la voile avait été ferlée, elle serait devenue si pesante que le vaisseau eût été renversé, ou le mât brisé e porté. Mais, en revanche, les planches du vaisseau étaient bien co ensemble, et il n'y avait pas un clou, pas un seul morceau de fer toute la construction du bâtiment. Aussi quand on frappe contre qu rocher avec de tels vaisseaux, il arrive peu de dommage. Mais com ne m'y fiais point, j'insistai pour que nous allassions tout doucem long de la côte.

La terre que nous avions sous le vent appartenait à nos ami Ababdé. Il était aisé de ramasser beaucoup de coquillages sur tou hauts fonds que nous rencontrions. J'avais mis dans le vaisseau q outres d'eau fraiche, lesquelles étaient grosses comme des muid avaient chacune une bouée bien attachée avec une corde ; de sorte q nous avions fait naufrage près de terre, nous nous serions procuré d en frottant deux morceaux de bois l'un contre l'autre, et je ne douta que nous ne pussions recevoir des secours avant d'être à la dernièr trémité. Il n'y aurait eu un grand danger pour nous qu'en sombra large, de quoi je n'avais guère peur.

Le 15, à 9 heures du matin, nous vîmes un grand rocher qui s'él comme une colonne du sein de la mer. Je crus d'abord que c'étai partie du continent ; mais je reconnus bientôt que c'était une île. île est à environ trois milles du rivage, de forme ovale, et s'élevan à coup vers le milieu. On la nomme dans le langage du pays Ji Siberget ; ce que nous rendons par montagne des Émeraudes.

Le 16, à la pointe du jour, je pris avec moi l'Arabe de Cosséir, qui naissait l'île, et nous débarquâmes dans un endroit parfaitement dé Nous trouvâmes d'abord un sable mouvant, comme celui de Cossé ensuite un sol plus solide, où il n'y avait pour toutes plantes que rhue et de l'absinthe. Nous nous enfonçâmes, à environ trois mille rivage, dans un pays toujours non moins désert, où on ne voyait quelques acacias répandus çà et là, et enfin nous parvînmes au pied montagne. Je demandai à mon guide le nom de cet endroit, il me r dit qu'on l'appelait Saïel.

Au pied de la montagne ou à environ sept pas au-dessus de sa ba y a cinq trous ou puits dont le plus grand n'a pas quatre pieds de di tre. On les nomme les puits de Zumrud ; et c'est de là, dit-on, que le ciens tiraient des émeraudes. Nous n'avions ni le dessein d'entrer ces puits, ni ce qu'il nous eût fallu pour pouvoir y descendre, d'autan l'air y est vraisemblablement très mauvais. Je ramassai des chande et quelques fragments de lampes, pareils à ceux qu'on rencontre par lions en Italie. Je trouvai aussi quelques très petits morceaux de ce vert et fragile qu'on nomme siberget et bilut en Éthiopie, et qui est ût-être le zumrud et le smaragdus décrit par Pline, mais non l'émeraude nnue depuis la découverte de l'Amérique, dont la qualité est bien diffénte. La véritable émeraude du Pérou n'a pas moins de dureté que le rubis.

Pline compte douze sortes d'émeraudes, et nomme les différents pays on les trouvait. Plusieurs auteurs ont cru que le smaragdus des Latins it une espèce de jaspe très fin. Pomet nous assure que c'est un minéqui se forme dans les mines de fer, et il dit qu'il avait une émeraude il y avait encore du fer attaché. Si cela était vrai, les plus belles émeudes ne viendraient point du Pérou, où jusqu'à présent on n'a pu couvrir du fer.

A l'égard des émeraudes orientales qui viennent, dit-on, de l'Inde, elles nt maintenant bien connues, et leur prix est à peu près fixé ; mais toute tre industrie, toute notre avarice n'a pas encore pu découvrir dans ce ys-là une mine de ces pierres. Il n'y a certainement point de doute que émeraudes ne fussent connues dans les Indes orientales, lorsqu'on a uvé le passage du cap de Bonne-Espérance. Il n'y en a pas non plus e les Romains n'en tirassent de ces contrées lointaines. Cependant les eraudes étaient excessivement rares dans l'antiquité, et on en faisait tel cas que c'était un crime pour un artiste que de graver sur une émeide.

Il est probable que quelque ancien peuple de l'Orient était en commucation avec le Nouveau-Monde, bien longtemps avant que nous y sonassions nous-mêmes. Les émeraudes qu'on en avait tirées sont les mes qui passèrent ensuite en Europe et qu'on nomma les émeraudes entales, jusqu'à ce qu'elles fussent confondues avec les péruviennes, nt les Juifs et les Maures portèrent une grande quantité dans l'Inde rès la découverte de l'Amérique.

Mais ce qui prouve invinciblement que nous ne sommes point d'accord ec les anciens sur l'émeraude, c'est ce que Théophraste dit avoir vu is dans des livres des premiers Égyptiens, au sujet d'une émeraude de atre coudées, ou six pieds de long, qui avait été envoyée en présent à n de leurs rois.

Il rapporte également qu'il a vu en Égypte, dans un des temples de piter, un obélisque de soixante pieds de hauteur fait avec quatre émeudes. Et Roderic de Tolède dit que, quand les Sarrasins s'emparèrent cette ville, Tarik, leur chef, avait une table d'une émeraude de trois nt soixante-cinq coudées, ou cinq cent quarante-sept pieds et demi de ng. Les histoires des invasions des Maures en Espagne parlent de aucoup d'autres émeraudes à peu près pareilles.

Après avoir satisfait ma curiosité dans les montagnes des Émerau sans avoir rencontré une seule créature vivante, je repris le chemin mon vaisseau, où je trouvai un excellent dîner de poisson tout prê était composé de trois différentes espèces de poissons qu'on nomme ser, surrumbac et nhoude-el-benaat. Le bisser semble être de l'espèce huîtres; mais ses deux coquilles sont également courbes et concaves elles ont sur le côté une jointure faite comme une charnière, ou pl comme un gond, par où elles s'ouvrent. Ce poisson est barbu, con quelques huîtres qu'on ne mange pas et qu'on jette. Nous en trouvâ quelques-uns de deux pieds de long. Mais le plus grand qu'on ai mais vu est celui qui sert de bénitier dans l'église de Notre-Dam Paris.

Le second poisson dont nous mangeâmes était le concha Veneris, a de longues pointes; le troisième avait des coquilles d'une extrême bea en forme pyramidale, d'environ quatre pouces de hauteur, et d'une leur superbement variée de vert et de nacre de perle.

Tous ces poissons ont un goût poivré, et on les regarde comme salubres. Il est d'ailleurs d'autant plus commode qu'ils portent avec ce goût d'épice que les voyageurs comme moi se chargent raremen pareilles drogues.

Indépendamment d'un grand nombre de beaux coquillages, que ramassâmes, nous choisîmes aussi plusieurs branches de corail, de ralines, des yusser, et plusieurs autres curiosités précieuses pour l'his naturelle.

Nous avions alors tout ce qui nous était nécessaire. Le temps très paraissait ne pas devoir changer. Plein d'ardeur pour voyager, regrettions seulement de n'avoir pas pris une fois pour toutes cong Cosséir pour nous rendre à Jidda.

Dans cette heureuse disposition, nous remîmes à la voile, et, le le main 17, à huit heures du matin, nous nous trouvâmes à environ lieues d'une petite île, connue du pilote sous le nom de Jibbel-Macc Cette île est au moins à quatre milles de la terre ferme, et elle est élevée; de sorte qu'en mer on peut la voir, je crois, de plus de huit lie mais on ne la distingue pas ordinairement du continent.

La côte de la grande terre qui s'étend du Jibbel-Siberget à Macou une direction presque nord-ouest et sud-est, s'allongeant en forme de montoire; puis elle change de direction, s'étend au nord-est et sud-o et se termine en une petite baie. Aussi l'on a bizarrement imaginé qu ressemblait à un nez d'homme, et les Arabes l'ont nommée Ras-el-A Cap-du-Nez. Les montagnes qui s'élèvent dans cette partie sont d'une r sombre et brûlée ; et elles sont remplies d'escarpements comme si des ·ents s'étaient ouvert passage entre les rochers.

ı trois heures de l'après-midi, nous continuâmes à parcourir la côte c un vent toujours favorable. Nous ne vîmes nulle part aucun indice abitation ; les montagnes étaient partout également escarpées et bri-s, et suivaient toujours la direction de la mer, plus ou moins avancées reculées, comme la côte elle-même. Cette côte est dangereuse. Nous ne ıes, ni près de la terre ferme, ni autour des îles d'autre endroit où l'on ; jeter l'ancre que sur les bords mêmes ; de sorte que, quand nous dé-·quions, nous courions risque de rompre notre beaupré contre le ri-ge.

Presque au coucher du soleil, j'aperçus une petite île sablonneuse que ıs avions laissée à environ une lieue à l'ouest. Il n'y avait ni arbre, ni sson, ni aucune proéminence qui pût la faire distinguer. Mon dessein it alors de m'avancer jusqu'à la rivière de Frat, qui est marquée sur cartes comme très large et très profonde ; mais considérant que sa itude était indiquée vers les 21° 50' c'est-à-dire, au-dessus des pluies tropique, je ne pus croire à l'existence de cette prétendue rivière.

Il est un fait certain, c'est que nous ne connaissons point de rivière au rd des sources du Nil qui ne tombe dans le Nil même. De plus, je puis urer qu'il n'y a point de rivière dans toute l'Abyssinie qui se jette dans mer Rouge. Les pluies du tropique ont leurs bornes, et ne tombent nt par delà le 16° de latitude. Ainsi il n'y a point là de rivière ni de ıve qui se précipite des montagnes dans les déserts de la Nubie ; et us n'en connaissons point qui soit tributaire du Nil, et qui ait sa ırce au-dessus des pluies du tropique. Il serait donc bien extraordi-ire que la rivière de Frat prît naissance dans une des contrées les plus des du globe, qu'elle pût être aussi considérable que le Nil, et qu'elle ıservât l'abondance de ses eaux dans toutes les saisons ; avantage que Nil n'a point, et qu'enfin, dans un pays où l'eau est si rare et si précieu-il n'y eût sur ses bords point de ville, point d'établissements anciens nouveaux, qu'on n'y vît pas même des campements d'Arabes qui le versassent et fissent le commerce de Jidda, qui est précisément vis-à-s.

Le 18, à la pointe du jour, ne voyant point la terre, j'eus de l'inquié-de, parce que bien que je fusse certain de ma latitude, je ne pouvais nulle-nt me confier au savoir de mon pilote. Mais une demi-heure après le ver du soleil, j'aperçus un rocher très élevé et très escarpé, que le pilote dit, sur ma demande, être un jibbel, c'est-à-dire un roc ; ce fut là tout que je pus en tirer. Nous fîmes route vers ce roc, assez mal secondés par le vent, et, à quatre heures, nous y jetâmes i ancre. Comme cette î n'avait aucun nom connu, et que je ne savais pas qu'aucun voyageur eût été avant moi, j'usai du privilége de ceux qui parcourent des contré nouvelles, et je lui donnai mon nom. La partie sud de cette île est exhau sée et remplie de rochers. La partie nord est basse et se termine en queu c'est-à-dire, en un rivage qui a beaucoup de pente. Cependant la mer y e extrêmement profonde jusqu'au bord, et en sondant du derrière de not vaisseau, nous ne trouvions point de fond.

Toute cette matinée, notre pilote me pria, comme la veille, de ne p aller plus loin. Il disait que le vent avait changé ; qu'il y avait des sign au sud dont il ne pouvait pas douter, et qui lui annonçaient infaillib ment qu'avant vingt-quatre heures nous aurions une tempête qui no mettrait dans le cas de faire naufrage ; que la rivière que je désirais voir était vis-à-vis de Jidda, et que, quand je serais à Jidda, je pourra m'y rendre en un jour et une nuit, ou par terre, ou par le moyen d'u chaloupe anglaise, parce que je trouverais des gens qui connaissent pays, et qui ne m'exposeraient à aucun accident ; au lieu que dans voyage que je faisais en ce moment, je ne pouvais pas rencontrer homme qui ne fût mon ennemi. Quoique je ne sois pas beaucoup suscep ble de crainte, mon oreille ne se ferme jamais à la raison ; et à ce que disait mon pilote j'ajoutai moi-même, en mon particulier, que nous po vions très bien être portés dans la haute mer, et manquer d'eau et d'autr provisions.

Nous dînâmes donc aussi promptement qu'il nous fut possible, en no encourageant les uns les autres autant que nous pûmes. Un peu après s heures, le vent tourna à l'est et devint variable ; et il se leva un brouilla très épais qui couvrait la terre. Cependant, à neuf heures du soir, ce brou lard se dissipa ; et ensuite nous eûmes une très forte brise, qui nous fa sait presque voler sur les flots en nous poussant droit à Cosséir. Le ci était couvert de nuages passagers, et quoique j'essayasse plusieurs fo d'observer quelque étoile au méridien, cela me fut absolument impossibl Le vent renforça encore, et continua de nous être favorable.

Le 19, dès que l'aube nous permit de distinguer les objets, nous vîm la terre, qui s'étendait à perte de vue au nord ; et bientôt nous reconn mes le Jibbel-Siberget, sous le vent. Nous l'avions déjà vu depuis quelq temps ; mais nous l'avions pris pour une partie du continent.

Après le vent favorable que nous avions eu cette nuit-là, nous ne pûm pas nous empêcher de plaisanter notre pilote sur la profonde connaissan qu'il disait avoir du mauvais temps. Alors il secoua la tête, en nous disa qu'il s'était trompé, et qu'il était toujours content quand il se trompait d manière ; mais que nous n'étions pas encore arrivés à Cosséir, quoi-espérât et qu'il crût même que nous nous y rendrions sans péril. Peu mps après, le ciel devint obscur ; il tomba beaucoup de pluie au sud. à coup il partit un grand coup de tonnerre sans être précédé d'au-clair ; et enfin le vent de sud-est souffla de nouveau avec force. Nous regardions les uns les autres en baissant à moitié les yeux, et nous ons un profond silence.

us étions en danger, et il fallait tâcher d'en sortir le mieux que nous ions. Notre vaisseau allait avec une vitesse prodigieuse. La voile e de palmier était neuve, et pesait considérablement ; et ce qui rendait convénient encore pire, c'est que le mât était placé un peu trop en t. La première chose que je demandai fut si le pilote ne pouvait pas er sa grande voile ; mais cela était impossible, parce que la vergue attachée fixement au haut du mât. Le second moyen était de la plier levant en partie comme un rideau de théâtre ; mais notre pilote nous de ne pas le tenter, de peur que nous ne fissions chavirer le bâtiment. ré cela, je me fis aider par mes domestiques, et nous roulâmes une e de la voile autour des bâtons qui la tenaient ; ce qui augmenta le du vaisseau en haut et en avant ; et la proue s'enfonça tellement à reprises qu'il passa beaucoup d'eau par dessus notre tête, et que je que nous étions pour jamais ensevelis dans les vagues. Je suis bien é que si le bâtiment n'avait pas été en bon état et bien sur sa quille, il perdu ; car le vent continua à être tempétueux.

commençai alors à quitter mon habit et mes grandes culottes, afin ouvoir nager jusqu'au rivage, si le vaisseau était submergé. Mes do-iques paraissaient avoir renoncé à l'espoir de se sauver, ou du moins faisaient aucun préparatif pour cela. Le pilote se tenait le plus près côte qu'il pouvait, dans l'espérance de voir quelque petite baie ; mais courions avec tant de violence que je suis persuadé que nous aurions iré, si nous avions tenté d'entrer dans un port. Toutes les dix minu-u plus nous passions par dessus quelque banc de corail, que nous ons par le frottement de notre quille, en faisant le même bruit qu'une lime sur du fer ; et ce qu'il y avait de plus terrible encore, était une qui nous suivait, et qui, beaucoup plus élevée que la poupe de notre eau, semblait destinée à recouvrir l'abîme où nous allions être en-tis.

frayeur parut avoir aliéné la raison du pilote. Je le priai de prendre ge, et je lui fis boire un coup d'eau-de-vie, en l'assurant qu'il ne de-pas contrarier tout ce que je pourrais faire ou ordonner, ni même r que ce ne fût à propos, parce que j'avais passé des nuits bien plus terribles sur l'Océan. Je lui promis que tout le mal que pourrait so son vaisseau serait réparé à mes frais, quand nous serions à Cosséir, c je lui en achèterais un neuf, si celui-ci était trop endommagé. Il n répondit rien, sinon que *Mahomet était le prophète de Dieu.*

— Laissez-le prophétiser aussi longtemps qu'il voudra, lui dis-je. ce que je vous demande, c'est de vous tenir ferme à la barre. Reg bien votre girouette, et gouvernez droit en tenant le vent; car je résolu de couper en pièces cette grande voile, et d'empêcher que l ne soit emporté et ne nous fasse chavirer.

Le vent était si fort que je ne pus pas comprendre sa réponse. J'e dis seulement quelques mots sur la miséricorde et le mérite de Sid El-Genowi, ce qui me mit en colère.

— Au diable soit, lui dis-je, votre Sidi-Ali-El-Genowi, imbécile que êtes! Ne pouvez-vous me faire une répose raisonnable? Tenez bien barre. Regardez votre girouette. Gouvernez droit; car par le Dieu puissant, qui est assis dans le ciel, je jure (ce qui est bien un autre ment que par Sidi-Ali-El-Genowi), je jure que je vous casse la tête coup de pistolet, au premier faux mouvement du vaisseau, ou au pre changement de route.

Il me répondit alors :

— Maloom, c'est-à-dire, « fort bien. »

Ce que j'avais dit fut aussitôt fait. Je tenais la grande voile, et ave grand couteau je la fendis en plusieurs bandes; ce qui soulagea beau le bâtiment, quoique nous allassions encore avec une extrême rapidi

Vers les deux heures le vent parut se calmer; mais, demi-heure ap il souffla avec plus de violence qu'auparavant. A trois heures, il to tout-à-fait. J'encourageai alors mon pilote, qui s'était montré très a tif, et avait, je crois, invoqué tous les saints de son calendrier. Je l'ass que je le dédommagerais amplement de la perte de sa grande voile. vîmes très bien, en ce moment, les deux rochers blancs qui sont su deux montagnes, au dessus de l'ancien Cosséir; et le même jour 1 nouveau Cosséir nous vit arriver dans son port un peu avant le cou du soleil.

Bientôt après nous apprîmes combien nous avions été plus heureux quelques autres navigateurs qui étaient à la mer dans le même temps nous. Trois vaisseaux de Cosséir, chargés de blé pour Yambo, avaient avec tout ce qui était à bord. L'un de ces trois vaisseaux était celui o vingt-cinq Turcs avaient été d'abord embarqués. Cette nouvelle fut ap tée par Sidi-Ali-El-Meymoum-El-Shehrié, ce qui signifie Sidi-le-Singe Sheher; car quoique ce fût un saint, sa figure ressemblait à celle

·e et on avait jugé à propos de le distinguer par le nom de cet ani-

ous étions déjà bien mécontents des embarcations de Cosséir. Mais le seau de Sidi-Ali-El-Meymoum, quoique petit, était fort et bien fourni rès. Les voiles étaient de toile, et il avait navigué dans l'Océan Indien. -Ali avait à son bord quatre hommes forts et qui paraissaient bien ndus ; et lui-même, quoique de petite taille et âgé de près de soixante était encore plein de vigueur et d'activité, et aussi bon marin qu'il antait d'être saint.

e fut donc le 5 d'avril qu'après avoir fait mes dernières observations la longitude de Cosséir, je m'embarquai à bord de ce vaisseau, et que s mîmes à la voile. Il m'était nécessaire de cacher à quelques-uns de domestiques que mon intention était d'aller au fond du golfe, de peur , se trouvant parmi des chrétiens et non loin du Caire, ils ne renon- ent à un voyage dont ils étaient fatigués, avant qu'il fût bien com- cé.

es deux premiers jours de notre navigation, nous eûmes un temps meux et peu de vent. Le soir, le vent se calma tout-à-fait. Nous vîmes sud-ouest une terre élevée et très inégale qui était parallèle avec la , et plus haute dans le milieu qu'à ses deux extrémités. Nous jugeâ- que c'était la montagne qui divise la côte de la mer Rouge de la partie ntale de la vallée d'Égypte qui répond à Monfalout et à Siout. Nous nes en travers pendant la nuit, derrière un petit promontoire assez , quoique le vent fût assez bon. Mais notre raïs craignait de donner les îles de Jaffatéen, dont il savait que nous n'étions pas loin.

ous prîmes avec une ligne pendant la nuit beaucoup d'excellents pois- s, dont quelques-uns pesaient jusqu'à quatorze livres. Les meilleurs ient le dos bleus comme les saumons, et leur ventre était rouge et ieté de bleu. Ils ressemblaient aussi aux saumons pour la forme ; mais avaient la chair blanche et moins ferme.

ans la matinée du 6, nous arrivâmes aux îles de Jaffatéen. Elles sont nombre de quatre, jointes par des hauts fonds et des rochers cachés s l'eau. Ces îles forment une espèce d'arc, et sont dangereuses pour les sseaux qui naviguent la nuit, parce qu'il semble qu'il y ait un passage entre elles ; mais quand les pilotes veulent en profiter, ils peuvent contrer deux rochers qui sont presque au milieu de l'entrée, à peine hés par l'eau, et environnés d'une mer très profonde.

.près que nous eûmes passé ces îles, j'appris de mon raïs que, sans lques signes qu'il avait remarqués relativement au temps, il ne se ait pas engagé entre les îles de Jaffatéen, mais qu'il aurait fait route directement à Tor, en passant entre l'île de Shéduan et un rocher qui es dans le milieu du canal au-delà du Ras Mahomet.

Le lendemain 7, nous laissâmes dès le matin notre paisible station dan la baie, et nous gouvernâmes presque au sud-est, tout le long des deu îles de Jaffatéen qui sont le plus au sud, et nous tînmes le cap directemer sur le centre de Shéduan, jusqu'à ce que nous fussions trois milles a moins en dehors de la partie orientale de ces îles. Nous passâmes aloi Shéduan, que nous laissâmes trois lieues dans l'est, et nous dirigeâme notre route presque au nord-nord-ouest pour ranger la partie occidental du Jibbel-Zeit, qui est une grande île déserte, ou plutôt un rocher éloign d'environ quinze milles du continent.

Le passage entre les îles de Jaffatéen n'est praticable que pour de petit bâtiments, dont les planches sont bien cousues ensemble, et qui prêter sans danger en heurtant contre des rochers. Ce n'est pas d'ailleurs le mar que d'eau qui rend cette navigation périlleuse. Toute la partie occidental de la côte est presque perpendiculaire, et il y a beaucoup plus d'eau qu sur la côte orientale. Il n'y a ni hauts fonds, ni aucun autre endroit o l'on puisse jeter l'ancre ; tout le rivage est bordé de rochers ; la mer est trè profonde, et cependant il s'élève sous l'eau diverses pointes de roc, qu sont excessivement dangereuses, parce qu'on ne peut pas les voir, et qu rencontrées par un grand vaisseau, elles le fracasseraient, et rendraien son naufrage inévitable.

La nature de cette côte vient, ce me semble, d'une cause que je vai expliquer. Les montagnes qui bordent l'Égypte et l'Abyssinie sont toutes comme je l'ai déjà fait observer, de porphyre, de granit, d'albâtre, de ba salte, et de plusieurs autres sortes de marbre extrêmement durs. Elle se trouvent toutes, même dans la partie du nord, par là latitude de 16° où il ne tombe jamais de pluie, et le vent ne peut, en passant par dessu ces montagnes, porter dans la mer que très peu de sable et de poussière Du côté opposé, c'est-à-dire sur le rivage de l'Arabie ou de l'Héjas et d Tehama, il n'y a que des sables mouvants, et dans les moussons sèches d l'hiver, quand le vent souffle du sud-est, il porte dans le golfe une im mense quantité de ces sables, lesquels s'entassent dans les rochers qu sont le long de cette côte, et s'y trouvent ensuite retenus par la mousso d'été, ou par le vent du nord-est, qui est directement opposé, et qui empê che qu'ils ne puissent être entraînés par le mouvement des eaux vers le côtes d'Égypte.

De là il suit que sur la côte occidentale l'eau est très profonde, et rem plie de rochers, qui n'étant jamais couverts par des sables, ne peuven devenir insensiblement des îles, comme cela arrive ailleurs. Ils resten oujours dépouillés, sans qu'aucun sédiment s'attache à eux, et leurs ointes sont aussi aiguës que des lances.

Sur la côte orientale, il y a aussi des rochers; mais se trouvant immé-iatement sous le vent du sud-est, qui porte le sable dans la mer, où nsuite la mousson du nord-ouest le repousse et le contient, ces rochers eviennent chacun une ile, et deux ou trois îles forment une baie.

Au bout des principales de ces baies, on a élevé plusieurs monceaux de ierres pour servir de signaux et indiquer la passe; et c'est là que les rands navires qui vont du Caire à Jidda, et qui non-seulement sont aussi ros que nos vaisseaux de guerre de soixante-quatorze canons, mais qui nt le double de poids à cause des citernes en maçonnerie qu'on y cons-ruit pour contenir l'eau, après avoir navigué le jour dans le canal, iennent tranquillement à quatre heures de l'après-midi pour passer la uit; et ils ne recommencent leur navigation que le lendemain au sole' evant.

Dans le temps des Ptolémées, et, comme je le ferai voir par la suite, ongtemps avant eux, la côte occidentale de la mer Rouge où il y a le plus l'eau, et où sont les rochers les plus dangereux, était la route que sui-vaient les vaisseaux indiens et africains, chargés des plus riches cargai-sons qui jamais aient été portées par un navire. Les Ptolémées bâtirent lusieurs grandes villes sur cette côte, et rien ne nous apprend que les aisseaux aient été obligés d'abandonner cette route à cause d'aucun dan-ger. Au contraire, ils évitaient la côte d'Arabie; et parmi les raisons u'ils avaient de s'en éloigner, une me paraît d'autant plus sérieuse, u'étant chargés des plus riches marchandises, or, ivoire, gommes, pier-es précieuses, le fret était fort cher.

Lorsque ce commerce était à son plus haut point de perfection, il se aisait en partie avec des vaisseaux à rames. Le prophète Ézéchiel nous apprend que 700 ans avant Jésus-Christ, ou 300 ans après que Salomon ut fini son commerce avec l'Inde et l'Afrique, on ne se servait pas tou-oujours de voiles dans le temps même des moussons. Il fallait donc un grand nombre d'hommes pour ramer pendant de si longs voyages. Pour un grand nombre d'hommes on avait besoin de beaucoup d'eau; ce qui aurait tenu trop de place si on l'avait embarquée toute à la fois. Mais sur la côte d'Abyssinie, on ne pouvait pas naviguer deux jours sans trouver à en prendre, au lieu que sur la côte d'Arabie il eût été difficile de s'en pro-curer une fois en quinze jours. Aussi la côte d'Abyssinie ou la côte occi-dentale a été appelée Rer-el-Ajam et par corruption Azamia, le Pays de l'Eau, par opposition à la côte orientale, qu'on nomme Ber-el-Arab, le pays où il n'y a point d'eau.

Un examen bien attentif devint nécessaire, et les pilotes se rendirent habiles en raison des dangers qu'offrait cette navigation. Lorsqu'ils eurent une fois la connaissance exacte des rochers et des divers périls qui les menaçaient, ils préférèrent la côte la plus profonde, parce qu'ils y pouvaient naviguer toute la nuit, et se pourvoir d'eau chaque jour. Au lieu que sur la côte d'Arabie, ils auraient été obligés de ne voyager que la moitié de la journée, de s'arrêter chaque nuit, et de se charger d'une quantité d'eau qui aurait rempli la moitié de leur vaisseau.

Tor est reconnu de loin par deux montagnes qui s'élèvent très près du rivage, et que, dans un temps clair, on découvre de six lieues en mer. Au sud-est de ces montagnes sont la ville et le havre; les maisons sont entourées de quelques palmiers, d'autant plus remarquables qu'ils sont les seuls qu'on aperçoive sur la côte.

Il n'y a nul danger à entrer dans le port de Tor.

Ce fut le 9 que nous arrivâmes.

Tor est un petit village dont les maisons sont dispersées, et où il y a un couvent de moines grecs dépendant du Mont-Sinaï.

Don Juan de Castro s'empara de Tor peu de temps après que les Portugais eurent découvert un passage aux Indes par le cap de Bonne-Espérance. Tor était alors entouré de murailles et fortifié; mais depuis il a perdu ses avantages. Il ne sert plus qu'à fournir de l'eau aux vaisseaux qui se rendent à Suez ou qui en reviennent.

De Tor nous pûmes contempler aisément les montagnes d'Horeb et de Sinaï, qui s'élèvent couvertes de neige pendant l'hiver.

A présent que je suis à l'extrémité de la partie nord du golfe d'Arabie, il y a plusieurs choses dont on croit peut-être que je rendrai compte; mais j'avoue que mes explications sont vraisemblablement trop peu satisfaisantes pour contenter la curiosité de mes lecteurs.

Il s'agit d'abord de répondre à cette question :

La mer Rouge est-elle, comme on l'a dit, plus haute de plusieurs pieds ou de plusieurs pouces que la Méditerranée? A cela je dirai que ce fait a été supposé par l'antiquité, et allégué comme la raison pour laquelle Ptolémée fit partir le canal qu'il creusa du fond du golfe d'Héroopolis, plutôt que de le faire traverser l'isthme de Suez; attendu qu'en coupant cet isthme il eût pu submerger une grande partie de l'Asie mineure. Mais qui est-ce qui a jamais entrepris de vérifier cela? Qui peut établir d'une manière certaine la différence des niveaux entre deux points distants l'un de l'autre de cent vingt milles, et séparés par un désert dont la surface n'a aucune solidité, mais est, au contraire, mobile et changeante à chaque heure du jour? Dans le fait, toutes les mers sont de même. Qui empêche donc que l'Océan indien n'inonde le sol qui est plus bas que lui? Qui est-ce qui le retient dans ses limites?

Jusqu'à ce que cette partie de la question soit résolue, je soutiendrai qu'il n'existe aucune différence entre le niveau de la Méditerranée et celui de la mer Rouge, malgré tout ce que les ingénieurs de Ptolémée en ont pu dire; car supposer une telle différence, c'est supposer que la nature a violé une de ses pricipales lois (1).

La chose dont je dois parler ensuite, pour la satisfaction de mes lecteurs, c'est le chemin par lequel les enfants d'Israël traversèrent la mer Rouge, quand ils abandonnèrent les terres d'Égypte.

Comme l'Écriture-Sainte nous apprend que ce passage, en quelque endroit qu'il ait été effectué, n'a eu lieu que par l'influence d'un pouvoir miraculeux, aucune marque du plus ou moins de largeur ou de profondeur n'en désigne la trace.

Nous n'avons donc pas besoin de lui chercher des causes naturelles. Si nous ne croyons pas ce que nous dit Moïse, nous ne devons croire rien de ce qui a rapport à ce passage, puisque Moïse seul nous en a parlé. Si nous croyons que Dieu a fait la mer, nous devons croire aussi qu'il peut la diviser quand il lui plaît, et que lui seul doit juger des cas où cela est nécessaire. La division de la mer Rouge n'est pas un plus grand miracle que la séparation des eaux du Jourdain.

Diodore de Sicile raconte que les Troglodytes, habitants indigènes de cette contrée, savaient par tradition de père en fils, que, dans les siècles les plus reculés, cette division de la mer Rouge avait eu lieu une fois, et qu'après avoir laissé son lit quelque temps à sec, la mer revenant en arrière y était rentrée avec furie. Le passage de cet auteur est extrêmement remarquable. Nous ne pouvons pas penser qu'un païen ait cherché à écrire en faveur de la révélation. Il ne connaissait point Moïse, et il ne dit pas un mot du Pharaon ni de sa submersion : mais il rapporte le miracle de séparation des eaux avec des expressions non moins fortes que celles de Moïse même; et il ne parle que d'après des hommes naïfs et impartiaux.

Reste à chercher la cause des divers noms donnés à la mer Rouge. Mon opinion est que cette mer a été appelée mer Rouge à cause d'Edom, qui en fut très anciennement et longtemps la maîtresse, et dont le nom signifie rouge en hébreu; elle fut nommée d'abord mer d'Edom ou d'Idumée, et depuis mer Rouge.

L'on a remarqué que non-seulement le golfe d'Arabie, mais une partie

(1) Le percement de l'isthme de Suez a heureusement résolu cette question si controversée.

de l'Océan Indien, portaient le même nom, quoique très éloignés d l'Idumée. Cela est vrai : mais quand on considèrera, comme nous auron occasion de le faire dans le cours de cet ouvrage, que les souverains d cet Océan furent les mêmes Edomites qui passaient, dans leurs voyages d'une mer dans l'autre, on ne leur disputera point le droit qu'ils avaien pris d'étendre leur nom jusqu'à l'Océan-Indien.

Quant à ce que quelques personnes d'une imagination fantasque on dit de la couleur rouge de cette mer, ou du sable qui est au fond, o peut être certain que ce n'est qu'une fiction. La mer Rouge ne diffèr nullement, par sa couleur, ni de l'Océan ni d'aucune autre mer.

Il n'y a, je crois, point de mer, il n'y a point de rivage au monde, qu fournisse plus d'objets d'histoire naturelle que la mer Rouge. Les dessin dans lesquels j'ai représenté la plupart de ces curiosités forment u volume aussi considérable que l'historique de mon voyage. Mais la chert excessive de la gravure, et quelques autres considérations, s'opposeron vraisemblablement à la publication de ces dessins.

CHAPITRE X

Départ de Tor. — Traversée sur le golfe de l'Elan. — Relâche à Raddua. — Relâche et séjour à Yambo. — Arrivée à Jidda.

Notre raïs, ayant terminé ses affaires, était impatient de partir. En conséquence, le 11 avril, à la pointe du jour, nous sortîmes du port de Tor. A peine étions-nous à la pointe de la baie, au sud du village de Tor, que nous nous trouvâmes en calme; mais, vers les huit heures, le vent rafraîchit, et nous passâmes dans le canal, entre quatre grands bancs et un plus petit, qui est à la suite. Nous vîmes l'entrée d'une petite baie, formée par le cap Mahomet, et une pointe basse et sablonneuse, qui est à l'est. Notre vaisseau était excellent voilier, et je ne négligeais rien pour entretenir la bonne humeur de notre raïs.

A environ un mille de la pointe sablonneuse dont je viens de parler, nous touchâmes sur un banc de corail, lequel, bien qu'il ne fût pas très dur, nous occasiona une si violente secousse que notre mât en fut ébranlé. Comme je regardais en avant quand le vaisseau toucha, le raïs étant à mon côté, je criai de toute ma force :

— Change de route, chien !

Le raïs, croyant que ces mots s'adressaient à lui, parut très étonné, et me demanda ce que cela signifiait.

— Eh quoi ! lui répondis-je, ne m'avez-vous pas dit, quand je vous ai frété, que tous les rochers se reculeraient devant notre navire? Ce drôle que nous venons de heurter ne connaissait pas son devoir; il dormait, j'imagine, et il nous a donné un furieux coup. Aussi j'ai juré contre lui, en attendant que vous veuillez le châtier d'une autre manière.

Alors il secoua la tête, et me dit :

– A la bonne heure! Vous ne voulez pas croire : mais Dieu connaît la vérité. Eh bien! où est le rocher? ne s'en est-il pas allé!

Cependant le raïs eut la prudence de mouiller au premier ancrage que nous rencontrâmes; mais heureusement le vaisseau n'avait point été endommagé.

La chaîne de rochers qui passe par derrière Tor s'étend le long de cette basse pointe de sable, appelée le désert de Sin, à l'est, et finit au cap que forme la montagne qu'on aperçoit de la mer ; mais la terre basse, ou l'extrémité du cap, qui est le plus au sud, s'étend à environ trois lieues au delà de la montagne, et elle est si ènfoncée qu'on ne peut pas la découvrir même placé sur le pont d'un vaisseau, quand on en est éloigné de plus de trois lieues. On appelait autrefois cet endroit Pharan (1), Promontorium non parce qu'il y avait sur le bord une tour où l'on entretenait des feux, ce qui pourtant a peut-être eu lieu, et ce qui eût été très convenable à cause de la situation; mais à cause du mot égyptien et arabe *farck* (2), qui signifie diviser, et parce que ce cap sépare le golfe de Suez du golfe de l'Elan.

Je descendis à terre pour ramasser des coquillages, et je tuai entre les rochers un petit animal qu'on nomme daman Israël ou l'agneau d'Israël. Je ne sais pourtant pas pourquoi on lui a donné ce nom; car il n'a aucune espèce de ressemblance avec un agneau. Je crois que c'est le véritable saphan de l'Ecriture, dont on a mal à propos traduit le mot par celui de lapin. Je tuai aussi plusieurs douzaines de goots, qui étaient les oiseaux les moins beaux de cette espèce que j'eusse encore vus. Ils étaient petits, de la couleur du dos d'une perdrix, et fort mauvais à manger.

Le 12, au lever du soleil, nous remîmes à la voile pour nous éloigner du cap Mahomet. Nous passâmes devant l'île de Tyrone, qui se trouve précisément au milieu de l'entrée du golfe de l'Elan, et la sépare en deux parties presque égales ; cependant celle qui est au nord-ouest est un peu plus étroite. La direction du golfe est quasi nord et sud. J'ai jugé que l'entrée avait environ six lieues de largeur.

Plusieurs vaisseaux du Caire se sont perdus en prenant l'entrée du golfe de l'Elan pour l'entrée du golfe d'Héroopolis ou du golfe de Suez. Vers l'île de Tyrone, qui n'est pas à plus de deux lieues de la grande terre, il y a une suite d'îles qui forme une barre demi-circulaire, et semble traverser l'entrée depuis la pointe d'où partent les vaisseaux qui font voile avec un vent du sud; cette suite d'île se termine par un banc,

(1) Anciennement Pharos.

(2) C'est pourquoi le Koran est appelé *El-Farkan*, ou le diviseur, le distingueur entre la vraie croyance et l'hérésie.

uel a plus de cinq lieues de long. Il est vraisemblable que c'est sur ces hers que périt la flotte que Roboam avait fait partir pour le voyage phir.

Je crois que l'île de Tyrone est l'île Saspirène de Ptolémée, quoique ce graphe se soit un peu trompé sur la latitude et la longitude.

Nous passâmes bientôt la seconde de ces îles, à qui on a donné le nom Senaffer, et qui est à environ trois lieues dans le nord de la grande re. Nous gouvernâmes alors avec un bon vent du sud-est sur une île angulaire qui a une éminence en pointe sur chacun de ses trois côtés. us passâmes ensuite une petite île, qui n'a point de nom, et qui paraît eu près à la même distance du continent que la première : puis nous geâmes trois rochers au sud-ouest d'une autre île nommée *Sufrange-Bahar*, l'Eponge de la Mer. Comme notre vaisseau faisait un peu d'eau, que le vent avait été très fort toute l'après-midi, le raïs eut envie de vancer sous le vent de cette île, ou plutôt entre elle et un cap du conent appelé *Ras-Selah* : mais ne pouvant pas trouver le fond avec la de, il reprit sa route, doubla le cap, et mouilla l'ancre dans une jolie e qui se trouve au dessous. Il y a dans cette baie une station de nir Hadjé, qu'on nomme *Kalaat-el-Moïlah*, le Château ou le Poste l'Eau.

Le 13, notre raïs, ayant remédié à ce qui manquait à son vaisseau, remit a voile à sept heures du matin. Nous passâmes devant une montagne forme de cône, qui s'élève sur le continent, et qu'on appelle *Abou-bbé*, en mémoire d'un saint de ce nom, dont on y voit le tombeau.

Les montagnes sont très éloignées du rivage, et il n'y a point de e plus stérile, plus désolée que celle-là. Dans l'après midi nous passnes une île appelée *Jibbel-Numan*, éloignée d'environ une lieue du age ; et ensuite nous jetâmes l'ancre dans un endroit qu'on nomme lla-Clarega. Nous prîmes le long du banc de sable qui s'étend là beaup de poissons excellents, et un grand nombre d'autres absolument connus et d'une extrême beauté, mais qui, rôtis, diminuaient au point n'avoir plus que la peau, et bouillis se fondaient en une espèce de glu uâtre.

Le 14, le vent varia jusqu'à dix heures du matin, qu'il tourna un peu bon côté; et à midi il fut aussi favorable que nous pouvions le désirer, oiqu'il ne soufflât pas très fort. Nous passâmes d'abord une île envinnée de brisans; puis trois autres plus éloignées; et nous allâmes ouiller près de la côte, dans un endroit appelé *Jibbel-Shekh*, la montae du saint.

Là, je résolus de me promener un peu sur le rivage, car j'étais fatigué de ne pas marcher. Je voulais d'ailleurs essayer d'attraper quelque gibi pour mettre de la variété dans nos repas. Je tenais mon fusil charg balle, et j'étais à peine à cinq cents pas du bord de la mer, quand troupe immense de groots prirent la volée devant moi. Ils n'allèrent se poser loin. Je me cachai dans l'herbe, ou plutôt dans les joncs, p décharger mon fusil, et je le rechargeai avec du petit plomb : mais tan que je m'amusais ainsi, je vis deux antilopes qui marchaient et paissai sans paraître avoir la moindre crainte ; aussitôt je remis mes balles d mon fusil, et je me tins coi dans les joncs jusqu'à ce qu'elles fussent à-vis de moi.

A peine avais-je été là trois ou quatre minutes, que j'entendis derri moi quelque chose qui ressemblait à la respiration d'une personne. Je retournai, et ce ne fut pas sans une extrême surprise et même s quelque crainte que je vis un homme debout à mon côté. Je me levai t à-coup, et l'homme qui n'avait qu'un léger bâton dans sa main, fit q ques pas en arrière, puis s'arrêta. Presque entièrement nu, il por seulement autour de ses reins une mauvaise ceinture de grosse étoffe, était attaché un coutelas recourbé. Je lui demandai qui il était. Il répondit qu'il était Arabe, appartenant au sheik Abd-El-Mocaber. Alor le priai de m'apprendre où était son maître. Il me dit que le sheik é en ce moment sur la montagne voisine avec ses chameaux, et qu'il alla Yambo.

L'Arabe me demanda ensuite qui j'étais moi-même. Je lui répondis j'étais un Abyssinien esclave du shérif de la Mecque, et allant par mer Caire ; mais que je serais bien charmé de parler à son maître, s'il voul aller le chercher. Ce sauvage se rendit très volontiers à ma prière ; mai n'eut pas plus tôt disparu, que je me dépêchai le plus qu'il me fut possi de regagner le vaisseau ; et nous nous mîmes en dehors du banc p passer la nuit. De là nous aperçûmes très distinctement une cinquanta d'hommes et trois ou quatre chameaux. Ces hommes nous firent plusie signes : mais nous étions trop contents de la distance qui était entre e et nous pour la franchir, et nous ne songeâmes plus à tuer des antilo dans le voisinage de Sidi-Abd-el-Macaher.

Si je n'avais point imaginé le subterfuge dont je me servis pour éloig l'Arabe, je tombais entre les mains de ces habitants de l'Arabie-Dése ou de l'Arabie-Pétrée, regardés comme les peuplades les plus barba du monde. Toutefois, dans ces contrées, l'hospitalité et l'exactitude à te sa parole sont plus sacrées à proportion que le peuple est plus sauva Les chrétiens qui font le commerce de la mer Rouge, depuis Suez jusq Jidda, ont un moyen aisé et qui ne trompe jamais, pour se sauver si, p rd, ils sont jetés sur les côtes de l'Arabie. Le voici. Les principaux des différentes tribus d'Arabes viennent au Caire, donnent leur et leur signalement aux navigateurs chrétiens, et ils en reçoivent éger présent, qu'on renouvelle chaque année, si les Arabes revien- aussi souvent; en reconnaissance de ce présent, les Arabes promet- leur protection aux chrétiens, s'ils ont jamais le malheur de faire rage sur leurs côtes.

es Turcs sont fort mauvais marins, et ils perdent beaucoup de vais- x, dont la plus grande partie des équipages est composée de chrétiens. nd un vaisseau périt, si les Turcs qui se sauvent à la terre ne peuvent s'ouvrir un chemin par force, ils sont tous massacrés sans pitié; s les chrétiens se présentent à l'Arabe en criant : *Fiardue.* (« Nous mmes sous votre protection. ») On leur demande alors qui est le éer ou l'Arabe avec qui ils ont lié amitié; et ils nomment ou Mahomet- -el-Kader, ou tel autre. Si le gafféer n'est pas là, on dit qu'il est nt pour tant de jours ou à telle distance. Mais ses amis ou ses voisins nt les naufragés à sauver ce qu'ils peuvent du vaisseau, et l'un d'eux un cercle à terre avec la pointe de sa lance, au milieu duquel on ose tout ce qui doit être respecté. Puis il plante sa lance dans le sable, it aux chrétiens d'entrer dans le cercle tracé. Après il va chercher gafféer, qui vient avec ses chameaux, et est obligé, suivant des lois nues des seuls Arabes, de porter les naufragés pour rien, ou du moins r très peu de chose, jusque dans l'endroit où ils veulent aller, et même eur fournir des provisions pendant toute la route.

u milieu du cercle que l'Arabe a tracé sur le sable dans ces contrées ertes et sauvages, on est aussi en sûreté que dans une citadelle. On onnaît pas un seul exemple de la violation d'un si simple asile.

y a beaucoup de sheiks qui, vivant auprès des écueils où il périt sou- t des navires, comme entre le cap Mahomet et le cap Selah, Dar-el- nra, ont sous leur protection une cinquantaine et même une centaine chrétiens navigateurs. Aussi quand ces Arabes marient une de leurs s, ils lui donnent en dot le droit de protéger quatre ou cinq chrétiens, nme une portion de leur revenu.

'avais en ce temps-là un gafféer nommé Ibu-Talil, Arabe de la tribu arb; mais j'aurais peut-être été retenu là pendant trois jours, avant il fût arrivé d'auprès de Médine, pour me reconnaître et me porter, si hasard j'avais fait naufrage, jusqu'à Yambo où j'allais.

Le 15, nous mouillâmes l'ancre à El-Har (1), d'où nous vîmes des

(1) El-Har signifie une extrême chaleur.

montganes élevées et couvertes de rochers escarpés, qu'on nomm
montagnes du Ruddua. Ces montagnes sont remplies de sources. T
les espèces de fruits que l'Afrique et l'Arabie peuvent produire y n
sent, et tous les végétaux qu'on veut prendre la peine de cultiver y
sent. C'est là le paradis terrestre des habitants d'Yambo. Tous ceu
possèdent quelque fortune y ont une maison de campagne; mais,
étrange! ils n'y restent que très peu de temps, et préfèrent le séjo
sables stériles et brûlans d'Yambo à l'un des plus beaux climats,
des pays les plus agréables qui soient au monde.

Des gens de Ruddua m'ont dit que pendant l'hiver l'eau gèle sur
montagnes, et que quelques-unes des personnes qui y naissent o
cheveux rouges et les yeux bleus; ce qu'on ne voit que très rare
excepté dans les montagnes de l'est où le froid est excessif.

Le 16, à onze heures, nous jetâmes l'ancre à l'entrée du port d'Y
Yambo, et par corruption Imbo, est une ancienne ville qui a tell
déchu qu'elle n'est plus qu'un mauvais village. Ptolémée la n
Iambia vicus ou le village d'Yambia; preuve que c'était un endro
considérable de son temps. Mais après l'invasion de l'Égypte par le
Sélim, Yambo devint une ville importante, parce qu'elle servit d'en
aux munitions de guerre qu'on fit venir de Suez pour la conqu
l'Arabie, et au blé qu'on tirait d'Égypte pour nourrir les garnisor
ques, et pour faire passer à la Mecque et à Médine.

Ce fut pour cela que le pacha Sinan fit bâtir à Yambo une grand
teresse; car l'anciene Yambo de Ptolémée n'est point celle qui
aujourd'hui ce nom. Elle est même située six milles plus dans l
et on la désigne par l'épithète d'El-Nachel, c'est-à-dire Yambo au
des palmiers, parce qu'elle est environnée d'une forêt de ces arbres

Yambo signifie, dans le langage du pays, une fontaine ou source.
a en effet, au milieu des dattiers, une dont l'eau est excellente.
encore là une des stations de l'émir Hadjé dans ses voyages
Mecque. Cependant l'avantage d'un port et la protection de la fort
ont conduit à la nouvelle Yambo tous les vaisseaux qui font le
merce, quoiqu'elle n'ait d'autre eau, à part celle peu abondante
fontaine dont je viens de parler, que celle qu'on ramasse dans les
lorsque la pluie tombe.

Il y a dans le château d'Yambo une garnison de deux cents janiss
qui sont les descendants de ceux qu'y conduisit Sinan-Pacha. I
succédé à leurs pères de la même manière que ceux de Syène, et de
les autres places conquises par les Turcs en Egypte et en Arabie.

Les habitants d'Yambo sont reconnus avec raison pour les plus ba ôtes de la mer Rouge; et les janissaires qui sont dans le château les nt au moins pour l'injustice et la violence. Nous ne descendîmes à terre le jour de notre arrivée, parce que nous entendîmes tirer eurs coups de fusil, et qu'on nous apprit que les janissaires et les d'Yambo se faisaient la guerre entre eux depuis une semaine. J'étais éloigné de vouloir me mêler de les apaiser; je désirais plutôt qu'ils ent s'exterminer réciproquement, et mon raïs semblait de bon cœur re ses vœux aux miens.

capitaine du port vint, le soir, nous visiter. Il était accompagné par janissaires, à qui je ne permis qu'avec difficulté de monter à bord. remière chose qu'ils me demandèrent, fut de la poudre à feu, que je refusai. Ensuite je m'informai combien il y avait eu d'hommes tués les huit jours qu'ils s'étaient battus. Ils me répondirent d'un air indifférent :

Pas beaucoup : une centaine par jour, plus ou moins, la plupart es.

pendant nous sûmes, par la suite, qu'un seul homme avait été non pas mais seulement blessé; encore était-ce par une chute de cheval.

s janissaires voulaient absolument faire entrer notre vaisseau dans rt; mais je leur dis que, n'ayant point d'affaires à Yambo, et n'étant sous le canon de leur forteresse, j'étais libre de remettre en mer aller à terre; et que, s'ils ne s'en retournaient pas tout de suite, j'allais ter du vent favorable qui venait de s'élever pour faire voile, et les ener malgré eux à Jidda. Ils commencèrent alors à prendre, suivant coutume, un ton audacieux et menaçant; mais je savais que je serais soutenu à Jidda, j'avais la force en main, et enfin mon vaisseau à flot, et pouvait partir en un instant; je me trouvai donc moins osé que jamais à souffrir des bravades. Ils me faisaient cent questions rentes pour savoir si j'étais un Mameluk, un Turc, ou un Arabe, araissaient étonnés que je ne leur donnasse pas du tabac et de l'eau-e. Je me contentai de leur répondre : Vous apprendrez demain qui je ; et me retournant alors vers l'émir-bahar, capitaine du port, je lui nnai de ramener aussitôt ces insolents à terre; sans quoi j'allais nparer de leurs armes et les consigner à bord pour la nuit.

raïs tira en même temps le capitaine du port en particulier, et lui eilla de prendre garde à ce qu'ils diraient, parce qu'ils couraient ue de perdre la vie. Cet avis, interprété peut-être dans un sens diffé- de celui dans lequel on le donnait, fit un tel effet sur les janissaires s se retirèrent immédiatement. A leur départ, je chargeai l'émir-bahar ies compliments pour Hassan et Hussein, agas, et je les priai de me

faire savoir à quelle heure je pourrais leur rendre visite le lende
Je recommandai aussi à l'émir de laisser ses soldats à terre, parc
je n'étais point d'humeur à supporter leur insolence.

Sitôt qu'ils furent éloignés, nous entendîmes plusieurs coups de
et nous vîmes beaucoup d'illuminations dans la ville. Le raïs me pr
de mettre à la voile et de nous enfuir sans tarder, ce que j'étais
disposé à faire. Mais comme il me dit aussi que nous aurions un
leur ancrage au dessous de la mosquée de Kubbet-Yambo, où d'ai
la sainteté du lieu serait notre sauve-garde, et où nous pourrions, à
choix, faire voile ou passer la nuit, étant en état de repousser la forc
la force si on nous attaquait, nous nous reculâmes de quelques cen
de pas, et rejetâmes l'ancre sous les reliques d'un des saints les plus
qui soient au monde.

Lorsqu'il fit nuit, le bruit de la mousqueterie cessa, les feux dim
rent, et l'émir-bahar revint à bord. Il fut surpris de ne pas nous tr
à la même place, et surtout de nous entendre lui crier, dès que nous f
avertis par le bruit de ses avirons qu'il s'approchait, qu'il n'avançâ
davantage, jusqu'à ce qu'il nous eût dit combien d'hommes il portait
son canot, et s'il avait des soldats ; ou que, faute de reponse satisfais
nous allions faire feu sur lui. Il répondit aussitôt qu'il n'y avait qu
son mousse et trois officiers de l'aga. Je répliquai que c'était beau
trop de trois étrangers à cette heure de la nuit; mais que, puisqu'i
naient de la part de l'aga, ils pouvaient avancer.

Tous nos gens étaient postés, les armes à la main, sur le devan
vaisseau ; mais je vis bientôt que les personnes qui venaient vers
n'avaient aucun mauvais dessein ; car, étant encore à plus de dix
elles nous crièrent : *Salam alicum!* Je leur répondis amicalement.
les fîmes monter à bord et nous nous assîmes sur le pont.

Les trois officiers étaient jeunes et assez agréables, quoiqu'ils eu
un air de mauvaise santé. Leur habillement ressemblait à celui des
tants des campagnes. Ils portaient des espèces de capotes ou de
teaux, jetés négligemment sur leurs épaules, et d'une étoffe à raies
ges et blanches. Leur turbans étaient mêlés de rouge, de vert e
blanc, et ornés d'une immense quantité de franges et de petits glands
pendaient par derrière. Ils tenaient chacun dans leurs mains une c
javeline, dont le fût avait environ quatre pieds et demi de long, arm
le bout d'une pointe de fer de neuf pouces, et de deux ou trois croche
fer au-dessous, avec du fil d'archal qui l'attachait en divers endroi
une douille de fer qui le garnissait par le bout d'en bas.

— D'où venez-vous ? me demandèrent-ils.

- De Constantinople et du Caire, répondis-je. Mais je vous prie de ne me faire d'autres questions, parce que je ne suis pas libre de vous ré- dre.

lors ils m'annoncèrent qu'ils avaient ordre des agas de m'assurer que cevrais l'accueil le plus favorable, si j'étais le médecin d'Ali-Bey, et i-là même qui leur avait été recommandé par le shérif de la Mecque. ur répondis que si Metical-Aga leur avait effectivement donné cet , il était également vrai qu'ils voyaient en moi le médecin d'Ali-Bey ; les priai de porter mon respect à leurs chefs.

- Mais, ajoutai-je, quoique je ne doute pas de votre protection, je ne se pas toutefois qu'une prudence ordinaire me permette de me hasar- à aller à dix heures du soir au milieu d'une ville aussi en désordre 'ambo paraît l'être depuis quelque temps, et où la discipline et le com- ıdement sont assez peu respectés pour que les habitants se battent cesse les uns contre les autres.

s trouvèrent que j'avais raison, et me laissèrent libre de faire tout ce me conviendrait, en m'assurant néanmoins que les coups de fusil que ais entendus ne provenaient pas d'un combat, mais bien d'une réjouis- ce à l'occasion de la paix.

nfin nous apprîmes que la garnison et les citoyens s'étaient battus dant quelques jours, et que la plus grande partie des munitions avait consommée dans cette guerre civile ; mais que les vieillards des deux is étaient convenus que le tort ne pouvait être imputé à personne, et ın *chameau* avait seul fait tout le mal.

n conséquence, on saisit le pauvre *chameau*, on le mena hors de la , et là on lui reprocha tout ce qui s'était dit ou fait : c'était le *cha- u* qui avait tué des hommes, menacé de mettre le feu à la ville et cendier le palais de l'aga et le château ; c'était le chameau qui avait ıdit le grand-seigneur et le shérif de la Mecque, comme souverains de tis-divisés ; et, de plus, il avait juré de détruire le blé destiné pour la que, seule chose dans laquelle ce pauvre animal se trouvait intéressé. nd on eut employé une partie de l'après-midi à faire des reproches au lheureux *chameau*, qui semblait avoir comblé la mesure de ses iniqui- , chacun des assistants lui enfonça sa lance dans le corps, et on le dé- a *Diis manibus et diris*, par une sorte de prière, et en prononçant le malédictions sur sa tête. Puis tout le monde se retira chez soi, com- tement satisfait.

)n pourra remarquer dans cette cérémonie quelques traces du bouc zazel, que les Juifs renvoyaient dans le désert chargé de tous leurs chés.

Le lendemain je me rendis au palais, où je vis de très beaux appa
ments. Il y avait à la porte une garde de janissaires ; ces guerriers, re
nus depuis peu de la sanglante bataille du *chameau*, ne manquèrent
de donner diverses marques d'insolence, qu'ils désiraient qu'on prît p
des preuves de courage.

Les deux agas étaient assis sur un banc élevé, couvert de tapis
Perse; et environ quarante ou cinquante hommes de bonne mine, e
plupart avancés en âge, étaient assis sur d'autres tapis étendus su
parquet et formaient un demi-cercle au-devant des agas.

Les deux chefs se conduisirent envers moi avec beaucoup de polit
et d'attention. Ils ne m'adressèrent d'abord que des questions généra
Par exemple, ils me demandèrent si la mer me plaisait, s'il y avait beauc
d'habitants au Caire ; ainsi du reste. Mais, comme je prenais congé d'e
le plus jeune me demanda avec une sorte de timidité, si Mahomet-I
Abou-Dabab était prêt à marcher. Comme je savais bien ce que signi
cette question, je répondis que j'ignorais s'il était prêt, mais qu'il a
fait de grands préparatifs. L'autre aga me dit alors :

— J'espère que vous serez un messager de paix.

— Je vous conjure de ne point me faire de questions, répliquai-je.
l'espoir que, par la grâce de Dieu, tout ira bien.

Tous ceux qui étaient là présents applaudirent à ce discours, conte
de respecter mon secret ; car ils s'imaginaient que j'en avais un, et
j'étais un homme de confiance d'Ali-Bey, qui sans doute avait renon
ses desseins hostiles contre la Mecque. C'était là aussi ce que je dési
qu'ils crussent, parce que je me mettrais ainsi à l'abri de tout mau
traitement pendant le temps que je voudrais rester. J'en eus la pre
sur-le-champ, car l'aga me fournit une maison commode pour mon lo
ment, et me donna un de ses gens pour m'y conduire.

J'étais étonné que mon raïs ne m'eût point suivi dans cette mais
mais j'y étais entré depuis une demi-heure, lorsqu'il vint me joindr
m'annoncer que, quand le capitaine de port était venu à bord la premi
fois avec les deux soldats, il lui avait remis un papier appelé *tiskera*,
l'obligeait d'entrer au service du shérif pour porter à Jidda du blé et
certain nombre de pèlerins qui se rendaient à la Mecque aux frais
shérif ; mais que, comme nous étions hors du havre, et jugeant, d'ap
notre conduite envers les janissaires, que nous étions gens à savoir
que nous avions à faire, il ramenait les deux soldats, aussi peu satisf
de leur réception que disposés à rester dans une compagnie comme
nôtre.

Il faut avouer, en effet, que, par la manière dont nous étions vêtu d, des étrangers pouvaient croire aussi aisément que nous étions ca-les de les voler, qu'il nous paraissait facile de penser nous-mêmes, leur mine, qu'ils n'avaient pas un meilleur dessein. Le raïs me dit si :

— Lorsque vous fûtes sorti du palais, l'aga m'a appelé et a repris le *cera*, en me disant que j'étais libre et ne devais obéir à personne qu'à s seul.

De plus, l'aga avait envoyé un de ses domestiques avec ordre de gar- ma porte, de ne laisser entrer que les personnes qui me plairaient, d'empêcher que le peuple d'Yambo m'importunât.

Jusque-là tout allait bien. Mais, dans ce malheureux pays, les com-ncements trop prospères annoncent toujours une fin désastreuse. ssi je résolus d'user de ma prospérité avec beaucoup de prudence et modération, et de me rendre aussi puissant que je le pourrais, sans ir l'air de m'en prévaloir.

Il y avait un habitant d'Alep, riche et considéré, qu'on nommait Sidi--Tabaroloussi (1), grand ami du médecin Russel, qui m'en avait pro-ré la connaissance. Ce Tabaroloussi était intimement lié avec le cadi de dine, pour lequel il m'avait donné, à mon départ d'Alep, une lettre de commandation très pressante.

Quand je fus à Yambo, je demandai des nouvelles de ce cadi, et j'ap-s qu'il était justement dans la ville, occupé de la distribution des blés on envoyait à Médine. Mes questions lui furent rapportées presque ssitôt que j'eus prononcé son nom; désirant savoir quelle espèce omme j'étais, il m'envoya un message à huit heures du soir, et bien- après il me rendit visite lui-même.

J'étais occupé à mettre en ordre mes télescopes et ma montre marine, j'avais défendu de laisser entrer personne; mais pour un homme tel un cadi toutes les portes furent ouvertes. Il me regarda tandis que je vaillais à arranger mon grand télescope et mon quadrant, et que j'é-s en chemise, car il faisait une chaleur excessive. Il ne me demanda cune excuse de s'être ainsi introduit chez moi; mais il fit une excla-tion, en s'écriant combien il était heureux; puis, sans me regarder, il ssa du télescope à la montre, et de la montre au thermomètre, en criant : *ah! tibe! ah! tibe!* Que c'est beau! que c'est beau! A peine ait-il les yeux sur moi. Il semblait, je crois, que je n'étais pas digne de attention. Mais il examina, il toucha tout avec beaucoup de soin.

Il mania même si bien la couverture de cuivre de l'alidade, qui ren-

(1) C'était un Turc né à Tripoli.

fermait le petit plomb et le crin, qu'il avait l'air d'un homme plus v
qu'on ne l'est ordinairement dans la connaissance des instruments (
tronomie. Enfin, pour ne pas m'étendre sur des choses inutiles, i
trouva que le cadi avait étudié à Constantinople, qu'il entendait assez
sablement les principes de la géométrie, et qu'il savait son Euclide
ce qui concerne la trigonométrie, et si bien qu'il en répétait les dém
trations avec tant de rapidité qu'on ne pouvait le suivre et en compre
un mot. En revanche, il ne connaissait point les sphères. Toute
science astronomique se réduisait à des maximes d'astrologie judici
et à parler de la marche des premières et secondes planètes, à peu p
dans le style des almanachs.

Il désira que ma porte fût toujours ouverte pour lui, et spécialem
quand je ferais des observations. Comme il connnaissait bien la divis
des montres, il me demanda aussi de pouvoir marquer le temps à mes
que j'observerais. Je consentis à tout, et en retour j'obtins de lui une ch
qui me fut des plus utiles, c'est-à-dire un tableau détaillé du gouver
ment d'Yambo.

J'appris que les deux jeunes gouverneurs qui commandaient alors d
la ville étaient des esclaves du shérif de la Mecque, et il était impossi
aux personnes même qui les connaissaient le mieux, de dire lequel
deux était le plus bas, le plus lâche, le plus débauché. S'ils n'avaient pc
été retenus par la crainte, ils nous auraient sans doute volé jusqu'au d
nier sou. Le cadi m'en prévint, et il me dit en même temps qu'un vo
geur, un Franc, qui allait aux Indes, avait été arrêté depuis peu ; et q
comme on n'en avait plus entendu parler, il croyait qu'on l'avait mi
mort dans sa prison.

Quoique ce récit me fût très désagréable, je gardai la meilleure con
nance possible.

— Il est vrai, dis-je, qu'ici, dans une ville de garnison, et secondés p
une indigne soldatesque, ces esclaves ont pu faire tout le mal qu'il leu
plu à cinq ou six étrangers sans appui ; mais pour moi je ne les crai
pas. Je puis les assurer, ainsi que les habitants d'Yambo en général et
particulier, qu'il vaudrait mieux pour eux être dans leur lit malades de
peste, que de toucher un poil d'un chien qui m'appartiendrait.

— C'est ce qu'ils savent très bien, me répondit-il. Ainsi, soyez tra
quille; amusez-vous, et restez avec nous aussi longtemps que vous pourr

— Le moins qu'il me sera possible, au contraire, lui dis-je. Quoique
ne craigne point les méchants, je n'aime pas à séjourner dans leur voi
nage.

Il me pria alors de permettre que mon raïs portât une cargaison de l

.dda ; ce à quoi je consentis volontiers, mais à condition qu'un seul de gens s'embarquerait pour accompagner le blé. Il me déclara solennel- .ent qu'un seul des siens viendrait à bord, et même que je pourrais le e jeter à la mer s'il se conduisait mal. Cependant il en fit embarquer uite trois, dont l'un aurait mérité souvent que je le fisse jeter à la mer, ıme le cadi me l'avait permis.

ɀuand j'eus consenti à la demande du cadi :

– Ami, lui dis-je, à présent que j'ai fait tout ce que vous avez désiré, ique, suivant vos principes, vous eussiez dû commencer le premier à .ccorder des grâces, à moi qui suis étranger; à présent, dis-je, j'ai une se à vous demander. Connaissez-vous le sheik de Beder Hunein.

– Si je le connais ! répondit-il. J'ai épousé sa sœur, une fille de Harb. st de la tribu de Harb.

– Harb soit, repris-je; ce que j'exige de vous ne vous coûtera pas beau- p. Il faut que vous envoyez un chameau à votre beau-frère, pour qu'il procure le pied le plus grand et le plus parfait qu'il sera possible voir du baume de la Mecque. Il sera important de n'en briser ni la tige les branches; il faut le choisir entier, même avec ses fruits et ses ırs, et le bien envelopper dans une natte.

l me regarda d'un air fin, fit un mouvement d'épaules, allongea les lè- s, appuya un doigt sur son nez et me dit :

– C'est assez. J'entends ce que vous voulez dire. Vous verrez ce que je faire. Je ne suis point un idiot, vous en serez convaincu.

'rois jours après, pendant que j'étais à dîner, je reçus le pied de bau- : mais la fleur, s'il est vrai qu'il y en eût quand on le cueillit, avait été portée. Le fruit, au contraire, était à différents degrés de maturité, et n entier.

.e cadi m'envoya aussi une petite bouteille d'un quart de baume très , et tel qu'il avait découlé de l'arbre cette même année, avec lequel j'ai ifié ce que les anciens botanistes ont dit de ce baume.

.e cadi me raconta à ce sujet une curieuse légende que voici. Cette nte, me dit-il, n'était point au nombre des choses que Dieu avait faites s les six premiers jours de la création ; mais à la suite des trois ba- les sanglantes que Mahomet livra aux nobles Arabes de la tribu de b, et à ses alliés les Beni-Koreish, qui étaient alors païens et vivaient eder-Hunein, le prophète pria Dieu, et une forêt d'arbres de baume prit t-à-coup naissance du sang de ceux qui avaient été tués sur le champ bataille. Avec le baume qui découlait de ces arbres Mahomet toucha les ssures de tous les combattants, même de ceux qui étaient morts, et qui ient prédestinés à être musulmans, et aussitôt ils ressuscitèrent.

— J'espère, ami, lui répondis-je, que les autres choses que vous m'a dites de ce baume ne sont pas moins vraies que celles-ci ; sans quoi o moquerait de moi en Angleterre.

— Non, non, s'écria-t-il, elles ne sont pas la moitié aussi vraies, même le quart. Il n'y a rien au monde de si certain que cette origine.

Mais ses regards et ses éclats de rire me convainquirent en même ter qu'il n'en croyait que ce qu'il fallait ; et c'est ainsi que les musulmans s pour la plupart.

La veille de notre départ, à neuf heures du soir, je reçus, sans attendre, une visite du plus jeune des agas, qui, sous prétexte de me c sulter sur sa santé, me tira à part ; et après m'avoir beaucoup engagé secret, finit par me demander *modestement* quelque poison lent, moyen duquel il pût se défaire tout doucement et sans être so çonné de *son frère*. Je lui dis que de pareilles propositions ne devai point se faire à un homme tel que moi ; que tout l'argent et tout l'or monde ne m'engageraient pas à empoisonner le plus pauvre mendiant la terre, quand bien même personne n'en pourrait avoir le moin soupçon.

— Vos mœurs, me répondit-il, ne ressemblent donc point aux nôtres

— Non, grâce à Dieu, lui répliquai-je sèchement. Et nous nous sé râmes.

Yambo passe pour être mal sain ; mais, pendant tout le temps que restai, il n'y eut aucune espèce d'épidémie.

Les délais que nous occasiona le chargement du blé, et l'envie de d bler la quantité que j'avais permis de prendre (ce qui intéressait ég ment le raïs et mon ami le cadi), me retinrent malgré moi à Yambo to la journée du 27 avril. Je n'étais nullement tranquille, sachant que vivais au milieu de scélérats, qui ne désiraient que l'occasion de pouv me voler ou m'assassiner, et que la crainte arrêtait seule dans l'exécut de leur crime. D'ailleurs un quart d'heure d'ivresse, ou une mauva nouvelle, telle que la mort d'Ali-Bey, par exemple, pouvait les engage se livrer à toute leur férocité.

A la vérité, on ne nous laissait manquer de rien. L'aga nous fais livrer chaque jour un mouton, du pain excellent, et un peu de mauva bière ; et les personnes que je visitais comme médecin m'envoyaient miel, des dattes et une infinité d'autres présents, qui nous faisaient trou le séjour un peu moins désagréable. Nous allions, en outre, souvent à pêche dans nos canots ; et comme j'avais apporté trois fouanes de différ tes grandeurs, avec des lignes assorties, nous revenions rarement sa prendre quatre ou cinq dauphins. La pêche à l'hameçon nous était éga ment favorable. Des fenêtres de la maison même où nous logions, nous prenions une grande quantité de poissons très beaux par leur couleur, et souvent d'un goût exquis. Nous avions du vinaigre tant que nous en voulions. Nous tirions de Ruddua des oignons et d'autres légumes ; et comme nous étions tous cuisiniers, nous vivions à merveille.

Le 28 avril au matin, nous partîmes d'Yambo, avec la cargaison de blé du cadi, et trois passagers au lieu d'un que je m'étais engagé à prendre.

Bientôt la mer devint grosse, nous fûmes très fatigués par le roulis, et le vent diminua beaucoup. Un de nos passagers se trouva fort malade; et, à sa prière, nous mouillâmes l'ancre à Djar, petit havre dont l'entrée est au nord-est. On y trouve un abri sûr contre toute espèce de vent. Nous vîmes là, pour la première fois, plusieurs arbres de rack, qui croissaient très avant dans la mer, et qui même dans quelques endroits avaient jusqu'à deux pieds d'eau au-dessus du tronc.

Le 29, à cinq heures du matin, nous remîmes à la voile. A huit heures, nous passâmes un petit cap, nommé Ras-el-Himma ; et bientôt le vent fraîchissant, nous vînmes vis-à-vis du havre de Maibeed, où il y a un ancrage qu'on appelle El-Horma.

A dix heures, nous nous trouvâmes devant une montagne qui paraît sur la côte, et qu'on nomme Soub. A deux heures après-midi, nous passâmes le petit Muftura, qui est au-dessous d'une autre montagne nommée Hajout; et, à quatre heures, nous jetâmes l'ancre dans un endroit appelé Harar. Le vent fut contraire toute la nuit. Il soufflait du sud-est, et était même assez violent. Nous pûmes remarquer aussi un courant très fort à l'ouest.

Le 30, nous levâmes l'ancre à huit heures du matin, et nous reprîmes notre route; mais le vent nous était contraire, et nous fîmes très peu de chemin. Nous étions suivis par un grand nombre de requins, dont quelques-nous parurent énormes. Nous n'avions d'autre ligne que celle qui garnissait une petite fouane pour les dauphins ; malgré cela, je ne pus m'empêcher de lancer un des plus gros de ces monstres; car ils venaient si près de nous, que nous croyions quelquefois qu'ils avaient envie de sauter à bord. Je l'atteignis précisément à la jointure du cou ; mais comme nous n'étions pas assez adroits à mener la fouane et à filer la ligne sans la saccader, l'animal sauta environ deux pieds au-dessus de l'eau, puis replongea avec une extrême violence, et la corde, portant sur le côté du vaisseau, se cassa, et fut perdue avec le requin. Tous les autres disparurent au même instant. Mon raïs m'assura que c'était paur suivre le blessé, et que dès qu'ils avaient flairé son sang, ils n'abandonneraient pas leur compagnons qu'ils ne l'eussent dévoré.

Je regrettais beaucoup ma fouane, parce que les deux qui me restaient étaient plutôt des harpons que des fouanes. Mais mon raïs, que j'avais soin de tenir en bonne humeur, et dont je me ménageais l'amitié autant que je le pouvais, était un vieux harponneur de l'Océan Indien, et bientôt il m'étala un assortiment complet de ses instruments de pêche. Il avait non-seulement une petite fouane, pareille à celle que j'avais perdue avec le requin, et encore plus commode, mais plusieurs crocs garnis de chaînes et de lignes, et une espèce de rouet avec une ligne de crin, semblable à un petit vindas, auquel il attachait la corde de son harpon, comme celle de ses crocs. Mon raïs savait bien que je serais sensible à l'honnêteté qu'il me faisait, et que je ne manquerais pas de la reconnaître quand l'occasion se présenterait.

Le vent fraîchit et devint plus favorable. A midi nous fûmes à la vue de Rabac. Nous revirâmes pour y rentrer, et à une heure nous y jetâmes l'ancre. Ce petit havre s'enfonce dans l'est, et a près de deux milles de long. Les montagnes sont à la distance de trois lieues dans le nord, et la ville de Rabac est à quatre milles de l'entrée au nord-quart-est.

Nous passâmes toute la journée du premier mai dans ce port, occupés à en dessiner le plan. Le soir l'émir Hadjé, qui conduisait les pèlerins de la Mecque, campa à trois milles de nous. Nous entendîmes distinctement son coup de canon de retraite.

Le passager qui avait été malade voulut alors voir l'Hadjé. Comme je savais que la conséquence d'une pareille visite serait qu'une multitude de pèlerins fanatiques viendrait nous assaillir, je lui dis positivement que, s'il sortait du vaisseau, il n'y rentrerait point, et que nous irions tout de suite jeter l'ancre le plus loin du rivage qu'il nous serait possible. Cette menace le retint ; mais le lendemain il fut de mauvaise humeur toute la journée, répétant souvent, en se parlant à lui-même, qu'il méritait tout cela pour s'être embarqué avec des infidèles.

Les habitants de Rabac vinrent nous apporter à bord des melons d'eau et des outres remplies d'eau fraîche. Les vaisseaux peuvent là renouveler facilement leur eau, dans les puits qui sont auprès de la ville, et où elle n'est pas mauvaise.

La campagne est plane, et pourtant mal cultivée ; mais elle ne paraît pas à beaucoup près aussi déserte qu'autour d'Yambo. Je soupçonnai, par le coup d'œil qu'elle offrait et par la fraîcheur de l'eau, qu'il pleuvait de temps en temps dans les montagnes. Nous étions alors fort avancés en dedans du tropique ; car le cercle du tropique passe très près du Ras-el-Himma, et Rabac est à un demi-degré au sud de ce cap.

Le 2, à cinq heures du matin, nous fîmes voile de Rabac. Nous ons si peu de vent qu'à peine faisions-nous deux nœuds par heure.

A neuf heures et demie, nous vîmes Deneb, portant à l'est-quart-sud nous. On reconnaît facilement cette ville à quelques palmiers qui sont près. Son port est petit et très incommode pendant six mois de l'année moins, parce que la brise du sud y donne en plein, et que la lame y alors très forte.

A une heure après-midi, nous vîmes une île appelée Hammel, que nous ssâmes à un mille de distance. Dans le même moment, nous aperçûs une autre île qu'on nomme El-Mémisk, laquelle nous restait à trois les dans l'est. Cette dernière île a un ancrage sûr.

A trois heures trois quarts, nous vîmes l'île de Gawad, dont nous pasnes à un mille et un quart de distance, la laissant au sud-est. Le conent portait également au sud-est, et nous en étions éloignés d'un peu s d'une lieue. Nous ne faisions plus route directement au sud, nous ons le cap à l'ouest-sud-ouest; et, à quatre heures, nous mouillâmes is la petite île de Lajack.

Le 3, à quatre heures et demie du matin, nous remîmes à la voile, conuant toujours à diriger notre course à l'ouest-sud-ouest; mais bientôt is fûmes en calme. Après avoir fait une lieue, nous nous trouvâmes det le cap Ateba, ou cap Boiseux, qui portait à l'est.

Après que nous eûmes doublé le cap, le vent fraîchit. A quatre heures l'après-midi, nous mouillâmes dans le port de Jidda, tout auprès du ai; et les officiers de la douane vinrent immédiatement se mettre en ssession de notre bagage.

CHAPITRE XI

ail de ce qui arrive à M. Bruce, à Jidda. — Visite que lui rend le visir. — Inquiétudes de la actorerie. — Honnêteté et politesse des Anglais, qui font le commerce de l'Inde. — Départ de Jidda.

La rade de Jidda est très vaste. Elle renferme un nombre immense de uts fonds, de petites îles, de rochers à fleur d'eau entre lesquels il y a ers canaux. De quel côté que le vent souffle, on est bien abrité dans le rt, parce que les hauts fonds, interposés, empêchent que la mer n'é- ouve une trop grande agitation; et on peut, si on veut, mouiller vingt cres différentes à la poupe et à la proue. Le seul risque qu'on court, cela est aisé à concevoir, c'est en entrant dans la rade ou lorsqu'on en rt. Mais aussi on a à Jidda la preuve d'une observation faite depuis gtemps : c'est que, plus un port est dangereux, plus les pilotes devien- nt habiles, de sorte qu'il n'y arrive jamais d'accidents.

Je fis à Jidda un séjour de quelques mois, et j'eus beaucoup à me louer s honnêtetés que j'y reçus.

D'Yambo à Jidda j'avais dormi fort peu, parce que je travaillais non journal autant qu'il m'était possible, sur les lieux même où je fai- s des remarques. En outre, j'avais des fièvres qui me dérangeaient aucoup, et par la forme de mes habillements et par la négligence qui it dans toute ma personne, je ressemblais si fort à un galiongy ou ma- ot turc, que l'émir-bahar fut extrêmement surpris, lorsque mes domes- ues charièrent mes bagages à la douane, de leur entendre dire que tais Anglais. Cependant, cet officier m'avait donné, pour m'accompa- er à la maison de la factorerie anglaise, un de ses valets qui parlait un

fort mauvais anglais, et qui me promit, dans tout le chemin, un agréa
accueil de mes compatriotes.

Je me fis nommer par ce valet les différents capitaines, et quand je
informé de leurs noms, je lui dis de me faire parler d'abord à l'un d'e
que je reconnus pour être Écossais et de mes parents, et qui était par
sard dans ce moment appuyé sur la rampe de l'escalier qui condui
dans son appartement.

Je le saluai en l'appelant par son nom. Il se mit dans une colère
lente en m'appelant coquin, voleur, fripon de renégat, et m'assurant q
si j'avançais encore un pas, il me jetterait en bas des degrés. Je me r
rai sans rien répondre, et il continua à m'adresser des injures dont je
souvins longtemps.

Le valet qui me servait de conducteur leva les épaules et me dit « q
» voulait me conduire chez le meilleur de tous les capitaines. » Il
mena, en effet, vers l'escalier opposé, et pendant ce temps-là je pensais
moi-même que, si telles étaient leurs manières indiennes, je n'app
drais à personne ni mon nom, ni mon état, pendant que je demeurera
Jidda. Je n'avais aucun besoin d'eux, puisque j'étais muni d'un crédi
mille sequins et plus, sur Yousef-Cabil, visir ou gouverneur de la vill

On me conduisit dans un appartement où était assis le capita
Tornhill. Il avait une veste blanche de calicot, un bonnet de coton
pointu sur la tête, un grand gobelet d'eau devant lui, et il paraissait
cupé à réfléchir très profondément.

Le valet d'émir-bahar me tenait par la main en me faisant entrer d
la chambre du capitaine; mais je ne voulus avancer que de deux ou t
pas, de peur de recevoir un nouveau salut par lequel on me proposât
core de me faire sauter les montées. Le capitaine me regarda attent
ment, mais non d'un air hautain, ordonna au valet de se retirer et fe
la porte.

— Monsieur, me dit-il, vous êtes Anglais?

Je saluai.

— Sûrement, continua-t-il, vous ne vous portez pas bien, et vous
vriez être au lit. Avez-vous été longtemps malade?

— Longtemps, monsieur, lui répondis-je, et je fis un second salut.

— Avez-vous besoin d'un passage pour les Indes?

Je fis encore un salut.

— Je vois bien, reprit-il, que vous avez éprouvé des malheurs. Si v
avez des secrets, je les respecterai. Mais s'il vous faut un passage pour
Indes, ne vous adressez pas à d'autre qu'au capitaine Thornill du B
gale. Peut-être avez-vous des raisons de craindre de rester à terre : si

ard il en est ainsi, demandez M. Gierg, mon lieutenant, et il vous fera sitôt conduire à bord de mon vaisseau.

– Monsieur, lui dis-je, j'espère que vous trouverez en moi un homme. n'ai point d'ennemi que je sache, ni à Jidda, ni ailleurs, et je ne dois à personne au monde.

– Je vois bien que j'ai tort, reprit le capitaine, en tenant debout un vre homme qui a besoin d'être au lit. Philip! Philip!

Philip vint.

– Mon enfant, dit-il en portugais, qu'il crut, sans doute, que je n'entens pas, voilà un pauvre Anglais qui aurait besoin d'être dans son lit, ou tôt dans son cercueil; mène-le en bas, et dis à mon cuisinier de lui ner du bouillon et de la viande autant qu'il en voudra. Le pauvre çon a l'air d'avoir souffert la faim; mais j'aimerais mieux en avoir dix ourrir d'ici aux Indes que d'en enterrer un à Jidda.

Philippe de la Cruz, fils d'une dame portugaise, qu'avait épousée le itaine Tornhill, était un jeune homme rempli de talents et de mé-; et il me conduisit au cuisinier avec beaucoup de politesse et d'hon-eté.

e fis un salut aussi gauche que je le pus, en quittant le capitaine nhill, et je lui dis :

– Dieu récompensera un jour Votre Excellence.

Philippe me mena dans une grande cour où on avait coutume d'étaler ballots de marchandises des Indes pour servir de montre. Il y avait n côté une espèce de galerie couverte, qui semblait avoir été destinée ire une écurie. C'est là que Philippe me fit entrer, et bientôt après le sinier m'apporta mon dîner.

Plusieurs Anglais des équipages des vaisseaux, des Indiens, et d'autres sonnages vinrent me regarder, et j'entendais qu'ils s'accordaient à e en général que j'avais l'air d'un voleur, que je devais certainement e un Turc, et qu'ils ne se soucieraient parbleu pas de tomber entre mes ins.

Après avoir mangé, je m'endormis sur une natte, pendant que Phi-pe me faisait préparer un appartement. En même temps, quelques-uns mes gens avaient suivi mes effets à la douane et d'autres étaient de-urés à bord afin d'empêcher le pillage de ce qui était resté. J'avais mes s sur moi, et le visir était allé dormir, ainsi qu'il avait coutume de le e tous les jours à midi.

Aussitôt qu'il s'éveilla, il se sentit si satisfait de sa proie qu'il tomba mon bagage, s'étonnant qu'une aussi grande quantité de choses et de tos d'une forme si curieuse appartinssent à un homme d'aussi mauvaise mine que moi. Cette raison ajoutait encore à l'espérance de pour bien profiter d'une si bonne occasion de voler. Il demanda les clefs malles. Mon domestique répondit que je les avais et qu'il allait les cl cher à l'instant même. Mais ce délai était trop long; on ne pouvait corder une seule minute. Accoutumés à dérober, ils ne forcèrent point serrures, mais ils défirent adroitement les charnières qui étaient derr les couvercles; par ce moyen ils ouvrirent les malles sans avoir besoin clefs.

La première chose qui se présenta aux yeux du visir fut le firman grand seigneur, superbement écrit, avec un beau titre et une suscript parsemée de poudre d'or, et bien enveloppé dans du taffetas vert. Ap cela, il y avait un petit sachet en satin blanc, adressé au kan des Ta res, dont M. Peyssonel, consul de France à Smyrne, m'avait chargé que je n'avais point remis, parce que le kan se trouvait alors prisonni Rhodes.

Venait ensuite un autre sac d'étoffe de soie brochée d'or, contenant lettres adressées au shérif de la Mecque; puis un quatrième sac de sa cramoisi, renfermant des lettres pour Métical-Aga, sélictar ou porte-sa du shérif, son premier ministre et son favori. Le gouverneur trouva en une lettre d'Ali-Bey adressée à lui, et écrite avec toute la supériorité d souverain à son esclave.

Par cette lettre, le bey lui mandait sans ménagement que les gouver ments de Jidda, de la Mecque et des autres États du shérif étaient plon dans le désordre, et que les marchands qui y voyageaient pour leurs af res étaient sans cesse épouvantés, pillés, arrêtés. Il le prévenait, en con quence, que s'il m'arrivait rien de pareil, il n'écrirait point, il ne se pla drait point, mais il enverrait punir le crime jusqu'aux portes de Mecque. Ce langage fut d'autant plus désagréable pour le visir qu'on sait publiquement que Mahomet-Bey-Abou-Dahab devait marcher l'an suivante contre la Mecque, pour tirer vengeance de quelques insul qu'Ali-Bey avait reçues du shérif.

Il y avait aussi dans ma malle une autre lettre pour le visir, éc par Ibrahim-Sikakeen, chef des marchands du Caire, qui le charge de me compter mille sequins à vue, en le prévenant que, si j'en exige davantage, il me les fournît sur mon reçu.

Toutes ces choses étaient si imprévues que le visir Cabil sentit bien qu'il était allé trop loin. Il fit rappeler promptement mon domestiq et le gronda beaucoup de ne pas lui avoir dit qui j'étais; mais mon mestique se défendit en observant que ni le visir ni les personnes de suite n'avaient voulu écouter une seule parole; et l'un des gens du c

Médine, qui avait accompagné le blé, dit fièrement au visir qu'il l'avait ɛz averti, mais que son orgueil ne lui avait laissé rien entendre.

e mal était déjà fait. Le visir ordonna à mon domestique de clouer charnières de la malle ; mais celui-ci déclara qu'il n'en ferait rien ; on n'ouvrait jamais des malles de cette manière, lorsqu'on pouvait ir les clefs, sans avoir envie de voler ce qui était dedans ; que comme nalle contenait beaucoup de choses précieuses destinées à faire des sents au shérif de la Mecque et à Métical-Aga, et qu'on pouvait les ir dérobées, puisque les charnières avaient été forcées avant qu'il vînt, ıe voulait nullement se mêler de cette affaire, et qu'il s'en lavait les ins ; mais qu'il était bien sûr que son maître s'en plaindrait très ıtement à la Mecque et au Caire, et qu'il serait écouté.

.e visir prit aussitôt sa résolution en homme d'esprit. Il ordonna qu'on amenât son cheval, et, accompagné d'un grand nombre de scélérats sque nus qu'on nomme des soldats, il se rendit à la maison de la torerie, où à l'instant tout le monde fut en alarmes.

'ingt-six ans avant cette époque, les marchands anglais, qui étaient idda au nombre de quatorze, avaient été tous massacrés pendant qu'ils ient à dîner. On pilla la maison de la factorerie ; on la démolit, et il pas été permis depuis de la rebâtir telle qu'elle était d'abord.

\ l'instant où le visir approcha de la maison de la factorerie, on fit ıucoup de recherches pour trouver le gentilhomme anglais. Personne l'avait vu ; mais on dit qu'un de ses valets était alors dans la maison. ınquillement assis sur ma natte, je prenais une tasse de café, quand vit entrer le cheval du visir, et que la cour fut aussitôt remplie de ›nde. Un des commis de la douane me demanda où était mon maître.

— Dans le ciel, lui répondis-je.

Le domestique de l'émir bahar conduisit alors vers moi le visir, qui it encore à cheval. Celui-ci me répéta la question du commis de la ıane ; mais je lui répondis que je ne savais point ce que signifiait une reille demande ; que j'étais la personne dont on avait transporté les ıipages à la douane, et en faveur de qui le grand seigneur et Ali-Bey ıient écrit. A ces mots il parut très étonné, et me demanda comment pouvais être aussi mal vêtu.

— Votre question ne doit pas être faite sérieusement, lui dis-je ; je ɔis qu'aucun homme ne voudrait paraître mieux habillé dans le voyage e je viens de faire. D'ailleurs vous ne m'avez pas laissé la liberté de ıanger d'habit, puisque tous mes effets sont depuis plus de quatre ures à la douane, jusqu'à ce qu'il vous plaise de me les faire rendre.

Je me levai, et nous montâmes ensemble dans l'appartement du capitaine Thornill, à qui je demandai excuse de ne lui avoir pas dit d'al qui j'étais, à cause du mauvais accueil que j'avais reçu de mon par Il plaisanta beaucoup sur cela, et nous vécûmes depuis dans les relat de l'amitié et de la confiance intime. Tout fut bientôt arrangé, m avec le visir Yousef-Cabil; et on s'employa de tous côtés à me proc les lettres les plus pressantes pour le naïb de Masuah, pour le roi d'A sinie, pour Michaël-Suhul, son ministre, et pour le roi de Sennaar.

Metical-Aga, grand ami et protecteur des Anglais à Jidda, et mê comme nous pouvons le dire, acheté par les grands présents qu'il rece d'eux, avait été originairement un esclave abyssinien. Chargé de la fiance du roi et de Michaël pour les ventes de l'or, de l'ivoire, de la civ et de tous les objets précieux qu'on tire d'Abyssinie, il les leur payai autres marchandises. Il fournissait aussi à Michaël des armes à feu qui avait déjà mis ce ministre à même de subjuguer l'Abyssinie, massacrer le roi son maître, et d'en placer un nouveau sur le trône.

D'un autre côté, le naïb de Masuah, dont l'île appartenait au Gr Seigneur, et dépendait du pachalik de Jidda, avait essayé de se soustr à ce pouvoir, et de se rendre indépendant. Il ne payait plus aucun tril et le pacha, qui n'avait point de troupes, ne pouvait pas le forcer à payer, d'autant que l'île de Masuah est située dans la partie de la Rouge qui avoisine la côte d'Abyssinie. Cependant Metical-Aga et le pa conclurent un traité par lequel ce dernier céda à l'autre l'île et le territ de Masuah pour une redevance annuelle, et Métical aga nomma Micl gouverneur de Tigré, receveur de ses revenus. Le naïb n'eut pas p tôt appris qu'il allait avoir à faire à Michaël, qu'il s'empressa de lui pa son tribut, et même de lui faire des présents; car Tigré était la provi dont il tirait ses subsistances, et Michaël aurait pu, s'il l'avait vou ruiner en huit jours de temps tout le territoire de Masuah, qui d'aille avait autrefois appartenu à l'Abyssinie comme je l'expliquerai par suite. La puissance de Métical étant donc généralement reconnue, il s'agissait plus que d'en faire usage en ma faveur.

On sait de quel faible avantage sont ordinairement les simples lett de recommandation. Ce n'était pas la première fois que je voyageais, e me connaissais trop bien en style oriental pour me laisser duper par lettres de compliments. Il n'y a pas de gens qui mettent plus de civil plus de politesse dans leur correspondance, que les Orientaux; mais le expressions ne signifient guère plus que celles dont on se sert en Euro et qui prouvent seulement que celui qui écrit est un homme bien éle De pareilles lettres ne suffisaient donc pas pour un voyage si long, périlleux et si important que le mien.

'e cherchai à me procurer des lettres importantes pour ceux même qui écrivaient comme pour ceux à qui elles étaient adressées ; et j'essayai faire bien comprendre cela à Métical-Aga, qui était un excellent nme, mais de peu de capacité. Les lettres que je lui portai de la part li-Bey commencèrent à fixer son attention sur moi, et le présent que ui fis d'une belle paire de pistolets le décidèrent entièrement en ma eur. Il fut d'autant plus sensible à ce présent que j'aurais pu me disser de lui rien offrir, puisque j'étais muni d'une lettre très favorable son supérieur.

.es Anglais de Jidda unirent leurs sollicitations aux miennes. Ils étaient ez en crédit pour obtenir des choses plus difficiles ; car chacun d'eux it ses amis particuliers, et tous ensemble désiraient me rendre sere. A ceux-ci se joignait encore un ami que j'avais connu à Alep, et qui nommait Ali-Zimzimiah, c'est-à-dire gardien du puits sacré de la cque, dignité très honorable et très respectée. Ali-Zimzimiah était si mathématicien et astronome, suivant le degré où ces sciences sont tées dans ce pays.

Toutes les lettres que j'obtins étaient écrites comme je désirais. Cendant cela ne parut pas encore suffisant aux yeux d'un très digne nme qui avait conçu un sincère attachement pour moi depuis le mont de mon arrivée. Cet ami était le capitaine Thomas Price, commant le *Lion de Bombay*. Il fut le premier qui proposa à Métical-Aga de faire accompagner, ainsi que les lettres, par un de ses officiers ; et crois fermement que c'est à cette mesure que, avec le secours de la vidence, j'ai dû la conservation de ma vie. Le capitaine Thornill conrut aussi de tout son pouvoir à faire adopter cette idée ; on me donna ır compagnon un Abyssinien, nommé Mahomet Gibberti, porteur de res particulières, indépendamment de celles que j'avais moi-même, et rgé d'être témoin de la réception qu'on me ferait.

l me fallait attendre quelque temps avant que Gibberti fût prêt à tir pour ce voyage, et comme il me restait encore à visiter une partie sidérable du golfe d'Arabie, je me préparai à faire seul cette excursion quitter Jidda, après y avoir séjourné pendant assez longtemps.

De toutes les choses nouvelles que j'avais déjà vues dans mon voyage, une ne me surprit autant que la manière dont se faisait le commerce Jidda. Il y avait alors dans le port neuf vaisseaux anglais venant de de, dont la plupart valaient deux cent mille livres sterling chacun. Un rchand turc, qui demeurait à la Mecque, où l'on ne peut se rendre de da que dans trente heures, et où jamais un chrétien n'ose mettre le d, tandis que tout le continent est ouvert aux Turcs, s'ils veulent s'enfuir, offrit de prendre à lui seul la cargaison de quatre des neuf bâtimen anglais ; mais un autre Turc vint tout de suite, et dit qu'il n'achèter aucune cargaison, ou qu'il voulait les neuf ensemble. Les échantillc furent visités, et toutes ces riches marchandises transportées à trav les déserts de l'Arabie par des hommes avec qui personne ne voudrait trouver seul en rase campagne.

Deux courtiers indiens vinrent dans le comptoir pour conclure marché, l'un traitant pour les capitaines anglais, et l'autre pour marchand turc. Ces courtiers n'étaient ni chrétiens ni mahométans ; m ils avaient la confiance des uns et des autres. Ils s'assirent à terre sur tapis, et prirent une pièce d'étoffe des Indes (1) grande comme une s viette, qui était sur leurs épaules, et qu'ils étendirent sur leurs mai En mêmes temps ils s'entretinrent de choses indifférentes, de l'arri des vaisseaux des Indes, des nouvelles du jour, parlant comme s' n'avaient point eu à traiter d'affaires sérieuses. Au bout de vingt minu employées à se toucher réciproquement les doigts par dessous le sha le marché des neuf cargaisons fut conclu, sans qu'ils eussent pronor un mot, sans qu'ils se fussent servis de plume et d'encre. Il n'y a cep dant pas un seul exemple de difficultés survenues dans ces sortes marchés.

Mais il reste encore une chose essentielle. L'argent n'est pas comp Un simple particulier, qui ne possédait rien que sa réputation, dev responsable du paiement des riches cargaisons de neuf vaisseaux. S nom était Ibrahim Saraf, c'est-à-dire Ibrahim le courtier. Cet hom délivra un certain nombre de sacs de grosse toile, remplis de ce que l' supposait être de l'argent. Il avait marqué sur chaque sac ce qu'il ét censé contenir, et apposé son cachet sur la ficelle qui le liait. En con quence, ces sacs furent pris pour ce qui était écrit dessus, sans q personne en eût ouvert un seul ; et de tels sacs sont reçus couramme dans toute l'Inde, aussi longtemps que la toile peut durer.

Jidda est un séjour très malsain, ainsi que tout le reste de la côte ori tale de la mer Rouge. Presque aux portes de la ville, dans un désert q s'étend au levant, il y a un nombre immense de cabanes qui appartienne aux Arabes Bédouins. Ces cabanes sont construites avec des paquets spartum, ou d'une espèce de jonc qu'on arrange comme des fascines. L Bédouins fournissent à Jidda du lait et du beurre.

On ne peut sortir de la ville, même pour se promener, excepté jusqu la distance d'un demi-mille vers le sud, et le long de la mer, où il y

(1) Un shawl.

usicurs mares d'eau stagnante et corrompue, qui contribuent beaucoup l'insalubrité du climat.

Indépendamment de ce que Jidda est situé dans la partie la plus mal-ine de l'Arabie, il se trouve entouré du désert le plus affreux. Cet convénient et beaucoup d'autres l'auraient probablement fait abandon-r tout-à-fait depuis longtemps, si l'on n'avait considéré de quelle im-rtance était le voisinage de la Mecque, et quels grands avantages oduit le commerce des Indes, dont les marchandises arrivent une fois r an à Jidda, pour être transportées très promptement à la Mecque, où on les répand ensuite dans tout l'orient. Cependant Jidda retire peu profit pour lui-même. Les impôts de la douane sont aussitôt envoyés la Mecque à un souverain, qui manque toujours d'argent, à un ministre à une foule d'officiers affamés. L'or qui sert à payer les marchandises vient à Jidda dans des sacs ou des caissons, sans s'y arrêter davantage sans y laisser plus de profits. Pendant le temps périodique de ce com-erce, les vivres et toutes les provisions augmentent considérablement, qui est au détriment des habitants; tandis que tous les bénéfices sont our des étrangers, dont plusieurs n'y séjournent pas plus de six maines que dure le marché, puis se retirent dans l'Yémen et dans les virons, où tout est moins cher et plus abondant.

L'amitié et les attentions de mes compatriotes ne se démentirent pas n seul moment pendant tout le temps que je restai à terre, et ils me rent l'honneur de m'accompagner tous ensemble jusqu'au bord de la er, lorsque j'allai m'embarquer. Si d'autres ont éprouvé de la hauteur de l'orgueil de la part des négociants des Indes orientales, je puis dire ie j'ai eu le bonheur de ne pas avoir à m'en plaindre. Je me serais même ouvé plus à mon aise de me voir moins prévenu, moins recherché par ıx.

Tout le rivage de Jidda était couvert de monde, au moment de mon épart. On voulait voir le salut des vaisseaux anglais. Nous mîmes à la oile, en compagnie d'un autre navire destiné pour Masuah, dans lequel ahomet-Abdel-Kader, gouverneur de Dahalac, s'était embarqué pour se ndre dans son gouvernement.

Dahalac (1) est une grande île, dépendante de Masuah, mais dont le gou-erneur a pourtant un firman particulier, qu'on renouvelle tous les deux ns. Ce gouverneur était un Maure, officier du naïb de Masuah. Il était enu à Jidda pour obtenir de Métical-Aga son firman, et il s'en retournait, ndis que Mahomet-Gibberti devait être destiné à m'accompagner, et por-r ce firman au naïb.

(1) L'île des Pasteurs.

Abd-el-Kader ne fut pas plus tôt débarqué à Masuah que, suivant le goû de son pays pour le mensonge, il débita qu'un grand, ou un prince, qu'i avait laissé à Jidda, allait arriver incessamment, qu'il avait porté de présents considérables au shérif de la Mecque et à Métical-Aga, et qu'e retour il avait reçu une somme immense en or de la part du visir Youse Cabil ; qu'en outre, il avait encore tiré tout l'argent qu'il avait voulu de Anglais de Jidda, lesquels, pendant tout le temps de son séjour qui avai duré plusieurs mois, n'avaient pas cessé de le régaler et de lui donner de fêtes; enfin Abd-el-Kader ajouta qu'à l'instant où il quittait Jidda, c prince partait aussi pour aller rendre visite à l'imam de l'Arabie-Heu reuse, et que tous les Anglais avaient alors déployé tous leurs pavillons et tiré des coups de canon pendant trois jours du matin au soir : men songe d'autant plus grossier, que si l'on avait effectivement fait cela deu jours après son départ, il lui aurait été impossible d'en être témoin.

Les conséquences d'un pareil rapport pouvaient me devenir très fune tes. Le naïb de Masuah s'imagina voir bientôt arriver un homme qu chargé d'immenses trésors, venait se mettre entre ses mains. Aussi j crois que le péril qui me menaça alors était plus terrible pour moi qu tous les autres dangers réunis auxquels j'ai échappé dans le cours de mo voyage; et tel était pourtant l'effet de la plus méprisable des armes, la lan gue d'un menteur.

CHAPITRE XII

ute après le départ de Jidda. — Konfoda. — Ras-Heli, borne de l'Arabie-Heureuse. — Arrivée à Lohéia. — Route vers le détroit de l'Océan indien. — Arrivée au détroit. — Retour à Lohéia, par la voie d'Azab.

Ce fut le 8 juillet 1769 que je partis du port de Jidda sur le même vais-au qui m'avait emmené de Cosséir. Je permis à mon raïs de prendre un tit chargement pour son compte, à condition qu'il ne recevrait point de ssagers. Le vent était très favorable. Nous passâmes au milieu de la tte anglaise, dont les vaisseaux étaient à l'ancre. Tous les capitaines, mme je l'ai déjà dit, m'avaient témoigné leur amitié en m'accompa-ant jusqu'à la chaloupe; et mon raïs fut étonné de voir les honneurs 'on rendait à son petit bâtiment, pendant que nous traversions la flotte. ous les vaisseaux hissèrent le pavillon d'Angleterre, et tirèrent onze ups de canon chacun, excepté celui qui appartenait à mon parent, qui contenta de mettre son pavillon; et lorsque nous passâmes à côté de i, un officier prit un porte-voix, et nous cria de dessus le pont :

— Le capitaine... souhaite un bon voyage à M. Bruce.

Alors je répondis de la même manière :

— M. Bruce souhaite au capitaine... un heureux et prompt retour à la ison.

Mais ce vœu ne s'est malheureusement point encore effectué; et je ains bien qu'il ne s'accomplisse jamais pour ce pauvre homme!

Le soir, après avoir passé un groupe de hauts fonds appelés les écueils Safia, nous jetâmes l'ancre dans la petite baie de Mersa-Gedan, qui est oignée de Jidda d'environ douze lieues.

Le 9 juillet, nous suivîmes une route entre d'autres écueils, dont le pas-ge est très étroit et s'appelle Goofs. A neuf heures un quart, nous vîmes

Ragwan, que nous laissâmes à deux milles à l'est-nord-est, et une he après, nous fûmes vis-à-vis du petit port de Sodi, portant aussi est-n est à la même distance. A une heure trois quarts après-midi, nous pa mes à deux milles de Markat, qui nous resta au nord-est quart d'est. I nous vîmes un rocher appelé Numan, à deux milles au sud-ouest. Bie nous découvrîmes la montagne de Somma; et à six heures un quart, n mouillâmes dans un petit havre peu sûr, qu'on appelle Mersa-Brahim dont nous avions vu à Jidda un plan inexact et mal dessiné, entre mains d'un Anglais. Je m'étais procuré une copie de ce plan, et je le rigeai avec soin sur le lieu même; de sorte qu'on peut aujourd'hu regarder comme fidèle.

Le 10, nous remîmes à la voile à cinq heures du matin.

A sept heures et demie, nous dépassâmes l'île d'Abeled, et deux pet îles élevées qui nous restaient à environ une lieue, dans le sud-ouest q d'ouest.

A quatre heures un quart, nous fûmes vis-à-vis du Ras-el-Askar, r qui signifie le Cap des Soldats ou de l'Armée. Là, nous aperçûmes q ques arbres. Nous découvrîmes aussi des montagnes très reculées su continent, et dans le nord-est de nous.

A deux heures, nous passâmes dans le milieu du canal entre cinq sablonneuses et couvertes de varech. Nous en laissâmes trois à main dr à l'est, et deux sur la gauche à l'ouest. Ces cinq îles sont nommées (nan-el-Abiad, c'est-à-dire, les Jardins-Blancs; nom qui leur vient, j'i gine, de l'herbe verdoyante qui croît sur leurs sables blancs. A d heures et demie, nous trouvâmes une autre île portant à l'est. Nous éti alors à une lieue du continent, et le vent soufflait toujours du même c A trois heures, nous rangeâmes encore une autre île, portant au sud-o et à un quart de mille. De cette dernière île au continent, il y a cinq mi et même quelque chose de plus. A quatre heures cinquante minutes, n arrivâmes vis-à-vis une autre île qui s'étendait jusqu'à Konfodah. N vîmes alors à l'ouest, et à l'ouest-sud-ouest de nous, différentes pet îles, dont nous n'étions pas éloignés de plus d'un demi-mille.

Nous jetâmes alors la sonde : mais nous ne trouvâmes point de f avec trente-deux brasses de ligne. Je crois que si nous en avions tro dans les environs de cet endroit, ce n'eût été que sur quelques écueils.

A cinq heures, faisant route au sud-est quart de sud, nous vîmes île, que nous laissâmes à un quart de mille à l'ouest de nous. Ens nous en vîmes plusieurs autres formant une chaîne; et à huit heure demie, nous mouillâmes dans un endroit nommé Mersa-Hadon, mais qu ne peut pas appeler un port.

Le 11, dès les quatre heures du matin, nous levâmes l'ancre, et nous partîmes de Mersa-Hadon. Le vent était calme. Nous faisions très peu de chemin. Nous avions le cap au sud-est, et bientôt après nous le tournâmes un peu plus à l'est. A six heures, nous revirâmes pour pouvoir gagner la baie de Bonfodah, très remarquable par une haute montagne qui est par derrière, et dont le sommet forme une pyramide dans les proportions les plus régulières. Nous manquions de vent pour entrer dans la baie. De sorte que nous mîmes à la mer le canot que j'avais acheté à Jidda, pour me promener dans la rade, et dont je me proposais de faire présent à mon raïs, ainsi que je le lui avais promis. Par ce moyen, nous nous fîmes touer; et à huit heures un quart nous fûmes à l'ancre, dans le port de Konfodah.

Konfodah signifie la ville du Hérisson ou du Porc-Epic. C'est un petit endroit où il n'y a pas plus de deux cents mauvaises maisons, bâties en branchages et couvertes de nattes, de feuilles de doom ou de palmier. Le village s'étend autour de la baie, qui n'est qu'un bassin rempli de hauts fonds, et il y a par derrière une plaine vaste et déserte. Dans cette plaine s'élèvent quelques monticules de sable très blanc. Le sol qui est le long du rivage ne produit rien que du varech, qui est d'une extrême beauté et plein de vigueur; mais plus loin il y a des jardins potagers.

Le poisson est très commun à Konfodah. On y trouve aussi du lait et du beurre en abondance. Le désert qui environne le village a même un aspect moins aride que les autres déserts, ce qui me fit croire au premier abord qu'il y pleuvait quelquefois; et l'émir me confirma dans cette idée.

L'émir Ferhan, gouverneur de Konfodah, était un esclave abyssinien qui m'invita à descendre à terre et à dîner avec lui. On nous servit un repas excellent préparé à la mode du pays. Il me dit que la campagne qui bordait le rivage était déserte; mais qu'en s'éloignant de la mer, là où les herbes et quelque gravier avaient fixé le sable, elle produisait toute sorte de plantes, surtout dès qu'il tombait quelques ondées de pluie.

Depuis si longtemps je n'avais pas entendu parler d'une ondée de pluie, que je ne pus m'empêcher de rire. L'émir crut avoir mal parlé, et il me demanda si poliment de quoi je riais, que je fus obligé de le lui avouer :

— La cause qui me fait rire, lui dis-je, émir, est un peu folle. Il m'est venu dans l'idée que je voyageais depuis douze mois, que j'avais fait au moins deux mille milles de chemin, et que je n'avais encore vu et entendu parler jusqu'à présent d'une ondée de pluie. Quoique vous deviez vous apercevoir par ma conversation que j'entends assez bien votre langue pour un étranger, je vous assure que si vous m'aviez demandé quel était le mot arabe qui exprimait une ondée de pluie, il m'eût été impossil vous le dire. Je vous donne en même temps ma parole d'honneur qu ri de cela, et point d'autre chose. C'est une simple réminiscence.

— Vous allez, me répondit-il, dans des contrées où vous aurez pluie et du vent assez froid, et où l'eau des montagnes est plus dur la terre la plus sèche ; car on marche facilement dessus (1). Nous n'a que quelques restes de leurs ondées de pluie, et ce sont ces restes qu notre plus grand bonheur.

Je fus très satisfait de la conversation de l'émir Ferhan. C'éta homme de près de cinquante ans, fort bien mis, ne portant ni arme ni coutelas, n'ayant même auprès de lui aucun domestique arabe ave armes, quoique tous ses domestiques fussent habillés de mani annoncer l'aisance du maître, et qu'il eût dans son écurie soixante de beaux chevaux que j'eusse vus depuis longtemps.

Nous pouvions les examiner tout à notre aise pendant que nous dîr car on nous servit dans un petit salon placé en face de l'écurie. Le quet de ce salon était orné de magnifiques tapis de l'Inde, et les mur étaient couvertes avec des toiles blanches, que vraisemblablement avait aussi fournies ; d'ailleurs la maison était assez simple, et on distinguait des autres maisons du village que par sa grandeur.

L'émir paraissait avoir une connaissance plus profonde des chos général et parler avec plus d'élégance qu'aucun des hommes avec les j'avais conversé en Arabie. Il me raconta que la petite vérole lui ava levé, dans le cours d'un mois, ses sept fils. Lorsque je voulus me re il me pria de rester quelque temps avec lui, en m'observant que je mieux de passer la nuit dans sa maison que d'aller coucher à bord, n'étais pas en sûreté.

Surpris de ce discours, j'en demandai la raison ; et il m'appri l'équipage d'un navire de Mascatte dans l'Océan Indien avait eu que l'année précédente, avec son peuple ; qu'il s'était livré un combat rivage, et que plusieurs matelots avaient été tués ; qu'après cela, les cattiens s'étaient obstinés à croiser dans les environs pour prendr revanche, jusqu'à ce que le changement de mousson les eût mis da nécessité de rester six mois de plus dans la mer Rouge avant de po retourner dans leur pays. Il ajouta que ces pirates avaient quatre c qu'ils appelaient *Patareroes*, et que certainement ils nous attaquer parce qu'ils ne pouvaient pas manquer de nous rencontrer.

Une pareille nouvelle était la plus fâcheuse que nous pussions ap

(1) L'émir parlait de l'Yémen, qui est la partie la plus haute de l'Arabie-Heureuse.

dre. Avant d'entendre parler de cela, nous pensions que tous les étrangers navigateurs étaient nos amis, et nous ne craignions que les habitants des côtes. Mais voici que sur un rivage sans défense, nous nous trouvions prêts à devenir la proie et des naturels du pays et des étrangers.

Notre raïs, surtout, fut frappé d'une terreur panique. Il était précisément né dans le voisinage de Mascatte, et ses compatriotes et les Mascattiens se faisaient continuellement la guerre. Il dit qu'il savait très bien ce qu'étaient ces gens-là ; qu'il n'y avait point de pays en meilleur état que Mascatte ; mais que les habitants étaient une troupe de pirates de la tribu des Baharéens, que leurs vaisseaux étaient fort remplis d'hommes, qu'ils venaient vendre de l'encens à Jidda et qu'ils allaient en porter jusqu'à Madagascar ; qu'enfin les Mascattiens ne craignaient personne, et ne vivaient bien qu'avec ceux qui les employaient. Mon raïs imagina, car ce n'était sûrement qu'un effet de son imagination, que le matin il avait vu un vaisseau à larges voiles, et tel qu'on avait décrit le pirate. Nous eûmes beaucoup de peine à l'empêcher de reprendre la route de Jidda.

Je pris alors congé de l'émir, et je me retirai dans ma tente pour tenir conseil sur ce que nous avions de mieux à faire.

Konfodah est un des pays les plus malsains qu'il y ait sur les côtes de la mer Rouge. Les provisions y sont mauvaises et fort chères ; et, contre le témoignage de l'émir, nous y trouvâmes l'eau exécrable. On n'y vend que de la viande de chevreau ; encore y est-elle fort maigre et d'un prix excessif.

Le 14, notre raïs, plus effrayé de mourir de la fièvre que de la main des pirates, consentit volontiers à remettre à la mer. Les bons dîners de l'émir ne s'étaient pas étendus jusqu'à notre équipage, qui avait continué à vivre de ses courtes rations. La fièvre du raïs l'avait repris depuis notre départ de Jidda, et je fus obligé de lui faire prendre quelques doses de quinquina pour l'en délivrer. Mais il se plaignait toujours de la faim, qui ne put pas être satisfaite par la viande coriace d'une vieille chèvre, dont l'émir nous avait fait présent.

Nous mîmes à la voile à six heures du matin, après avoir eu la précaution de jeter tout notre lest à la mer, afin de pouvoir naviguer dans les endroits où il y aurait peu d'eau, si nous apercevions l'ennemi. Nous observâmes avec nos lunettes l'horizon tout autour de nous, surtout au moment de notre départ, puis je m'aperçus que nos craintes se dissipaient et que nous reprenions tout notre courage ; mais, le soir, nous sentîmes revenir notre terreur, semblables à des enfants qui ont peur des fantômes.

Le vent était sans force. Nous passâmes entre divers rochers à l'ouest, continuant à diriger notre route au sud-sud-est, même un tant soit peu plus est, et nous tenant à environ trois milles du rivage. A quatre heures après midi, nous passâmes le Jibbel-Sabéïa, île de sable un peu plus grande que les autres, mais non pas si élevée. C'est dans cette île que les Arabes du Ras-Héli envoient leurs femmes et leurs enfants en temps de guerre. Toutes les autres îles de ces parages sont inhabitées.

A cinq heures, nous doublâmes le Ras-Héli, qui est la borne qui sépare l'Yémen ou Arabie-Heureuse de l'Héjaz (1), ou province de la Mecque; la première appartient à l'imam ou roi de Sana; l'autre au shérif de la Mecque.

Je priai mon raïs de mouiller cette nuit immédiatement au dessous du cap, parce que le temps était très calme et très serein ; et par le moyen de cinq observations que je fis sur le passage d'un pareil nombre d'étoiles, les plus près du méridien, je déterminai la latitude du Ras-Héli, et conséquemment de la limite des deux états l'Héjaz et l'Yémen, ou l'Arabie-Déserte et l'Arabie-Heureuse, que je trouvai par les 18° 36' nord.

Là, le pied des montagnes est baigné par la mer. Nous jetâmes l'ancre à un mille du rivage, par quinze brasses d'eau. La côte est bordée de sable et de corail.

A commencer au cap Héli, nous trouvâmes la côte bien mieux habitée. Les principaux Arabes à qui ce pays appartient sont les Cotrushi, les Sébahi, les Hélali, les Mauchlota et les Menjahi. Ils ne sont point originaires de l'Arabie-Heureuse ; mais ils sortent d'auprès d'Azab, sur la côte opposée, et ils descendent de ces Arabes pasteurs, qui furent longtemps les ennemis opiniâtres de Mahomet, mais qui enfin se convertirent à sa loi. Leur peau est noire, et leur tête couverte de laine.

Les montagnes et les petites îles sur la côte, en tirant vers l'est, sont occupées par les Habib. Ces Arabes ont la peau blanche, et ils vivent dans une indépendance absolue, ne payant aucune espèce de tribut, ne reconnaissant pour maître ni l'imam de Sana, ni le shérif de la Mecque, et pillant de temps en temps les villes qui sont sur la côte.

Le désert de Tehama est sablonneux, et s'étend depuis le pied des montagnes jusqu'à Moka. Cependant sur les cartes il se trouve marqué comme une contrée différente de l'Arabie-Heureuse ; mais ce n'est que la partie basse de cette Arabie ou le rivage de la mer, et il est soumis au même maître.

Il y a sur cette côte fort peu d'eau, et il n'y pleut jamais. On n'y voit aucun autre animal que la gazelle ou l'antilope, encore s'y trouve-t-elle en fort petit nombre. Il y a aussi fort peu d'oiseaux, et tous sont muets.

Le 15, nous reprîmes notre route ; nous avions toujours fort peu de vent, et nous suivions la côte quelquefois à deux milles de distance, quel-

(1) L'Arabie-Deserte.

fois moins. A mesure que nous avancions, les montagnes me parurent s hautes. Je sondai à plusieurs reprises, mais je ne trouvai point le l avec une ligne de trente brasses, à un mille du rivage.

ous passâmes devant plusieurs ports ou baies. Nous vîmes d'abord sa-Amec, où on trouve un bon ancrage, par onze brasses d'eau, à mille et demi de terre; puis, à huit heures et demie, Nohoude, ainsi une île du même nom; puis, à dix heures, le port et le village de Daan. Le ciel était très couvert; et il me fut impossible de faire aucune ervation, malgré tout le désir que j'en avais.

ahaban est un grand village, où l'on trouve de l'eau et des provisions. e pus point examiner son port; nous le laissâmes à trois milles de disce, à l'est-nord-est de nous.

onze heures trois quarts, nous arrivâmes auprès d'un rocher fort haut, elé *Kotumbal;* et je m'y arrêtai pour prendre la hauteur du soleil. Ce her est d'un brun foncé, tirant sur le rouge. Il est éloigné de deux les de la côte d'Arabie, et ne produit absolument rien. Je déterminai sa tude par les 17° 57' nord. Un autre petit rocher s'élève à l'extrémité de ase du grand.

ous mouillâmes dans le port de Sibt, où je descendis à terre sous texte de chercher des provisions, mais avec l'intention plus réelle d'ober le pays et le peuple qui l'habitait. Les montagnes de Kotumbal nent une chaîne le long de la côte, à peu de distance de la mer; et s sont si élevées que nous n'en avions pas encore vu d'une si grande teur.

ibt ne contient que quinze ou vingt misérables huttes de paille, autour quelles il y a une plantation de palmiers, de l'espèce qu'on nomme *ms*, dont les feuilles servent à faire des nattes et des voiles de navires, le manufacture qu'il y ait dans Sibt.

otre raïs fit là beaucoup d'emplettes. Les Cotrushi, habitants de ce age, semblent être un des peuples les plus brutaux qu'il y ait au nde. Ils sont très maigres, mais bien musculés, et ayant l'air très ts. Ils portent tous leurs cheveux, qu'ils séparent sur le sommet de la , et qui, noirs et touffus, semblent, quoique assez longs, tenir de la lité laineuse des cheveux des nègres. Leur tête est entourée d'un cor- n de feuilles de palmier qui ressemble au diadème des anciens.

Leurs femmes sont en général peu favorisées de la nature, et vont nues nme les hommes. Leurs lèvres, le tour de leurs sourcils, leur front sont uetés et marqués avec de l'antimoine, ornement commun aux différen- nations de sauvages qu'on trouve sur la surface du globe. Les femmes Sibt vivent absolument comme leurs maris, marchant, s'asseyant, fumant avec eux ; ce qui est contraire aux mœurs de toutes les autres mes turques ou arabes.

Nous ne trouvâmes point de provisions à Sibt, et l'eau nous y paru mauvaise. Rentrés à bord de notre vaisseau, au coucher du soleil, allâmes mouiller par onze brasses d'eau, à un peu moins d'un mil rivage. A environ huit heures, deux jeunes filles d'environ quinz partirent de terre et nagèrent jusqu'au vaisseau. Elles demandaie l'antimoine pour leurs sourcils. Comme elles avaient pris tant de pour cela, je leur en donnai un peu qu'elles plièrent dans un chif attachèrent à leur cou. J'avais pris ce jour-là trois requins, dont u gros restait encore étendu sur le pont. Je demandai à ces filles si, geant, elles n'avaient pas peur de ces monstres. Elles me répon qu'elles connaissaient leur voracité, mais qu'elles ne craignaient pas leur fissent du mal. Elles nous invitèrent en même temps à manger poisson, parce qu'il rendait les hommes forts.

Le port de Sibt est en forme demi circulaire, abrité au nord-no et au sud, mais exposé du côté du sud-ouest. Aussi n'offre-t-il ur ancrage qu'en été.

Le 16, à cinq heures du matin, nous levâmes l'ancre. A quatre h et demie de l'après-midi, nous avions la grande terre à sept milles tant à l'est, lorsque nous atteignîmes une île d'un quart de mille de On la nomme *Jibbel-Foran*, c'est-à-dire la montagne des souris. Ce est remplie de roches. Il y a quelques arbres du côté du sud; et l commence à s'élever insensiblement, et va se terminer au nord pa pointe retranchée, presque à pic, et formant un précipice horrible.

A six heures, nous passâmes l'île Deregé, qui est basse et cou d'herbe. Elle est ronde comme un bouclier, et c'est de là qu'elle son nom.

A six heures et demie, nous vîmes le Ras-Tarsa, portant à l'est-su à trois milles de distance. Un quart d'heure après, nous passâmes sieurs petites îles, dont la plus grande se nomme *Saraffer*. Elle a coup d'herbe, de petits arbres, probablement de l'eau, mais point d' tants. A neuf heures du soir, nous mouillâmes l'ancre devant Djeza

Djezan est située sur un cap qui forme la pointe d'une grande Elle est bâtie, ainsi que toutes les villes qu'on trouve sur cette côte, de la paille et de la boue. Jadis son commerce fut très florissant; depuis que le café est très recherché, comme cette ville n'en a poin vaisseaux se rendent à Lohéia et Hodéida. Djezan faisait partie de l tage de l'imam, et fut usurpée par un shérif de la tribu des Beni-Ha appelé Boorish. Les habitants de Djezan sont tous shérifs, ou, en s termes, des tracassiers et des fanatiques ignorants. La fièvre règne ›sque continuellement dans cette ville. Le ver qu'on nomme farenteit (1) st très commun.

Iais, en revanche, Djezan possède divers avantages. On y trouve ucoup d'excellent poisson et du fruit en abondance. Ce dernier article nt des montagnes d'où l'on tire aussi de très bonne eau.

Nous partîmes de Djezan le 17 au soir. La nuit, nous passâmes devant lques petits villages désignés sous le nom de Ducime. Le matin, nous vions notre route à la distance de trois milles du rivage, lorsque nous nblâmes le cap Cosserah, qui forme la pointe nord d'un vaste golfe. Là montagnes ne paraissent pas très éloignées de la mer, mais elles sont ne médiocre élévation. Tout le pays semble être absolument stérile désert. Nous n'aperçûmes pas la trace d'un seul habitant. On dit pourt que c'est la partie la plus salubre de l'Arabie-Heureuse.

Le 18, à sept heures du matin, nous eûmes la première vue des monnes au-dessous desquelles est la ville de Lohéia. Elles portaient au rd-nord-est de nous, et nous jetâmes l'ancre par trois brasses d'eau à q milles de distance du rivage. La baie est si remplie de hauts-fonts e, nous trouvant au moment du reflux de la marée, nous ne pûmes pas us rapprocher davantage.

Lohéia est bâtie sur le côté sud-ouest d'une péninsule, et elle se trouve tourée par la mer, excepté à l'est. Dans la partie la plus étroite de la pénsule, il y a une petite montagne qui sert de forteresse. On y a élevé des rs et mis des canons de chaque côté, qui garnissent tout le terrain qu'au bord de la mer. Par derrière cette montagne est une plaine où rassemblent les Arabes lorsqu'ils veulent attaquer la ville.

Le sol sur lequel on a bâti Lohéia est noir, et semble avoir été abannné par la mer. Pendant notre séjour dans cette ville, nous éprouvâmes e singulière incommodité : c'était une espèce de picotement dans les nbes, que nous avions nues, picotement qui était sans doute occasioné r les particules salines dont l'air était imprégné ; car dans tous les enons de la ville, et surtout en tirant vers le sud, la terre est chargée sel.

Le poisson, la viande de boucherie et toutes sortes de provisions abonnt à Lohéia et y sont à bon marché. Mais on n'y a que de fort mauvaise u, encore faut-il l'aller chercher jusqu'au pied des montagnes. Elle se masse là dans les sables lorsqu'il a tombé de la pluie, et on la charie à ville dans des outres de peau et sur le dos des chameaux.

1) Ce mot signifie ver de Pharaon.

Les Bédouins, qui vivent dans les environs de Lohéia y portent b coup de fruits qu'ils vont prendre aussi dans les montagnes, et lui fournissent également du bois de chauffage, du lait, des raisins et bananes.

Le gouvernement de l'imam est bien plus doux qu'aucun des au gouvernements de l'Arabie et de l'Afrique, et le peuple est plus civil Les hommes commencent dès leur première jeunesse à s'adonner commerce. Les femmes de Lohéia ne paraissent pas moins envieuses plaire que les femmes des nations les plus polies de l'Europe; et quoi elles vivent assez retirées, tant après être mariées qu'avant le maria elles sont toujours très soigneuses de se parer. Dans l'intérieur de le maisons, elles ne portent qu'une longue chemise de toile de coton fine, et assortie à leur rang. Elles teignent leurs mains et leurs pi avec de l'henna, non-seulement comme un ornement, mais parce qu qualité astringente diminue la trop grande moiteur de la peau. Les c veux sont artistement arrangés et flottent en longues tresses sur le épaules.

Les peuples de l'Arabie regardent les cheveux longs et unis comme grande beauté. Les Abyssiniens préfèrent ceux qui sont courts et fris Les Arabes se parfument le corps et les vêtements avec une compositi de musc, d'ambre, d'encens et de benjoin, et y mêlent les petits ong crochus du poisson surrumbac; mais il m'est impossible de dire po quoi ils ajoutent ces ongles à leur parfum, car quand on les brûle sé rément, l'odeur ne diffère en rien de celle de la corne. Les Arabes m tent ces différents ingrédients dans un réchaud, et ils se penchent manière à en recevoir toute la fumée. L'odeur en est alors très agréab mais en Europe, ce serait un luxe extrêmement cher.

Les femmes de l'Arabie-Heureuse ne sont point noires; il y en a, contraire, de très blondes. Elles ont en général plus d'embonpoint q les hommes.

Pendant que j'étais à Lohéia, je reçus une lettre de Mahomet Gilber Il me mandait qu'il ne pouvait me venir joindre que dans dix jours, et me priait de me tenir prêt pour ce temps-là. Cette nouvelle m'engage me hâter, parce que je craignais qu'il ne me restât pas assez de tem pour parcourir le fond du golfe d'Arabie, jusqu'à l'endroit où il se réu à l'océan Indien.

Le 27 au soir, nous partîmes de Lohéia, et nous fûmes obligés de no faire touer pour sortir du port. A neuf heures, nous jetâmes l'ancre e tre l'île d'Ormook et le continent. A onze heures, le vent de nord-est

va, et nous passâmes à côté d'un groupe d'îles que nous laissâmes à
tre gauche.

Le 28, à cinq heures du matin, nous reconnûmes la petite île de Ra-
b, et, à six heures un quart, nous rangeâmes la grande île de Camaran,
il y a une ville avec garnison turque, et d'excellente eau en abon-
nce. A midi, nous vîmes une île basse et ronde, qui paraissait n'être
rmée que de sable blanc. Le temps était nébuleux. Il me fut imposble de prendre hauteur. A une heure, nous nous trouvions vis-à-vis du
p Israël.

Comme le temps était beau, et le vent qui soufflait du nord très favo-
ble, quoique nous n'en eussions pas beaucoup, mon raïs me dit que
us ferions mieux de gouverner directement sur Azab que de continuer
longer la côte, parce qu'il y avait un endroit entre Hodéida et le cap
ummel où la mer offrait des écueils, parmi lesquels il ne voudrait pas
trouver engagé pendant la nuit. Cette observation me fut très agréa-
e, car quoique je susse bien qu'il ne fallait pas se fier aux habitants
Azab, il y avait deux choses que j'espérais pouvoir accomplir en me te-
ant sur mes gardes.

La première, c'était de connaître le véritable état des ruines dont j'a-
ais entendu beaucoup parler à Jidda et en Égypte, et qu'on disait être
s restes des ouvrages de la fameuse reine de Saba, dont le royaume
ait Azab.

La seconde chose que je désirais était de me procurer les arbres d'où
écoulent l'encens et la myrrhe, qui croissent sur cette côte, et qu'aucun
uteur n'a encore décrits ni même connus.

A quatre heures, nous passâmes près d'un écueil fort dangereux, que
imaginais être celui dont mon raïs m'avait parlé. S'il en était ainsi,
n'avait pas pu s'y prendre plus mal pour l'éviter que de traverser
irectement, durant la nuit, du cap Israël à Azab; car si nous avions
éjà eu le vent d'ouest, qui ne tarda pas à se lever, nous étions jetés sur
s rochers. Cependant nous nous en tînmes à un peu moins d'un mille.
e vent, comme je l'ai déjà dit, venait du nord et nous allions très vite.

Au soleil couchant, nous vîmes le Jibbel-Zékir et trois petites îles au
ord de ce Jibbel. A minuit, le vent nous manqua, pendant que nous
tions à environ une lieue à l'ouest du Jibbel-Zékir. Mais bientôt après
se leva de l'ouest. De sorte que le raïs me demanda la permission
'abandonner le voyage d'Azab, et de reprendre la route de Moka, où
ous avions eu d'abord intention d'aller. Pour moi, je ne me sentais
ucune envie de débarquer à Moka. M. Niébuhr y était déjà allé, et j'étais
ûr qu'il y avait fait toutes les observations utiles qu'offrait le pays,

parce qu'il y avait demeuré longtemps; d'ailleurs il avait eu à se plain des habitants. Néanmoins je cédai aux sollicitations du raïs, et nous fîr route pour Moka.

Le 29, à deux heures du matin, nous rangeâmes six îles, appel Jibbel-el-Ourée; et comme nous avions peu de vent, nous jetâmes l'anc à neuf heures, à la pointe du banc qui se trouve immédiatement à l de la forteresse nord de Moka.

La ville de Moka, vue de la mer, offre un aspect charmant. Par derri on découvre une forêt de palmiers, qui n'ont pas la beauté de ceux croissent en Egypte, peut-être parce qu'il sont trop exposés à la viole du vent du sud-est. Ce vent est aussi très incommode pour les va seaux qui sont à l'ancre; cependant il arrive rarement des accidents. port est enfermé entre deux pointes de terre, et forme un demi-cercle. S chaque pointe on a bâti une forteresse. La ville est dans le milieu; et elle se trouvait attaquée, ces deux forteresses lui seraient sans doute p nuisibles qu'utiles; car elles ne pourraient pas défendre le port. Le fo de la mer est de la meilleure espèce pour l'ancrage.

Le 30, à sept heures du matin, nous fîmes route pour l'entrée l'océan Indien. Notre raïs devenait plus gai et plus courageux à mesu qu'il approchait de ses côtes natales. Il m'offrit de me porter pour ri si je voulais aller chez lui à Shéher; mais j'avais déjà trop de choses faire, pour pouvoir en entreprendre de nouvelles. Un tel voyage ser pourtant digne d'un homme désireux d'observer le pays et les mœu du peuple qui l'habite; car l'un et l'autre sont fort peu connus. Ce qu y a de certain, c'est qu'on en tire toutes les gommes précieuses, tout les drogues médicinales, l'encens, la myrrhe, le benjoin, le sang dragon, et une foule d'autres productions, que l'histoire naturelle nous a pas encore pu bien décrire.

La côte d'Arabie qui s'étend depuis Moka jusqu'aux détroits est pre que perpendiculaire, et on peut y naviguer très près jour et nuit sa aucun danger. Nous continuâmes notre route tout le long du rivage, nous tenant seulement à un mille de distance. Nous aperçûmes d bosquets en quelques endroits, et dans d'autres une campagne stéri fort étendue et bornée par des montagnes.

A mesure que nous avancions, le vent fraîchit. A quatre heures apr midi, nous découvrîmes la montagne qui forme un des caps du détroit Bab-el-Mandeb. A six heures, je ne sais trop pour quelle raison, notre ra voulut jeter l'ancre pour passer la nuit derrière une petite pointe. crus d'abord que c'était pour attendre un pilote.

Le 31, à neuf heures du matin, nous mouillâmes au dessus du Jibb n, c'est-à-dire l'île des Pilotes, située au dessous du cap, qui du de l'Arabie forme l'entrée au nord du détroit. Nous vîmes alors un bâtiment entrer dans un port dont nous étions séparés par le cap. ïs me dit qu'il avait eu dessein d'ancrer là la nuit précédente; mais comme il était difficile d'en sortir le matin avec le vent d'ouest, il it courir sur l'île Périm pour y passer la nuit, et me fournir l'oc- n de faire tout à mon aise les observations que je voudrais.

us prîmes là une grande quantité de poisson plus beau que tout que j'avais déjà vu dans ces mers; mais notre raïs troubla notre ir en nous disant que la plupart des poissons qu'on pêchait dans parages empoisonnaient. Plusieurs de nos gens eurent peur, et tinrent d'en manger. J'eus soin, en choisissant ceux que je voulais moi, de les prendre les plus semblables que je pus aux poissons de mers du nord, et je n'eus aucune raison de m'en plaindre.

rim est une île basse, qui a un bon port, et qui fait face à la côte yssinie. Elle est presque stérile, remplie de rochers, et produisant ment en quelques endroits de l'absynthe et de la rhue, et en quel- autres du varech, qui paraît avoir fort peu de végétation. Quand le vîmes, il était brûlé par le soleil.

île à cinq milles de longueur, peut-être davantage, et deux milles rgeur. Elle se rétrécit beaucoup aux deux extrémités. Depuis que avions mouillé sous le cap, le vent soufflait constamment et vio- nent de l'ouest; ce qui faisait appréhender à notre raïs qu'il ne tînt cette partie au moins une quinzaine de jours, comme cela arrive, dit-il, assez souvent. Cela m'inquiéta beaucoup. Je craignis que, quant Mahomet Gibberti, mon voyage fût perdu.

ous avions du riz, de la farine, du beurre et du miel. La mer nous nissait du poisson en abondance, et je ne doutais pas que la faim ne portât facilement sur la crainte d'être empoisonnés. Nous ne man- ns pas non plus de bonne eau; mais tous ces avantages devenaient que nuls, parce que nous étions privés des moyens de faire du feu. un mot, nous pouvions prendre vingt tortues par jour, et nous ions pour les faire cuire que des racines de rhue desséchées que ramassions dans les fentes des rochers, et qui pouvaient à peine suffire pour faire bouillir notre café.

e 1er août, nous mangeâmes de la bouillie faite avec de la farine, de , du beurre et du miel; mais ne pouvant pas la faire cuire, je la vai fort mauvaise : je n'ai jamais souffert la faim avec d'aussi bonnes isions; car indépendamment des articles dont j'ai parlé, nous avions été deux outres de vin à Lohéia, et une petite jarre d'eau-de-vie, que

j'avais expressément réservée pour célébrer une fête et boire à la
du roi à notre arrivée dans ses prossessions de l'océan Indien

Je proposai au raïs de rester à bord, et de traverser le golfe m
deux autres personnes, pour nous rendre à la côte du sud, et tâch
nous procurer dans le royaume d'Adel un peu de bois à brûler. Ma
projet ne plut pas à mes compagnons. Nous étions plus près de la
d'Arabie, et le raïs avait remarqué à terre des gens qu'il croyait
des pêcheurs.

Si la côte d'Abyssinie avait l'inconvénient d'être un désert,
d'Arabie nous offrait le danger bien plus affreux des voleurs. Ma
crainte de manquer même de café était si terrible, et la bouillie c
laquelle nous nous trouvions réduits si dégoûtante, que nous résolû
le soir, d'envoyer un canot avec deux hommes pour parler aux perso
que nous avions aperçues à terre.

Cependant le raïs manqua encore de courage. Il dit que les habi
de cette côte avaient des armes à feu aussi bien que nous, et
pourraient rassembler un million d'hommes dans le moment, s'i
avaient besoin ; qu'ainsi il valait mieux abandonner pour quelque t
l'île Périm, et, au lieu de mettre le canot à la mer, nous approch
la côte d'Arabie avec notre vaisseau. Là, ajoutait-il, armés comme
l'étions, et ayant des munitions de guerre en abondance, nous pour
nous défendre tous ensemble, si les gens que nous avions vus ét
des pirates.

Pour moi, je n'avais pas le moindre soupçon contre ces habitants
nous les avions eus pendant huit heures en vue, sans qu'ils eussen
le moindre mouvement pour se rapprocher de nous. Mais j'étais
aussi tranquille.

Lorsque nous voulûmes sortir du port, nous trouvâmes que le
nous était fort contraire ; de sorte que nous fûmes obligés de tou
vaisseau avec beacoup de peine et de danger, et nous ne doublâme
pointe de l'ouest qu'aux dépens de plusieurs chocs très rudes contr
rochers. Pendant ce temps-là le vent avait beaucoup diminué. Mon
drant et mes autres instruments étaient à bord. Toutes nos armes à
nouvellement chargées et amorcées, étaient dans la grande chan
bien couvertes avec une toile; mais heureusement le vent tourna
l'est, nous devint favorable, notre résolution changea avec lui.
n'étions qu'à vingt lieues de Moka et à vingt-six d'Azab, et nous jugea
qu'il valait mieux reprendre le chemin de Lohéia que de demeure
pour ne manger que de la bouillie crue, ou pour combatre contre
pirates, afin d'obtenir un peu de bois à brûler. Vers les six heures

ıes en route. Nous avions un très bon vent, et nous mîmes autant de les que notre vaisseau pût en porter. Mais avant de commencer l'his- ıque de notre retour, il est nécessaire de dire quelque chose ds ce eux détroit qui sert de communication entre la mer Rouge et la mer Indes.

'entrée du détroit commence par se présenter entre deux caps, l'un ant partie du continent d'Afrique et l'autre de la péninsule d'Arabie. ui qui est du côté de l'Afrique est très élevé, et forme une chaîne de ntagnes qui se replonge très avant dans la mer. Les Portugais et les itiens, qui sont les premiers chrétiens qui aient fait le commerce s ces parages, ont appelé ce cap Gardefui, mot qui n'a de significa- ı dans aucune langue. Mais dans le pays même on le nomme Gardefan, qui veut dire le Détroit des Funérailles. J'expliquerai par la suite la se de cette dénomination.

e cap opposé est appelé Fartack. Il est situé sur le rivage de l'Arabie- ıreuse; et, en ligne directe, il n'y a pas plus de cinquante lieues n cap à l'autre. La distance qui sépare les deux côtes diminue insen- ement, puisque de cent cinquante lieues elle finit par se réduire à lieues dans le centre du détroit. Je crois, du moins, qu'il n'a pas plus largeur.

près qu'on est entré dans le détroit, on trouve que l'île Périm, qu'on elle autrement Mehun, divise le canal en deux parties. Le passage est du côté du nord n'a que deux lieues de large tout au plus, et douze à dix-sept brasses de profondeur. L'autre canal a trois lieues largeur et vingt-cinq à trente brasses d'eau.

a côte qui est à main gauche est dépendante du royaume d'Adel, et e qui reste à droite appartient à l'Arabie-Heureuse.

e passage le plus rapproché de la côte d'Arabie, quoique plus étroit yant moins d'eau que l'autre, est pratiqué de préférence, surtout dant la nuit, parce que si l'on ne double point la pointe sud de l'île, si près qu'il est possible, quand on veut gagner l'entrée la plus large, qu'on se laisse un peu entraîner par le vent, on tombe au milieu d'un nd nombre de petites îles où il y a beaucoup de danger.

e 2, au lever du soleil, nous vîmes devant nous une terre que nous mes pour le continent; mais, à mesure que nous en approchions et que our s'éclaircissait, nous reconnûmes que ce n'était que deux basses îles s le vent, et nous eûmes beaucoup de difficulté à pouvoir en atteindre . Nous y trouvâmes un vieux acacia et deux ou trois paquets de bois rri, que nous ramassâmes avec grand soin sur la plage; et nous fûmes s d'accord pour manger un déjeuner, un dîner et un souper chauds au

lieu des repas froids que nous faisions dans le détroit avec de la bo
crue. Nous allumâmes plusieurs brasiers. L'un se chargea de faire le
l'autre de faire cuire le riz ; nous préparâmes quatre tortues et un
phin ; et avec de la bonne bière, du vin et de l'eau-de-vie, nous bûmes
une extrême joie à la santé du roi d'Angleterre, ce que notre régim
nous avait pas permis de faire dans le détroit de Bab-el-Mandeb.

Tandis qu'on préparait notre bonne chère, j'aperçus, avec ma lu
d'approche, un homme seul à pied qui courait le long de la côte de l'
et qui ne s'arrêta point. Un quart d'heure après, j'en vis un autre m
sur un chameau qui allait d'un pas ordinaire, et qui descendit pré
ment vis-à-vis de nous ; je crus même distinguer qu'il s'agenouillai
le sable comme pour faire sa prière. Nous avions mis un canot à la
lorsque nous avions vu l'acacia sur l'île, je pouvais encore m'en servir
retard et j'ordonnai à deux de nos matelots de me porter à force de ra
du côté où je voyais l'homme qui était à genoux.

Il y avait là une baie peu profonde auprès de laquelle on voyait, su
petit terrain plane, des arbres dispersés çà et là. Puis, sur le derr
non loin de la mer, une chaîne de montagnes de couleur brune et
râtre.

L'homme resta assis à terre sans remuer. Quand le canot abord
sautai sur le sable, tenant en main mon fusil à deux coups et porta
ma ceinture une paire de pistolets et un petit sabre. Aussitôt que le
vage me vit à terre, il s'empressa de regagner son chameau et rem
dessus, mais sans pour cela s'en aller.

Je m'assis à mon tour sur le sable ; je pris le turban blanc que j'a
sur ma tête, et le remuai plusieurs fois en signe de paix ; puis, voyant
l'homme m'attendait, je fis vers lui une centaine de pas. Il ne boug
pas. Alors je lui fis signe avec la main de s'approcher de moi, et j'
quai même que je voulais retourner du côté de mon canot. Il me com
marcha quelques pas, et s'arrêta. Aussitôt je posai mon fusil à te
parce que je crus entrevoir qu'il en avait peur ; ensuite j'allai vers lu
m'approchai jusqu'au moment où je le vis prêt à s'enfuir. Je fis en
plusieurs signes avec mon turban, et je criai : Salam ! Salam ! le sau
ne répondit rien ; mais il me laissa approcher jusqu'à dix pas de lu
avait la peau noire et était presque entièrement nu, portant autour d
tête une espèce de bandeau d'une mauvaise étoffe noire ou bleue, et a
à chaque bras des bracelets de grains de verre blanc. Il paraissait
incertain sur ce qu'il devait faire. Je prononçai aussi distinctement
me fut possible : *Salam Alicum*, et il me répondit quelque mot con
Salam ; mais je ne l'entendis pas bien.

— Je suis, lui dis-je, un étranger qui sort des Indes. Je viens, à pré-nt, de Tajoura, dans la baie de Zeyla, au royaume d'Adel.

Alors il remua la tête, et dit quelque chose dans une langue inconnue. compris seulement qu'il répétait les deux mots de Tajoura et d'Adel. Je i fis entendre par signes que je manquais d'eau, et il m'indiqua le côté l'est en disant : *Rahééda*, et faisant comme s'il buvait, il ajouta : *Tybe*. Voyant qu'il comprenait fort bien ce que je disais, je lui demandai où ait Azeb. Il me montra une montagne qui s'élevait devant nous, en sant : *eh Owah Azab Tybe*, et en faisant de nouveau comme s'il ıvait.

Incertain du parti que j'avais à prendre, je ne savais si je devais m'em-rer de ce sauvage. Il tenait trois javelines dans sa main, et était onté sur un chameau ; j'étais à pied, enfonçant dans le sable jusqu'au ssus de la cheville, et n'ayant que deux pistolets, avec lesquels je n'étais s trop sûr de pouvoir l'effrayer assez pour qu'il se rendît. S'il m'avait sisté, je me serais peut-être vu obligé de tirer sur lui ; et c'était ce que voulais éviter. Après l'avoir invité, de la manière la plus engageante, à nir à bord du canot, j'en pris moi-même la route, et, chemin faisant, ramassai mon fusil, qui était demeuré caché dans le sable. Le sauvage fit pas un pas pour me suivre, et dès qu'il vit que je prenais mon fusil, partit au grand trot de son chameau, en gagnant du côté de l'ouest, et s arbres l'eurent bientot dérobé.

Je rentrai dans le canot, et me rendis dans l'île, où notre dîner nous tendait. Nous donnâmes à cette île le nom d'île du Traître à cause de la nduite soupçonneuse du seul homme que nous eussions vu auprès. Cette cursion me fit perdre le temps de prendre hauteur. Le seul avantage ıe j'en retirai fut de ramasser quelque bois sec et de la fiente de cha-eau dont je fis un monceau, et que les matelots qui m'accompagnaient arrièrent à bord, pour pouvoir nous en servir à allumer du feu, si par sard nous étions retenus là. Mais le vent était très favorable, et nous mîmes à la voile à deux heures.

A quatre heures, nous vîmes une île de rocher avec des brisans à son trémité sud. Nous la laissâmes à environ un mille au vent de notre isseau. Le raïs la nomma l'île des Crabes. A cinq heures, nous mouillâ-es tout auprès d'un cap peu élevé, dans une baie où nous ne trouvâmes ıe trois brasses d'eau. Il y avait une petite île précisément vis-à-vis de la upe de notre navire.

Il y avait à peine dix minutes que nous étions à l'ancre, quand je vis nir à nous un vieillard et un enfant. Ils ne portaient point d'armes, et descendis à terre pour leur acheter une jarre d'eau. Le vieillard avait l'air d'un véritable voleur. Il était entièrement nu et riait à chaque r qu'il prononçait. Il parlait arabe, mais fort mal. Il m'assura qu'il y a de tout en abondance dans le pays, et qu'il me servirait de guide si voulais le suivre. Il ajouta, pour mieux me déterminer, qu'il existait là roi et un peuple qui aimaient beaucoup les étrangers.

Le massacre de l'équipage de l'*Elgin*, vaisseau de la compagnie Indes anglaises, massacre qui avait eu lieu précisément au même end où cet homme me vantait ses compatriotes, me revint tout-à-coup d l'idée. Je portai involontairement la main à un de mes pistolets, et je pour la première fois de ma vie, tenté de commettre un meurtre. croyais voir dans ce vieux scélérat, un de ceux qui avaient assassiné sang-froid un grand nombre d'Anglais.

D'après la promptitude avec laquelle il s'était rendu au bord de la n et d'après son séjour dans l'endroit où s'était commis le crime, il me raissait impossible qu'il n'y eût pas trempé; cependant la réflexion qu fis lui sauva la vie. Je lui demandai s'il voulait me vendre un mouton il me dit qu'on nous en amenait plusieurs. Ces mots me firent tenir mes gardes, parce que je ne savais pas combien il viendrait de gens. J priai de charrier l'eau dans mon canot. L'enfant la porta tout de suite je le payai avec de l'antimoine, ainsi qu'il le désirait.

Immédiatement après, je leur ordonnai de nous aider à remettre n canot à flot, et pendant ce temps je m'informais où étaient les moutc Ces hommes ne m'avaient point encore répondu, quand nous vîmes para quatre de leurs compatriotes, très vigoureux, qui conduisaient deux c vres fort maigres, que le vieillard m'assurait être des moutons. Cha homme était armé de trois javelines; et ils commencèrent tous ensem à disputer beaucoup sur leurs animaux, pour soutenir qu'ils étaient moutons et non pas des chèvres, quoique d'ailleurs ces hommes ne pa sent pas entendre ce que nous disions, excepté les mots arabes qui sig fient *chèvres* et *moutons*.

Au bout de cinq minutes, le nombre de ces gens augmenta. On comptait onze. Alors je pensai qu'il était temps pour moi de regagne vaisseau; car tous ces nouveaux venus paraissaient violemment anim à en juger par leurs gestes et le ton de leurs discours, dont il me impossible de comprendre un mot. Je m'éloignai d'eux, et je sa promptement à bord du canot. Cependant les naturels parurent se r ler un peu, et crièrent tous ensemble, *Belled, belled!* en montran terre et me faisant signe de revenir. Le vieux hypocrite fut le seul sembla n'avoir aucune crainte, et qui me suivit jusqu'auprès de r canot; ce qui m'engagea à avoir une explication avec lui.

-- Il était inutile, lui dis-je, de faire venir treize hommes pour con-
e deux chèvres. Nous avons acheté de l'eau de gens qui n'avaient
t de lances, quoique nous n'eussions point besoin d'eau, et nous
ons acheté de même des moutons. Mais que quiconque tient une
e dans sa main se retire, ou je vais faire feu sur lui.

s semblèrent ne pas entendre ce discours, et au lieu de s'éloigner, ils
ent plus près de moi.

- Vieux traître à cheveux blancs, repris-je, penses-tu que je ne sache ce que tu projettes en m'invitant à descendre à terre? Que tous ceux sont armés s'en aillent chez eux, ou je vais en ce moment les ba-
r de dessus la face de la terre.

lors il sauta en arrière avec plus d'agilité que son âge ne semblait le
nettre, pour aller rejoindre les autres qui étaient plus loin, et qui, au
t de quelque temps, se retirèrent.

e vieillard et l'enfant revinrent ensuite auprès du canot sans avoir la
ndre crainte. Je leur donnai du tabac, quelques grains de collier et
'antimoine, et je fis tout ce que je pus pour tâcher de gagner la con-
ce du vieillard. Mais il continua à rire et à plaisanter, et je vis bien
l avait pris son parti. Tout son refrain était de me conseiller de reve-
à terre. Il dit et fit tout ce qu'il crut de plus propre à m'y déter-
er.

- Vieux coquin, lui dis-je, à présent que ta vie est en mes mains, il
que tu saches qu'il y a des gens au monde qui valent mieux que
Ils étaient mes compatriotes, ces onze ou douze hommes qui ont été
sacrés il y a trois ans, par toi et tes camarades, à la même place où
s maintenant assis. Quoique j'aie pu aujourd'hui tuer le même nom-
d'assassins sans qu'il y eût aucun danger pour moi, je les ai laissé
aller. J'ai fait plus; j'ai acheté et payé les choses que tu m'as por-
, et je t'ai fait des présents, tandis que, suivant ta loi, j'aurais dû
orger toi et ton fils. Cesse donc de te flatter de pouvoir me déterminer
barquer. Mais si tu veux m'apporter, demain matin, une branche de
bre de myrrhe et une branche de l'arbre qui fournit de l'encens, je te
paierai deux fonduelis chacune.

l me répondit qu'il me les apporterait le soir même.

-- Le plus tôt sera le mieux, lui dis-je, car la nuit approche.

ussitôt il fit partir son enfant, qui revint bientôt avec une branche
s sa main.

cet aspect, je ne pus contenir ma joie. Je fis approcher le canot, et
débarquai pour recevoir la branche : mais, à mon grand déplaisir, je
onnus que c'était une branche d'acacia, ou de sunt, dont nous avions

trouvé des arbres dans toutes les parties de l'Egypte, de la Syrie et l'Arabie. Je luis dis que ce n'était pas ce que je demandais, en lui re tant les mots *gerar*, *saiel*, *sunt*. Il me répondit :

— *Eh owah saiel*

Mais quand je lui demandai où était la branche de myrrhe (*moi* il ajouta qu'il fallait la chercher dans les montagnes, et qu'il me l'ap terait bientôt, si je voulais aller jusqu'à la ville.

Cependant la Providence avait daigné veiller sur nous au mom même où nous y pensions le moins. Car, comme je débarquais, tr porté de plaisir d'avoir une branche de myrrhe, j'aperçus, à moins c quart de mille du rivage, une trentaine d'hommes armés de javeline assis derrière les arbres. Ils se levèrent aussitôt qu'ils me virent à te Je criai aux matelots de tenir le canot à flot, et je retournai tout de s à bord, ayant de l'eau jusqu'à mi-corps. Mais avant, comme je pas à côté du vieux traître, je lui donnai un si rude coup de la b che d'acacia que je tenais à la main, que je l'étendis sur le sa L'enfant s'enfuit, et nous nous mîmes à ramer vers le vaisseau. Cep dant, avant d'être loin de ces perfides, nous les saluâmes de trois co de mousquets chargés avec du petit plomb, et nous visâmes de man qu'ils durent porter à l'endroit d'où nos ennemis nous regardaient p dant que nous nous en allions.

Je conseillai au raïs de partir de l'île des Crabes; et, une jolie b de terre se levant, nous mîmes à la voile et nous gouvernâmes Moka, pour éviter quelques îlots ou rochers, que le raïs disait être d l'ouest.

Le 3, à trois heures du matin, nous dépassâmes le Jibbel-el-Ou puis le Jibbel-Zékir. Ensuite la brise renforça, et le temps devint beau. Nous passâmes à l'ouest de l'île de Rasab, entre cette île et q ques autres qui gisent au nord-est. Là, le vent nous devint contra Malgré cela, nous arrivâmes à Lohéia dans la matinée du 6, c'est-à-d trois jours après avoir quitté Azab.

Nous trouvâmes tout dans l'ordre à Lohéia; mais nous n'y appri pas la moindre nouvelle de Mahomet Gibberti; ce qui commença à donner de l'inquiétude. Les pluies devaient cesser en Abyssinie, le 6 mois de septembre suivant; ainsi c'était le moment le plus propre à f notre voyage de Gondar.

La seule monnaie qu'il y ait dans le royaume de l'iman (1), est petite pièce qui vaut moins de six pences ou sous d'Angleterre, et, a

(1) L'Arabie-Heureuse ou l'Yémen.

pièce, on apprécie la valeur de toutes les monaies étrangères. Elle atre noms : comeshe, loubia, muchsota et harf ; mais les deux pre- rs de ces noms sont les plus fréquemment employés.

tte monnaie est d'un mauvais argent mêlé d'alliage, en supposant ne qu'il y reste quelque argent ; car on la prendrait pour de l'étain. côté, elle porte le nom de l'imam, qui est *Olmass;* et sur le revers it, *Emir-el-Moumendem*, c'est-à-dire prince des fidèles, ou des vrais ans ; titre qu'Omar porta le premier, mais qu'il ne prit qu'après la t d'Abou-Becr, et qui est demeuré depuis à tous les califes légitimes.

y a aussi dans l'Yémen des demi-comeshes, qui sont les plus petites es de ce royaume.

es droits qu'on perçoit à Moka sur les marchandises des Indes sont de s pour cent, et à Lohéia de cinq pour cent, quand elles arrivent di- ement des Indes. Mais les marchandises quelconques qu'y portent, idda, les marchands turcs ou arabes paient sept pour cent.

ohéia est par la latitude de 15° 40' 52" nord, et par la longitude 40° 58' 15' à l'est du méridien de Greenwich.

e 31 août, à quatre heures du matin, je vis une comète. Sa forme cte pouvait à peine être distinguée avec le télescope. C'était un corps iineux, mais pâle, dont la bordure était peu perceptible. Sa queue it 20° d'étendue. Elle n'était vraisemblablement composée que d'une eur légère, à travers laquelle j'aperçus plusieurs étoiles de la cin- ème grandeur, qui, vues ainsi, paraissaient s'accroître. L'extrémité de queue avait déjà perdu sa couleur foncée ; elle était plus blanche et s diaphane. Il me fut impossible de distinguer dans l'orbe de cette nète ni le nucleus, ni aucune partie plus rouge que le reste ; car elle aissait entièrement obscure et embrouillée. A quatre heures une nute vingt-quatre secondes du matin, elle était distante de Rigel de 40', et sa queue se prolongeait jusqu'à la troisième étoile de l'Eridan.

Le 1er septembre, Mahomet Gibberti arriva muni d'un firman pour le ib de Masuah, et de lettres de Métical-Agal adressées à Ras-Michaël (1). portait aussi une lettre pour moi, et une pour Achmet, neveu du ib, et son successeur. Ces deux lettres étaient écrites par Sidi-Ali *mzimia*, titre qui signifie gardien du puits sacré d'Ismaël à la Mec- e, parce que ce puits s'appelle Zimzim. Sidi-Ali me mandait, dans sa tre, d'avoir peu de confiance dans le naïb ; mais d'agir différemment ec son neveu Achmet, qui serait certainement bien aise d'être de mes nis.

2) Gouverneur de la province de Tigré, dans l'Abyssinie.

CHAPITRE XIII

Départ de Lohéia pour Masuah. — Vue d'un volcan. — Importunités d'un revenant.

Tout était prêt pour notre départ; nous quittâmes Lohéia le 3 sep-
embre 1769. La rade de Lohéia, qui est la plus grande de la mer Rouge,
st maintenant si remplie de hauts fonds, et l'entrée tellement engorgée,
u'à moins de suivre un étroit canal, il n'y a pas trois brasses d'eau
ans la passe; et même dans beaucoup d'endroits à peine trouve-t-on la
oitié de cette profondeur.

Les Arabes des montagnes, qui avaient tenté de surprendre Lohéia au
rintemps, se préparaient à renouveler leur attaque, et ils s'étaient
vancés jusqu'à trois journées de chemin de la ville. Ces dispositions en-
agèrent l'émir à rassembler les troupes qu'il avait dispersées dans les
nvirons; et tous les chameaux furent employés à charrier une double
rovision d'eau.

Notre raïs, qui était étranger et n'avait point de correspondants à
ohéia, se trouva fort embarrassé pour se procurer de l'eau. Il nous en
estait très peu, et quoique notre vaisseau n'eût que soixante pieds de
ng, nous étions quarante personnes à bord. J'avais frété le bâtiment
our moi seul; mais, malgré cela, je permis au raïs de prendre d'autres
assagers, pourvu qu'ils fussent connus; car s'il eût été dangereux pour
oi de me faire des ennemis dans tous les endroits où j'allais, empê-
hant les gens de profiter de l'occasion de regagner leur pays, parce
ue javais déjà payé le vaisseau, il aurait été bien plus dangereux d'em-
arquer des personnes inconnues, dont le but aurait peut-être été de
uire à mes projets.

Nous résolûmes donc de nous rendre dans une île située au nord, l'eau, disait-on, était bonne et abondante.

Le 6, à cinq heures du matin, nous fûmes sous voile. L'eau nous m quait ainsi que nous l'avions prévu. Mais, le soir, nous jetâmes l'an à l'ouest de la ville de Foosht; et nous y restâmes tout le lendemain p remplir nos outres de peau, car on ne connaît point dans ces mers sage des barriques.

Foosht est une île d'une forme irrégulière. Elle a cinq lieues de l gueur du sud au nord, et environ neuf lieues de circonférence. poisson y abonde; aussi ne fîmes-nous point usage de nos filets. hameçons suffisaient pour fournir à notre provision. Il y a là des p sons peints des couleurs les plus brillantes : mais j'ai observé que, p ils étaient beaux à voir, moins ils se trouvaient bons à manger; et seuls dont le goût flatte sont ceux qui ressemblent le plus aux poiss des mers du nord et par leur forme et par leur couleur.

L'île de Foosht est basse et sablonneuse dans la partie du sud; dans celle du nord il y a une montagne noire qui forme un cap, lequ sans être fort exhaussé, peut se voir à quatre lieues de distance. Foo a deux endroits où l'on peut prendre de l'eau, l'un dans l'est de l'île nous en puisâmes, et l'autre dans l'ouest. L'eau nous parut d'ab amère; mais elle avait été troublée par les gens de divers petits bâ ments, qui étaient venus en chercher avant nous. La manière dont matelots remplissaient les outres de peau de bouc était très lente; et prenaient presque autant de boue que d'eau. En arrivant à bord, était aussi noire que de l'encre. Cependant, quand elle fut reposée de ou trois jours, nous la trouvâmes excellente; c'était sans comparais la meilleure que j'eusse bue depuis que j'avais quitté les bords du Nil

L'île est couverte d'une espèce de jonc, qui manque de pluie; et chèvres qui le paissent constamment l'empêchent de jamais croître une grande hauteur. Le terrain de l'extrémité de l'île, du côté du no résonne sourdement en dessous, ainsi qu'à Solfaterra, dans les envir de Naples; et comme on y trouve une grande quantité de pierres ponc il est vraisemblable que la montagne noire qui forme le cap fut autref un volcan.

Nous vîmes plusieurs grandes coquilles, dont quelques-unes avai vingt pouces de long, et qui étaient adhérentes et renversées à plat s des pierres de dix ou douze milliers pesant. Ces coquilles étaient mê entrées dans les pierres comme si on les avait enfoncées dans de la pât et la pierre s'élevait tout autour de manière à cacher les bords de coquille; preuve indubitable que cette pierre a été récemment amol ou liquéfiée. S'il y avait longtemps que cela fût arrivé, le soleil et le contact de l'air auraient fait impression sur le dehors de ces coquilles. Mais elles sont parfaitement conservées ; et elles paraissent enchâssées dans les pierres comme le brillant d'une bague l'est dans son chaton.

Les habitants de Foosht sont de pauvres pêcheurs, aussi noirs de peau que les habitants d'Héli et de Djézan. Ainsi que ces derniers, ils vont tous nus, portant seulement une petite pagne autour des reins. Ils ne se marquent ni ne se peignent le visage. Ils prennent une grande quantité de poisson de l'espèce qu'on nomme scajan, et ils le portent à Lohéia, où ils le troquent pour du blé d'Inde ; ils n'ont d'autre pain que celui qu'ils se procurent de cette manière. Ils ont une espèce de poisson plat qui a une longue queue, et dont la peau est comme la peau de chagrin, dont on garnit les fourreaux d'épée et les gaînes de couteau. On pêche aussi des perles dans l'île Foosht ; mais elle ne sont ni grosses ni d'une belle eau ; aussi ne les vend-on pas cher. On les trouve dans diverses espèces de coquillages, tous bivalves.

Le village contient une trentaine de cabanes, faites avec des fascines de jonc ou de spartum, qu'on entrelace avec des pieux, puis on couvre ces cabanes avec du même jonc.

Les habitants parurent épouvantés de nous voir tous descendre à terre avec des armes. Nous n'avions pas pris la précaution de nous armer à cause d'eux ; mais comme nous devions passer la nuit dans l'île, nous étions bien aises de pouvoir nous défendre, en cas que nous fussions surpris par quelques canots du continent. Le saint ou marabout de l'île me voyant passer auprès de lui, se laissa tomber la face contre terre, et y resta pendant un quart d'heure, ne voulant point se relever jusqu'à ce que les fusils, que j'appris être la cause de sa frayeur, fussent renvoyés à bord.

L'on trouve dans cette île plusieurs coquillages d'une grande beauté, entre autres des concha veneris de diverses couleurs et de diverses grandeurs, et des oursins ou œufs de mer. J'en ramassai un, surtout du genre des pentaphylloïdes et d'une forme très particulière. Il y a aussi le long de la côte beaucoup d'éponges communes.

Baccalan est une île basse, longue et aussi large que Foosht. Elle est habitée par des pêcheurs. Privés d'eau en été, ils vont en chercher à Foosht ; et, en hiver, ils ramassent de l'eau de pluie dans des citernes. Ces citernes furent construites il y a fort longtemps, lorsque Baccalan était regardée comme une île importante à cause de la pêche des perles ; mais, malgré leur ancienneté, elles sont très bien conservées. Ni le mortier avec lequel on a fait les murailles ni le stuc qui garnit le dedans ne sont altérés en rien. La pluie tombe là en torrents, mais par ir valles seulement, depuis la fin d'octobre jusqu'au commencement de m

Toutes les îles situées du côté est du canal appartiennent au sh Djezan-Boorish; mais il n'y a que Foosht et Baccalan qui soient bitées.

Après avoir pourvu à notre grand besoin d'eau, nous nous rem quâmes tous dans dans la soirée du 7. Nous trouvâmes alors qu'il n manquait une autre chose indispensable, le moyen de faire du feu nos gens commencèrent à se rappeler combien nos estomacs s'étaient trouvés de la bouillie crue à Bab-el-Mandeb. Le bois à brûler est une ch très rare sur les côtes de la mer Rouge. On ne peut s'en procurer qu' petite quantité à la fois; aussi le consomme-t-on avec beaucoup de nagement. Nous savions que nous en trouverions un peu dans l'île Zimmer, située au nord. Mais depuis que j'avais débarqué à Foosh se passait sur le vaisseau une chose assez singulière, dont je ne fus truit qu'à mon retour à bord.

Un Abyssinien qui était mort dans le navire et qu'on avait enterr moment de notre départ de la baie de Lohéia, fut vu pendant deux n de suite sur le beaupré, et répandit la terreur dans l'esprit des matel Le raïs même en fut très effrayé; et quoiqu'il ne pût pas dire préc ment qu'il avait vu le revenant, il vint me raconter cela le soir, lors je fus couché, et me fit part des fâcheuses conséquences qui en p vaient résulter s'il survenait un coup de vent, et que l'esprit voulû tenir dans les manœuvres. Il me pria en même temps de m'avancer v lui et de lui parler.

— Mon bon raïs, lui dis-je, je suis excessivement fatigué, et le so qui a été très chaud aujourd'hui m'a occasioné un violent mal de t Vous savez que l'Abyssinien a payé son passage; or, s'il ne surcha pas le bâtiment, et le pauvre diable est vraisemblablement plus léger lorsqu'il s'embarqua avec nous, je ne pense pas qu'il soit juste que vous ni moi devions empêcher l'esprit de continuer son voyage jusqu Abyssinie, puisque nous ne pouvons pas juger des affaires importan qu'il peut y avoir.

Le raïs se félicita beaucoup de ce qu'il ne savait rien de ces affaires

— Eh bien! repris-je, si vous n'avez pas trouvé que l'Abyssinien a mentât trop le poids de votre vaisseau, ne le tourmentez point, parce assurément, s'il voulait se placer dans quelque autre partie du bâtime ou s'il insistait pour s'asseoir au milieu de vous, dans les dispositions vous êtes tous, il serait bien plus incommode pour vous que de se te dans le poste qu'il occupe à présent.

Le raïs recommença à se féliciter et récita un verset du Koran : « Bism lla sheïtan réjem, » c'est-à-dire : « Que le nom de Dieu écarte de moi e démon. »

— Ainsi, mon cher raïs, lui dis-je, si l'esprit ne nous fait point de l, il faut le laisser sur le beaupré jusqu'à ce qu'il soit las d'y être, ou qu'à ce qu'il arrive à Masuah; car je vous jure qu'à moins qu'il ne aille nous tourmenter, je ne me crois pas obligé de quitter mon lit ır aller le tourmenter moi-même. Voyez seulement s'il ne nous em-te rien.

Le raïs parut alors blessé de ce que je lui disais. Il assura qu'il ne te-it pas plus à la vie qu'aucun de nous ; que si ce n'était pas pour éviter coup de vent, il grimperait tout de suite sur le beaupré; mais qu'il ait toujours entendu dire que les gens savants pouvaient parler aux prits.

— Voulez-vous me faire le plaisir, lui dis-je, d'aller le prévenir que vais prendre du café, et que je serais bien aise qu'il vînt dans la ambre pour me communiquer ce qu'il a à m'apprendre, s'il est chré-n, ou bien pour informer Mahomet Gibberti, s'il est mahométan.

Le raïs sortit. Mais mon domestique m'apprit qu'il n'avait ni parlé à sprit, ni pu déterminer personne à lui aller parler pour lui. Cepen-nt il revint prendre du café avec moi. J'étais véritablement malade, et craignais d'avoir pris un coup de soleil.

— Allez, dis-je au raïs, trouver Mahomet Gibberti, qui est couché vis-is de nous, et qu'il sache que je suis chrétien, et n'ai aucune juridic-n sur les esprits habitants de ces mers.

Un Maure nommé Yasine, que j'ai bien connu depuis, vint et me dit e Mahomet Gibberti était malade du mal de mer depuis son entrée à rd et qu'il me priait de ne me point moquer de l'esprit, et d'en parler ins familièrement, parce qu'il était possible que ce fût le diable, qui raissait souvent dans ces parages. Le Maure me pria aussi d'envoyer café à Gibberti, et d'ordonner à mon domestique de lui faire cuire du avec de l'eau fraîche de Foosht; car jusqu'alors on avait fait bouillir poisson et le riz dans de l'eau de mer, que je préférais pour cela à l'eau aîche.

Les fâcheuses nouvelles que je recevais de mon ami Mahomet banni-nt toute ma gaîté. Je prescrivis à mon domestique d'avoir soin de le rvir, et en même temps je recommandai à Yasine de prendre le Koran, aller sur le devant du vaisseau, de lire toute la nuit, ou bien jusqu'à tre arrivée à Zimmer, et de venir me raconter le lendemain matin tout qu'il aurait vu.

Le 8, à la pointe du jour, nous mîmes à la voile de Foosht. M
vent, devenant contraire, nous n'atteignîmes notre destination qu'u
avant midi, et nous ancrâmes à un demi-mille de l'île en pleine
car il n'y a de port ni à Baccalan, ni à Foosht, ni à Zimmer. Je pris
quadrant et je me rendis à terre dans le canot qui allait cherche
bois. Zimmer est une île inhabitée et beaucoup plus petite que Foos
n'y a point d'eau, quoique, à en juger par les citernes qu'on y v
qui ont soixante pieds en carré, et creusées dans un roc solide, on p
croire que ce fut autrefois une place importante. Dans certains temp
pluie y tombe en abondance. L'île était couverte de jeunes arbres de
que j'ai déjà dit avoir la propriété de croître dans l'eau salée. Tou
vieux arbres de cette espèce avaient été coupés; mais il restait beau
de saiels ou d'acacias, et c'étaient ceux que nous cherchions de p
rence.

Quoiqu'on dise que Zimmer est sans eau, on y trouve des anti
ainsi qu'un grand nombre d'hyènes, ce qui prouve qu'il y a des sou
dans quelque creux caché, ou dans les fentes des rocs; sources qu
pêcheurs arabes ne connaissent point, mais sans lesquelles les hyène
les antilopes ne pourraient vivre. Il y a apparence que les antilopes on
portées là de la côte d'Arabie, pour le plaisir du shérif et de ses fav
à moins qu'elles n'y soient venues à la nage. Mais les hyènes ne peu
y avoir été mises que par un ennemi jaloux, qui avait voulu trou
l'amusement des autres. Quoi qu'il en puisse être, je ne vis moi-m
aucun de ces animaux; mais je distinguai la fiente des uns et des
tres, sur le sable et auprès des citernes; ainsi, ce fait n'est pas excl
vement garanti par le témoignage du raïs.

Nous trouvâmes à Zimmer beaucoup de ces grands coquillages q
appelle bisser et surrumbac, mais c'étaient les deux seules espèces
nous vîmes.

D'après une observation du soleil que je fis à midi, je déterminai la
titude de Zimmer par le 16° 7' nord.

Nous partîmes la nuit de Zimmer. A mesure que nous avançâmes d
le canal, nous rencontrâmes moins d'îles.

Le 9, à six heures du matin, nous vîmes l'île de Rapha, portant nc
est-quart-d'est à la distance de deux lieues; et, dans la même directi
nous découvrîmes le sommet de très hautes montagnes de l'Arabie-H
reuse, que nous imaginâmes être celles des environs de Djézan. Quoi
nous en fussions à vingt-six lieues de distance au moins, je disting
facilement leur sommet, quelques minutes avant le lever du soleil.

Le 10, à sept heures du matin, je découvris, le premier, le Jibbel-T qu'à ce moment le temps avait été couvert de brouillards. J'ordonnai gouverner directement sur le Jibbel. Toute la matinée, notre vaisseau entouré d'une quantité prodigieuse de requins. Ils étaient de l'espèce ceux qui ont la tête en forme de marteau, et deux des plus gros semient se disputer l'un l'autre à qui s'approcherait le plus de notre vaisu. Le raïs avait préparé un harpon avec une longue ligne pour les gros ssons que nous rencontrerions dans le milieu du canal. Je la pris et ai me placer pour lancer un requin sur le beaupré, après avoir toutedemandé au raïs d'examiner si tout était là bien en ordre, et si le revet n'avait pas dérangé quelque chose en s'y asseyant toutes les nuits. ecoua la tête en riant et me dit :

– Les requins cherchent quelque chose qui ait plus de consistance les revenants.

– Je suis bien trompé, lui répondis-je, raïs, si notre revenant ne rche pas aussi quelque chose de consistance : vous le verrez.

e lançai l'un des gros requins, et je le frappai à un pied de la tête, tant de force que le fer du harpon fut enfoncé dans le corps du astre. Il trembla comme s'il avait eu froid, et fit sortir par ses sesses le manche du harpon de sa douille, l'instrument étant disposé r que cela arrivât ainsi. Le manche vint en travers et tint bon à la e; de sorte qu'il flottait quand le requin voulait plonger, et il l'emrassait quand il voulait nager. Jamais un pêcheur de saumon n'eut pêche aussi agréable. J'avais trente brasses de ligne dehors, et je vais en lâcher encore autant. Le requin ne plongeait pas, mais nait autour du vaisseau, ayant toujours le dos au-dessus de l'eau.

e raïs, qui dirigeait cette pêche, recommanda de ne pas tirer le poisà bord, mais, au contraire, de lui filer autant de ligne qu'il en vouit; et, en effet, nous vîmes que c'était le poids de la ligne qui l'inmodait le plus, et qui l'obligeait à revenir auprès du vaisseau sans rcher à aller plus loin. A la fin, il se rapprocha encore; nous lui reties quelques brasses de ligne, et peu à peu nous l'amenâmes le long bord et nous le saisîmes par la gorge avec un bon crampon de canot. homme se suspendit à une corde pour aller lui couper la queue; s il était déjà, sinon mort, au moins hors d'état de faire aucun mal. vait onze pieds sept pouces de long, depuis le bout de la hure jusqu'à trémité de la queue, et quatre pieds de circonférence dans l'endroit le s gros de son corps. On lui trouva dans le ventre un dauphin encore entier, et environ une demi-aune d'étoffe bleue. Notre raïs dit que ait le requin le plus monstrueux qu'il eût jamais vu, tant dans la mer ge que dans l'Océan indien.

Le Jibbel-Téir, c'est-à-dire la montagne de l'Oiseau, est appelé d'autres personnes le Jibbel-Douhan, la montagne de la Fumée. J'i gine que le premier de ces noms fut celui de notre *Gibraltar* (1), pl que de croire que Gibraltar vient du nom de Tarik, le premier A qui aborda en Espagne; une des raisons que j'ai de penser ainsi, qu'une montagne si connue et située si près des Maures, qui peup les côtes de Barbarie, doit avoir été désignée par quelque nom, a que Tarik fit une invasion en Espagne.

Ce qui est cause que le Jibbel-Téir porte aussi le nom de Jibbel-Doul la montagne de la Fumée, c'est que quoique placée, comme elle est au lieu de la mer, il y a un volcan qui a vomi beaucoup de feu, et qui, bien paraisse presque éteint, jette encore de la fumée. C'est probablement volcan que la plupart des îles voisines ont dû leur création. S'il étai core enflammé, il serait d'un grand secours pendant la nuit aux vaisse qui naviguent dans ces parages. Cependant, les plus anciennes histo qui parlent de la mer Rouge ne font mention d'aucun embrasemen Jibbel-Téir. Ptolémée appelle cette île *Ornéon*, ce qui signifie égalen montagne de l'Oiseau. On lui donne aussi de nos jours le nom de ban, à cause de la blancheur qui paraît à son sommet, et qui ressemb du soufre. On dirait même qu'il en est tombé une partie dans le fond volcan, et que le cratère s'est élargi du côté où cette chute a eu l L'île a quatre lieues de longueur du nord au sud. Il y a un pic en fo pyramidale dans le milieu, lequel a au moins un quart de mille haut; il s'incline également et graduellement de chaque côté ver mer. Le sommet a quatre ouvertures par lesquelles il vomit de la fun et même quelquefois, dit-on, de la flamme lorsque le vent règne. A n passage, nous n'en vîmes pas la moindre étincelle. L'île reste abs ment déserte et couverte de soufre et de pierres ponces.

Dans quelques journaux que j'ai vus, on a représenté les environs Jibbel-Téir comme remplis de courants, de tournoiements d'eau, e profondeurs que la sonde ne peut mesurer. Je prendrai la liberté de f observer que ceux qui aiment tant à distribuer à leur gré la mesure sondages le long du canal de la mer Rouge, ont eu le malheur d tromper en plaçant auprès du Jibbel-Téir des fonds qu'on ne peut sonc ce sont les convulsions occasionées par le volcan, qui ont vraisem blement produit un effet tout différent. Le seul courant que nous vi portait au nord avec beaucoup de force, et nous jetâmes la sonde jusq trois lieues de ce courant, par trente-trois brasses d'eau sur un fond

(1) Jibbel-Téir, d'où, par corruption, Gibraltar.

e et de rocher; au nord-est on peut jeter l'ancre depuis une lieue de
ance jusqu'à la longueur d'un câble du rivage; et au sud-ouest-
t-d'ouest, l'ancrage s'étend jusqu'à cinq lieues par vingt-cinq brasses
u. Je crois aussi qu'en ligne directe de Lohéia à Dahalac, le volcan a
luit des effets à peu près pareils. Voilà du moins ce que j'appris à
uah des pilotes qui fréquentent ces parages pour y aller chercher du
re; voilà aussi ce que me confirma mon raïs, qui était venu deux fois
harger de ce minéral, pour le porter à Mascatte. Les Abyssiniens et
Arabes croient que c'est par là que le diable entre dans ce monde
qu'il vient s'y promener.

six lieues, à l'est-quart-de-sud du Jibbel-Téir, il y a un écueil très dan-
eux au milieu duquel sont plusieurs gouffres. Un vaisseau français y
ha en 1751, et eut beaucoup de peine à se sauver. C'est du Jibbel-Téir
nos vaisseaux prennent leur point de départ, lorsqu'ils veulent se
dre à Jidda, en venant de Moka, et rangeant les îles qui sont au sud.
e 11 nous quittâmes le Jibbel-Téir. Nous n'avions qu'un peu de vent
uest; mais vers midi il fraîchit comme à l'ordinaire, et tourna au
d-nord-est. Nous étions alors dans le milieu du canal, et nous gouver-
ns droit sur Dahalac. A quatre heures et demie un mousse, qui était
nté au haut du mât, aperçut quatre îles au nord-ouest-quart-d'ouest, et
quart-de-quart. Profitant de la forte brise, nous courions à toutes voiles,
qu'un peu avant le coucher du soleil je vis une vague frangée de blanc,
était très reconnaissable pour être occasionée par des brisans. Je criai
sitôt au raïs de diminuer ses voiles, et je lui dis ce que je venais de
ouvrir. Il me répondit que je me trompais; qu'il n'y avait là rien de
eil, et que je n'avais vu que quelque agitation trompeuse des ondes.
endant, à sept heures du soir, nous échouâmes sur un banc de corail.
es Arabes sont extrêmement poltrons toutes les fois qu'ils se trouvent
pris par quelques dangers. Ils les regardent comme un avertissement
la Providence leur envoie, et ils ne croient pas possible de les éviter.
de personnes, à la vérité, quand elles manquent d'éducation, conser-
t assez de calme et de sang-froid pour trouver à l'instant même du
ger les moyens les plus sûrs de s'y soustraire. Nos matelots arabes vou-
ent tout de suite prendre le canot, et se rendre aux îles que le mousse
it vues dans l'après-midi. Les Abyssiniens pensèrent qu'il valait mieux
acher les planches en dedans du navire et en faire un radeau.

l s'éleva une violente altercation entre les deux partis, puis un combat
durait encore lorsque la nuit vint nous surprendre sur l'écueil.
endant, le raïs et Yasine calmèrent un peu la dispute, et je priai
on voulût bien m'écouter.

— Vous savez tous, dis-je, ou vous devez savoir que le canot m'ap tient, et que je l'ai acheté de mon argent pour mon usage et celui de domestiques. Vous savez aussi que moi et mes gens sommes bien arn et que vous êtes tous nus. Ainsi ne vous imaginez pas que nous s frions que vous preniez le canot, et que vous conserviez votre vie dépens de la nôtre. Vous ne devez avoir d'autre espoir que dans le v seau, c'est lui qui doit vous sauver ou vous faire périr. Croyez-moi do que tout le monde mette la main à l'ouvrage. Retirez le vaisseau dessus l'écueil pendant que le vent et la mer sont calmes. S'il avait bien endommagé, il serait déjà coulé à fond.

Ces dernières paroles semblèrent leur rendre un peu de courage. me dirent tous qu'ils espéraient que je ne les abandonnerais point. leur répondis que s'ils voulaient être des hommes, je ne me séparer pas d'eux, tant qu'il resterait deux planches du vaisseau jointes ensem

Le canot fut mis immédiatement à la mer, et un de mes domestiq le raïs et deux matelots y entrèrent. Ils furent bientôt rendus au ba ou les deux matelots débarquèrent. Ils commencèrent d'abord à appu avec peine les pieds sur les rugosités du corail blanc, mais bientôt ap il marchèrent plus hardiment; ils essayèrent de pousser le vaisseau arrière, mais ne purent pas le faire remuer. Des perches et des bar de cabestan furent employées en vain; elles n'étaient pas assez longu En un mot, nous n'eûmes d'autre espoir de dégager le bâtiment que lendemain matin, quand la brise se lèverait; mais il y avait en mê temps à craindre qu'alors il ne fût mis en pièce.

Mahomet Gibberti et Yasine lisaient le Koran à haute voix, depuis premier moment où le vaisseau était échoué. Je leur dis en passant :

— Messieurs, ne serait-il pas plus sage que vous quittassiez vos liv jusqu'à ce que vous fussiez à terre, et que vous donnassiez la main à ce qui travaillent?

Mahomet me répondit qu'il était si faible et si malade qu'il n'avait p la force de se tenir debout. Mais il n'en fut pas de même de Yasine. Il dépouilla de ses vêtements, passa à la proue du navire, et se jeta à mer. Il observa d'abord très judicieusement de quel côté il fallait se p cer pour pousser le bâtiment. Il vit que le banc était fort large, que nous étions engagés sur la pointe, qu'il s'arrondissait d'abord, qu'e suite il s'étendait obliquement, et que la mer paraissait très profonde s ses bords; de sorte que les gens qui étaient du coté droit ne pouvaie pas s'approcher assez du vaisseau, et que ceux qui se tenaient sur pointe avaient seuls la facilité de le pousser. Yasine et le raïs demandère alors des leviers qu'on leur donna. Deux hommes de plus descendire

e banc. Je priai alors le raïs de prendre une corde et de passer à la
e du vaisseau avec le canot, afin de le hâler à mesure qu'on le pous-
it par devant.

ussitot qu'on commença à hâler le navire du coté de la poupe, il
ua, et tout le monde jeta un cri. Un moment après, il se leva un petit
, et le raïs cria de hisser la voile du devant et de la retourner. On
uta cet ordre; la brise remplissant la voile, et tout le monde à la fois
sant le vaisseau, il se trouva immédiatement dégagé de dessus le
er. J'avoue que je ne partageai pas aussi promptement que les autres
ie qui s'empara d'eux. J'avais peur que quelque planche n'eût été bri-
mais je ne tardai pas à voir l'avantage d'un vaisseau dont les dou-
es sont cousus plûtôt que cloués, non-seulement le nôtre n'eut rien de
assé, mais il ne fit que très peu d'eau. Tout le monde était excessive-
t fatigué, et on ne pouvait assez louer le courage et l'activité d'Ya-
. Depuis ce jour je conçus pour lui une estime qui ne fit que croître
u'à mon départ d'Abyssinie.

voulus être certain du gisement du dangereux écueil où nous nous
ns échoués. D'après deux observations de la lyre et de l'aigle,
'après la comparaison de l'une et de l'autre, je déterminai la latitude
anc par les 15° 28' 15" nord.

se passa, pendant que nous cherchions à remettre le bâtiment à
un incident que je crois devoir mentionner. On crut voir le revenant
le beaupré poussant le vaisseau vers l'écueil. Or c'était manquer à ce
l me devait personnellement comme passager, je crus qu'il était
ps de faire quelque attention à lui, d'autant que le raïs s'en était re-
là-dessus entièrement à moi. Je demandai d'abord quelles étaient
personnes qui avaient vu l'esprit. Deux Maures d'Hamazen avaient été
és à croire à la réalité de cette vision. Je fis venir les deux Maures
remiers qui l'avaient aperçu ; puis une grande partie de l'équipage avait
sur le gaillard de devant pour les interroger devant le raïs et Mahomet
erti, et ils me déclarèrent que pendant la nuit ils avaient observé le
nant aller et venir plusieurs fois : tantôt il poussait le beaupré, tan-
l tirait la corde comme s'il avait eu une ancre à terre; ensuite il tenait
s ses mains un long levier, qui paraissait aussi pesant et aussi raide
s'il eût été de fer. Quand le vaisseau avait commencé à remuer, l'es-
avait pris la forme d'une légère flamme bleue, avait couru le long
navire à bas-bord, et, nous voyant dégagés, il avait disparu.

— Maintenant, dis-je, il est clair que puisquil a changé de forme, il
s a abandonnés pour jamais. Mais voyons s'il nous a fait quelque mal
on. Quelqu'un de vous a-t-il son bagage sur le devant du navire?

Les étrangers répondirent :

— Oui, tous nos bagages sont là.

— Eh bien ! repris-je, que tout le monde aille voir si chacun a bien qui lui appartient.

Ils passèrent en effet sur le devant, et bientot il s'éleva une vive c pute et beaucoup de confusion. Chacun se plaignait qu'on lui avait robé quelque chose. On avait enlevé de l'antimoine, des clous, du d'archal, de l'encens et des grains de collier ; en un mot tout ce que pauvres gens possédaient de plus précieux.

Les passagers, désespérés, commencèrent bientot à accuser les matelc

— C'est à vous que j'en appelle, dis-je, Yasine et Mahomet Gibber dites-moi si ces deux Maures qui ont vu si souvent l'esprit, et qui sc dans une grande intimité avec lui, ne doivent pas savoir où sont les ch ses qu'il a cachées ? Dans mon pays, où les revenants sont très commun ils se font toujours aider dans les vols qu'ils commettent par ceux q les voient ou qui leur parlent. Ainsi, j'imagine que les revenants mah métans agissent de même.

— De même absolument, s'écrièrent Yasine et Mahomet Gibberti, a tant que nous pouvons le savoir.

— Allez donc, Yasine, continuai-je, allez avec le raïs visiter l'endr où les Maures couchent, tandis que je les retiendrai ici. Prenez aus deux matelots avec vous, afin qu'ils vous indiquent les recoins les pl secrets du bâtiment.

Cependant avant que cette recherche commençât, un des Maures dit Yasine où on avait déposé les choses dérobées, et en conséquence to fut restitué : qu'on ne croie pas que je veuille ici faire entendre que j' eu beaucoup de sagacité en supposant dès le commencement que l'app rition du revenant n'était qu'une friponnerie concertée ; ce dont je n' vais pourtant jamais douté. Mais tandis que Yasine et tout l'équipag étaient occupés à pousser le vaisseau hors de l'écueil et que je faisais un observation astronomique sur le gaillard d'arrière, un domestique c Mahomet Gibberti, lequel se tenait à côte de son maître, vit un des Ma res du côté où était déposé tout le bagage des passagers revenir u moment après avec une boîte et quelques autres effets. Il dit cela e confidence à son maître, qui m'en avertit. Le revenant voyant que se associés étaient découverts, ne reparut plus à bord.

Le 12, dès le matin, nous trouvâmes que l'écueil où nous avions port était un banc de sable surmonté d'une espèce de crête de rocher de corai prenant depuis Selma et allant un peu plus loin du côté du nord, où il s terminait dans une eau très profonde.

CHAPITRE XIV

Relâche à Dahalac. — Arrivée à Masuah.

Nous mîmes à la voile à six heures du matin. A midi je pris nauteur, et je trouvai notre latitude de 15° 29' 33" nord.

A quatre heures et demie nous découvrîmes une terre que le pilote nous dit être l'extrémité sud de Dahalac; elle portait à l'ouest-quart-de-sud à environ neuf lieues de nous : comme nous gouvernions alors à l'ouest-quart-de-nord, je trouvai que nous allions vers la pointe de l'île que nous voyions, et où je n'avais pas envie d'aborder. Je voulais, au contraire, toucher à Dahalac-el-Hiber, le principal port; d'autant que vers la pointe sud de l'île, où les vaisseaux des Indes avaient autrefois coutume de s'arrêter, la mer est très profonde, et il y a beaucoup de distance de là à la grande terre. Mais le fret de quatre sacs de dora, lequel ne se montait pas à dix shellings, suffisait pour engager mon raïs à me manquer de parole et à perdre tout le prix des services qu'il m'avait rendus; tant il est vrai que jamais aucun de ces gens-là n'est droit, dès qu'on lui offre la moindre bagatelle pour le détourner de son devoir!

A six heures du soir, nous jetâmes l'ancre près de la petite île de Racka-Garbia, ou Racka de l'ouest. Nous n'avions là que quatre brasses d'eau sur un fond de roc.

Le 13, un peu avant le lever du soleil, nous reprîmes notre route, en gouvernant à l'ouest avec une légère inclinaison au sud. Le vent était très faible. A huit heures, nous passâmes Dalgrousht, que nous laissâmes au nord-quart-d'est à une lieue de distance; puis nous passâmes l'île de

Germ-Malco, que nous n'avions pas encore vue, et qui nous resta l'ouest-quart-de-nord.

Le cap qui forme la pointe sud de l'île de Dahalac est appelé Shouke, ce qui signifie en arabe le cap des Epines, parce qu'il y a en endroit une grande quantité d'acacias. Nous poursuivîmes notre rou long de la côte de l'est de Dahalac, et, à quatre heures de l'après-n nous vîmes le village d'Irwée, qu'on dit répondre précisément au ce de Dahalac. Irwée portait au sud-ouest et à quatre milles de nous. N vîmes aussi deux petites îles : la première à trois milles et au nord-qu d'ouest, et la seconde au nord-est-quart-est et un peu plus éloig Après avoir heurté violemment contre les rochers de corail qui em rassent l'entrée de Dobelew, nous mouillâmes dans ce port au momen le soleil disparaissait de dessus l'horizon.

Le port de Dobelew est d'une forme circulaire, et suffisamment ab contre tous les vents ; mais l'entrée en est trop étroite, et l'intérieu port est rempli de rochers. Le fond de la mer y est couvert de co blancs, dont les ramifications sont très étendues, et parmi lesquels il çà et là des pierres noires énormes. Enfin, en aucun endroit du po ne vis jamais au dessus de trois brasses d'eau durant la haute mer pilote me dit pourtant qu'il y en avait depuis sept jusqu'à douz l'entrée ; mais le flux de la marée y est si violent qu'aucun vaisseau voudrait y passer dans ce moment-là ne pourrait éviter d'être entr sur les rochers.

Le village de Dobelew est situé au sud-ouest et à trois milles de tance de la rade. Il contient environ quatre-vingts maisons bâties pierres, qu'on a tirées du fond de la mer. Ces pierres fournissent fois et de bons matériaux et de la chaux excellente quand on les br Les maisons de Dobelew sont couvertes de jonc comme toutes celles d côte d'Arabie.

L'île de Dahalac n'a dans toute sa longueur, qui va du nord-ouest sud-est, que trente-sept milles dans sa plus grande largeur. Cette éten ne s'accorde pourtant point avec le rapport des habitants, qui nou firent plus considérable.

Dahalac est de beaucoup plus grande qu'aucune des îles que n eussions vues dans la partie de la mer Rouge que nous venions de courir ; car les autres n'avaient pas plus de cinq milles de long. est basse et assez égale : son sol est composé de gravier et de sable b mêlé de coquillages et d'autres productions marines. On n'y voit auc espèce d'herbe, du moins en été, à l'exception d'une petite quantit joncs, qui suffit à peine pour nourrir le peu d'antelopes et de chèvres ont sur l'île. Il y a dans cette île quelques-uns de ces derniers animaux d'une espèce charmante; leur taille est petite, leur poil ras; leurs cornes ont noires et pointues. Ces chèvres ont une couleur bariolée, et elles ont extrêmement agiles.

Plusieurs parties de l'île sont couvertes de grandes plantations d'acacias. Ces arbres ne croissent jamais bien hauts. Ils sont rarement au dessus de huit pieds; mais ils étendent beaucoup leurs branches, et leur sommet est presque applati, ce qui est occasioné sans doute par le vent qui souffle de la mer. Quoique Dahalac soit presque sur les confins de l'Abyssinie, elle n'a point la même température. Il n'y pleut jamais depuis la fin de mars jusqu'au commencement d'octobre; mais dans les autres mois, et surtout en décembre, janvier et février, la pluie y tombe par torrents pendant des périodes de douze heures de suite; l'île en est inondée, et on remplit toutes les citernes pour l'été suivant; car Dahalac n'a ni montagnes ni collines, et conséquemment point de source. Les citernes seules y conservent de l'eau. Il y en a jusqu'à trois cent soixante-dix, toutes creusées dans le roc solide. C'est, dit-on, l'ouvrage des Perses; mais il me semble plus probable que c'est celui des premiers Ptolémées. Quels que puissent être ceux qui ont construit ces magnifiques réservoirs, ils étaient assurément bien différents du peuple qui les possède aujourd'hui, et qui n'a ni assez d'énergie ni assez d'intelligence pour tenir propre, et réserver à l'usage des hommes, seulement une de ces trois cent soixante-dix citernes. Toutes sont ouvertes aux animaux qui y boivent, s'y vautrent et les remplissent d'ordures. Aussi l'eau a-t-elle une forte odeur de musc, qui est occasionée par la fiente des chèvres et des antilopes, et qui paraît encore plus désagréable avant de boire que quand on boit. Il suffirait pourtant de nettoyer une seule de ces citernes, et d'y mettre une porte pour avoir de l'eau claire et salubre pendant toute l'année.

Quand il a beaucoup plu à Dahalac, l'herbe pousse avec beaucoup de vigueur, et les chèvres donnent en abondance du lait, qui, en hiver, est la principale nourriture des habitants; car ils ne labourent ni n'ensemencent leur terres. Leur seule occupation consiste à travailler dans les vaisseaux qui font le commerce en différentes parties de ces mers. La moitié des habitants de Dahalac est constamment sur la côte d'Arabie, et fournit par son travail du dora (1) et d'autres provisions à l'autre moitié qui se tient dans l'île; à époques fixes les travailleurs reviennent, et leurs compatriotes vont les remplacer, et leur procurent, à leur tour,

(1) C'est du maïs ou blé d'Inde.

les moyens de subsister. Mais les plus pauvres ne se nourrissent que poissons et de coquillages. Leurs femmes et leurs filles sont très hard et très adroites à la pêche. Plusieurs d'entre elles nagèrent jusqu'à no vaisseau avant que nous fussions à l'ancre, et elles nous prièrent de l donner une poignée de blé, de riz ou de dora. Ce sont des mendian très importunes et très obstinées, qu'il est difficile de renvoyer avec refus. Ces misérables qui vivent dans des villages où il vient rarem des barques d'Arabie, sont quelquefois une année entière sans mang de pain. Cependant, tel est leur attachement pour le lieu de leur naissan qu'ils aiment mieux vivre dans un pays stérile et brûlé, où ils manqu presque de tout, même des choses les plus nécessaires à la vie, le pa et l'eau, que d'aller habiter les contrées fécondes et heureuses qui bordent des deux cotés. Cette préférence ne doit pas nous paraître étrang puisqu'elle est universelle. La Providence, par un principe très sage sa doute, a imprimé dans le cœur de tous les hommes un vif attachem pour leur pays, quelque pauvre qu'il soit. Depuis les pôles jusqu'à l'équ teur, cet attachement se fait partout sentir de la même manière.

Il y a à Dahalac douze villes ou villages de la même grandeur à p près que Dobelew. Chacun de ces villages est environné d'une plantati de palmiers de l'espèce qu'on nomme doom, dont les feuilles servent faire les seuls ouvrages qu'on fabrique dans l'île. Ces feuilles, quand les a fait sécher, sont d'une blancheur si lustrée qu'on les prendrait ais ment pour du satin ; les Dahaliens en font des paniers d'une beau surprenante ; ils peignent une partie des feuilles en rouge et en noir, ils forment des figures en les tressant avec un art infini. J'ai vu quel ques-uns de ces paniers qu'on gardait pleins d'eau pendant vingt-quat heures de suite, sans qu'il s'en échappât une seule goutte. Les insulair vont les vendre à Jidda et à Lohéia, où les plus grands ne valent qu quatre comesbes, ou dix sols de France.

Ces paniers sont l'ouvrage des hommes qui restent dans l'île, ou plut leur amusement ; car ils y travaillent très peu, craignant tous en génér d'altérer leur santé par la moindre fatigue et les moindres soins.

Les Dahaliens du premier rang, tels que le sheik et sa famille, qu ont le privilége de rester oisifs et de ne point s'exposer aux ardeurs d soleil, sont d'une couleur brune, beaucoup moins foncée que celle de habitants de Lohéia. Mais le commun du peuple, les gens qui pêchent e qui vont constamment à la mer, sont d'un rouge un peu plus foncé qu la couleur du bois d'acajou nouvellement coupé. En outre, il y a parm eux des hommes très noirs, qui viennent d'Arkeeko et du continent ; mais quand ils se marient dans le pays, leurs enfants sont moins noirs qu'eux.

s habitants de Dahalac paraissent être d'un caractère simple, confiant n. C'est le seul endroit dans tous ces parages, où les hommes ne nt d'armes d'aucune espèce. On ne leur voit jamais ni fusils, ni , ni couteaux; tandis qu'à Lohéia, à Yambo, et sur toute la côte bie, les portefaix même, tout nus qu'ils sont, et accablés des aux qu'ils charient et de la chaleur, ont un ceinturon de cuir el pend un sabre si énormément long qu'ils ont besoin d'avoir une ère de marcher toute particulière, et beaucoup d'adresse pour n'en pas estropiés. Du reste, les habitants de Dahalac n'ont pas toujours ussi pacifiques qu'à présent. Les Portugais, à leur première arrivée cette île, y eurent plusieurs de leur compagnons massacrés; en che cette nation traita souvent les Dahaliens avec beaucoup de ité.

s hommes paraissent très vigoureux. Ils me dirent qu'ils ne con-aient point les maladies. Cependant quelquefois, au printemps, les eaux de l'Yémen et de Jidda leur portent la petite-vérole. Alors que tous ceux qui en sont attaqués meurent. Je jugeai que, bien ant l'air de jouir d'une bonne santé, ils ne vivaient jamais long-s; car je ne vis pas un seul homme qui me parût être parvenu à sa ntième année. Leur climat doit pourtant être sain, et ils ont pen-l'été le vent du nord, qui tempère beaucoup la chaleur du jour.

toutes les îles que nous avions vues de ce coté du canal de la mer e, Dahalac est la seule qui soit habitée. Elle dépend, du gouverne- de Masuah, et elle est conférée au pacha de Jidda, par un firman rand-seigneur. Le pacha de Jidda l'avaient alors cédée à Métical-Aga, étical au naïb et à ses délégués. Le gouverneur qui en était en ssion à mon passage était cet Hagi-Mahomet-Abd-el-Kader, dont j'ai plus haut, qui partit de Jidda dans le même temps que moi, et arrivé à Masuah, m'y desservit de tout son pouvoir, et fut cause e courus le plus grand risque d'y être assassiné. Le revenu de ce erneur consiste en une chèvre, que chacun des douze villages de lui présente tous les mois. Chaque vaisseau qui aborde en se ren- à Masuah lui paie aussi une livre de café, et chacun de ceux qui ent d'Arabe, une piastre ou un pataka.

n'y a à Dahalac d'autre petite monnaie courante que les grains de oterie de Venise, anciens et nouveaux, de quelque grandeur et de que couleur qu'il soient, entiers ou brisés.

oique cette île soit pauvre maintenant, elle fut jadis célèbre par son nerce et par sa splendeur. La pêche des perles y était très abondante siècles des Ptolémées. Longtemps après, sous l'empire des califes, elle produisait encore un grand revenu; et elle fut regardée comme importante, jusqu'à ce que cette misérable race d'esclaves qui fourn présent des souverains au Caire commençât à se soustraire à la dépend de la Porte. Du temps même de Sélim et de la conquête de l'Arabie Sinan-Pacha, les galères turques venaient jusqu'à Suez. Masuah et Sua avaient des pachas, et Dahalac était la principale île qui fournissait plongeurs pour la pêche des perles. Elle était célèbre pour cette p dans la partie du sud de la mer Rouge, comme Suakem dans la parti nord; le pacha de Masuah passait l'été à Dahalac pour éviter les leurs excessives qui règnent dans le lieu ordinaire de sa résidence.

La pêche des perles s'étendait depuis Dahalac et les îles voisines qu'au 20° de latitude. Les îles où il y avait des habitants fournissa chacune une barque et un plongeur, et on les payait en blé ou en far de manière qu'ils en eussent assez pour leur nourriture pendant le te de la pêche, ainsi que pour nourrir leurs familles qui restaient dans l îles; de sorte que quelques mois de travail suffisaient à ces gens-là p gagner ce qui leur était nécessaire pendant le cours de l'année. Dans derniers temps de cette pêche, on en payait la rente au pacha de Suak Mais il y avait un endroit appelé Gungunnah, entre Suakem et le préte fleuve Frat, qui était particulièrement réservé au grand seigneur.

Un officier était envoyé de Constantinople pour recevoir les perles le lieu même. Les perles Gungunnah, beaucoup plus grosses que les tres, ne leur était inférieures ni pour la beauté de leur eau, ni pou rondeur. La tradition rapporte que Gungunnah appartenait exclus ment aux Pharaons, qui sont désignés dans les manuscrits arabes sou titre d'anciens rois d'Egypte avant Mahomet.

Dans les mêmes parages, entre Dahalac et Suakem, il y avait une a pêche très riche; c'est celle des tortues qui fournissent l'écaille la p précieuse. On en faisait un grand commerce avec les Indes occident et principalement avec la Chine. Cette production coûtait peu, et don de grands profits; car les tortues étaient fort abondantes entre le 18° e 20° de latitude.

Le commerce des Indes fut extrêmement florissant à Suakem et à suah, dans les temps prospères de l'empire des califes. Les Banians, seuls de tous les Indiens faisaient autrefois le négoce, ayant reçu mahométans la défense d'entrer dans leur terre sacrée de l'Héjaz, duisaient leurs vaisseaux à Konfodah dans l'Yémen, et tiraient Suakem et de Masuah, de première main, des perles et de l'écaille, q allaient troquer en Chine contre la même quantité d'or pesant. Le tib ou l'or pur de Sennaar (celui d'Abyssinie l'est beaucoup moins), les d

phant, les cornes de rhinocéros, une grande quantité de gomme ara-
, la casse, la myrrhe, l'encens et une infinité d'autres articles pré-
, s'échangeaient aussi à Masuah et à Suakem contre des marchandi-
es Indes.

is rien, de ce que l'injustice et la violence peuvent ruiner, ne subsiste le gouvernement des Turcs. Les pacha payant leurs places fort chè- nt à Constantinople, et incertains s'ils les conserveraient assez long- s pour se rembourser de l'argent qu'ils avaient donné, n'eurent pas atience d'attendre que le commerce les dédommageât par degrés; d'extorsion en extorsion, ils devinrent voleurs publics, saisissant les aisons des vaisseaux partout où ils pouvaient les prendre, exerçant ruautés les plus atroces envers les propriétaires de ces vaisseaux, et nt empaler ou écorcher vifs les facteurs qui tombaient entre leurs s, afin d'obtenir par la terreur des présents des Indes. Ces horreurs t alors abandonner le commerce dans ces contrées. Le revenu cessa. e vit plus à Constantinople d'enchérisseurs pour cette ferme. Personne ongea à aller trafiquer dans un endroit où sa vie était continuellement anger. Enfin Dahalac tomba sous la dépendance du pacha de Jidda, l y envoya un aga (1), qui lui payait une rétribution modérée, et ropriait en totalité ou en partie les provisions et le salaire qu'on ait pour la pêche des perles.

aga de Suakem essaya vainement d'obliger les Arabes qui vivaient de lui à travailler pour rien. Ces peuples renoncèrent bientôt à des pations qui ne leur produisaient que des châtiments; et en même s ils perdirent l'usage de la pêche et l'habileté qui les avaient fait temps distinguer. Ainsi cette école de marins fut anéantie. Les galè- nanœuvrées sans adresse, pourirent dans les ports, ou furent con- es en barques de commerce, et charrièrent le café de l'Yémen à , sans être armées et hors d'état de l'être. En outre, elles avaient équipages si mauvais, si ignorants, qu'il ne se passaient pas d'année quelqu'une ne pérît, non par la tempête (car dans l'endroit où elles guaient la mer est aussi tranquille qu'un étang), mais par l'incapa- ou l'inattention de ceux qui les conduisaient.

e commerce reprit enfin son ancien cours vers Jidda. Le shérif de la que et tous les Arabes étaient intéressés à le rappeler en Arabie, et à endre le gouvernement de leur propre pays. Afin que la pêche des per- ne fût pas longtemps pour les Turcs un motif de rester dans ces rées, et d'en opprimer les habitants naturels, ils découragèrent telle-

Un commandant subalterne.

ment les plongeurs que leur art tomba en désuétude. Tous les insul se jetèrent alors sur la côte du continent, ils furent employés sur les seaux qui naviguaient le long de la côte, et c'est encore jusqu'à ce leur seule occupation.

Cette politique eut tout le succès qu'on en pouvait attendre. Les ces arabes s'affranchirent du pouvoir des Turcs, qui n'est maintenant qu'une ombre. Dahalac, Masuah, Suakem, rentrèrent sous les lois de anciens maîtres. C'est à eux qu'elles obéissent; c'est par des seik leurs pays qu'elles sont régies, et elles ne conservent du gouverner Turc que le nom, et un assassin, un voleur, qui prend le vain titr commandant.

Il y a déjà près de deux cents ans qu'on laisse dans l'abandon immenses trésors, que la mer Rouge recèle dans son sein, quoique semblablement ils n'aient jamais été d'un aussi grand prix qu'à prés

A Dahalac il n'y a ni chevaux, ni bœufs, ni moutons, ni chiens. seuls quadrupèdes qu'on y trouve sont des chèvres, des ânes, q ques chameaux à demi morts de faim, et des antilopes. Ces dernières en grand nombre.

A notre arrivée à Dahalac, le 14, nous vîmes des hirondelles, et, le 1 n'y en avait plus aucune. Quand nous abordâmes le 19 à Masuah, no en trouvâmes aussi quelques-unes; le 21 et le 22, elles s'y rassembla en grande quantité; et, le 2 octobre, elles eurent toutes disparu. Ces hi delles étaient pour la plupart de l'espèce de l'hirondelle bleue à lon queue et à la tête plate; mais il y avait aussi des martinets qui ont le noir et gris-brun, avec la gorge blanche.

Le langage que l'on parle à Dahalac est celui des pasteurs. La lan arabe y est aussi parlée par beaucoup de monde. De cette île nous a çûmes les hautes montagnes de Hobesh, formant une chaîne unie com une muraille parallèle à coté du continent, et s'étendant jus Suakem.

Lorsque nous entrâmes, le 14, dans le port de Dobelew, et lorsque en sortîmes, le 16, nous aperçûmes un courant semblable aux flux d marée, et nous craignîmes qu'en dépit du vent qui gonflait nos voiles courant ne nous entraînât sur les rochers. Je pense que la marée dans sa plus grande force; car nous approchions du temps de la pl lune de l'équinoxe. Le canal qui sépare l'île de la terre ferme est étroit; et le soleil et la lune étant alors près de l'équateur, leur double fluence donnait une violence extraordinaire à la colonne d'eau très v mineuse qui se trouvait pressée dans un espace si resserré.

Le 17, après avoir visité notre navire et reconnu qu'il n'avait point endommagé, après avoir aussi fait une provision d'eau, toute mauvaise qu'elle était, nous remîmes à la voile pour nous éloigner de Dobelew. Mais le vent devenant contraire, nous fûmes obligés de mouiller l'ancre à quatre heures trois quarts. Nous avions alors dix brasses d'eau à trois lieues de distance du port que nous venions de quitter, et qui nous restait au sud-ouest.

Le 18, nous levâmes l'ancre, et nous louvoyâmes, avec un vent contraire de nord-ouest, et un courant très fort qui venait du même côté. A quatre heures et demie du matin, nous fûmes forcés de mouiller de nouveau. Nous avions rencontré un passage fort étroit et fort peu profond, et que j'allai sonder moi-même avec le canot. J'y trouvai à peine une brasse et demie, c'est-à-dire neuf pieds d'eau; et nous attendîmes la pleine mer. Cet endroit est appelé le Bogaz; ce qui signifie, comme je l'ai fait observer dans l'un des chapitres précédents, un passage qui n'a ni largeur ni profondeur. Il se trouve entre l'île de Dahalac et la pointe du sud de Noora. Il n'a que quarante brasses de large, et il a de chaque coté des rochers très dangereux.

La marée monta avec une force excessive, ressemblant plutot au Nil qui déborde, à un torrent qui tombe des montagnes, ou à un canal rapide qui fait tourner un moulin, qu'au flux ordinaire de la mer. A une heure et demie, nous eûmes assez d'eau dans le passage, et nous y fûmes bientot conduits par la violence du courant, qui nous emportait d'une manière vraiment terrible.

A trois heures et demie, nous passâmes entre le Ras-Antalou, qui est le cap le plus au nord de Dahalac, et la petite île de Dahalottom, où il y a quelques arbres. C'est là qu'est le tombeau du sheik Abou-Gafar, dont Poncet parle dans son voyage, en prenant le nom du saint pour celui de l'île. Le détroit entre cette île et le Ras-Antalou n'a qu'un mille et demi de largeur.

A quatre heures, nous mouillâmes auprès d'une petite ile appelée *Surat*. De Dahalac à cette île on ne trouve pas plus de sept brasses d'eau, et il en est de même jusqu'auprès de Dahalac-Kibeer, dont le port peut recevoir de grands vaisseaux, mais est ouvert à tous les vents depuis le sud-ouest au nord-ouest, et où la lame est toujours forte et clapoteuse.

Le 19 septembre, à six heures trois quarts du matin, nous levâmes l'ancre d'auprès de Surat; et à neuf heures quinze minutes, nous vîmes l'île de Dargéli sur laquelle il y a des arbres portant au nord-ouest-quart-d'ouest à deux mille et demi de distance, et celle de Drugerut au nord-quart-d'est, et à trois lieues et demie. Nous restâmes là en calme.

A onze heures, nous reconnûmes l'île de Dergaïham, portant au nord-quart-d'est à trois milles; et à cinq heures de l'après-midi, nous mou mes dans la rade de Masuah, après dix-sept jours (1) de traversé compris le jour où nous nous embarquâmes. Cependant ce voyag fait ordinairement en trois jours, avec un vent favorable; souvent m il dure beaucoup moins.

On doit observer que le nom de beaucoup d'îles commence par Daha Del, qui n'est qu'une abréviation de Dahal. Or, ces deux mots signi une île dans la langue de Beja, qu'on nomme le *Geez*, ou la langue Pasteurs. Massowa, quoique prononcé de la manière dont je l'expi ici, doit être écrit, pour conserver l'orthographe, Masuah, qui veut aussi, dans la même langue, port ou eau des Pasteurs.

Il est maintenant nécessaire de faire connaître un peu en détail c nation considérable des Pasteurs, dont j'ai déjà si souvent fait men dans cet ouvrage; il faut parler également des autres peuples moins p sants et moins nombreux qui habitent, comme eux, les pays situés e les tropiques, c'est-à-dire, les frontières de l'Égypte et les contrées sont sous la ligne.

Les rapports que ces peuples ont tous avec le commerce de la Rouge, et leurs rapports entre eux, m'obligeront de remonter à ces miers siècles où les lettres et les arts utiles prirent naissance dans contrées, y furent soigneusement cultivés et y acquirent sans doute aussi grande perfection que celle où ils ont pu parvenir dans aucun a temps.

(1) La lenteur de notre voyage ne doit pas être entièrement attribuée aux vents contraire aux calmes. Nous employâmes beaucoup de temps à l'examen des îles et à des observa astronomiques.

CHAPITRE XV

ommerce de l'Inde dans les premiers siècles. — Établissement de l'Éthiopie. — *Troglodytes*. — Édification des premières villes.

'lus on remonte dans l'histoire des nations orientales, plus on a lieu re étonné au récit de leurs immenses richesses et de leur magnifice. Les personnes qui lisent l'histoire de l'Égypte sont comme les voyars qui parcourent ses villes antiques et désertes, où tout est palais ou nples, et où il ne reste pas la moindre trace d'une demeure ordinaire. ssi tous les grands écrivains qui parlent de ces villes, aujourd'hui rensées et écrasées, ne font mention que de leur puissance, de leur splenr, de leur opulence et du luxe qui en était la suite nécessaire, sans s laisser un fil par le moyen duquel nous puissions pénétrer à la rce d'où découlaient ces étonnantes richesses, sans nous mettre seulent à portée d'arriver à une époque où les Égyptiens étaient faibles et ivres, ou du moins dans un état de médiocrité, et au même rang que nations de l'Europe.

'Écriture sainte représente la Palestine, dont elle traite particulièrent, non-seulement comme remplie, dans les premiers âges, de nations ssantes et policées, mais aussi comme possédant de l'or et de l'argent bien plus grande proportion qu'on n'en pourrait trouver de nos jours ns aucun État de l'Europe, quoique l'Europe soit maîtresse des cones si riches du nouveau monde, qui fournit abondamment de l'argent de l'or à l'ancien.

Cependant la Palestine, réduite aux productions de son sol et à ses pres ressources, n'est qu'une contrée fort pauvre ; et elle aurait tours été de même, sans quelques liaisons extraordinaires avec d'autres pays. Il n'y a jamais eu dans son territoire des mines d'or ni d'a et quoique, à certaines époques, il paraisse que la population en diminuée, ses récoltes n'ont jamais suffi à nourrir ses habitants, qu peu nombreux qu'ils fussent.

Montesquieu (1), en parlant des trésors de Sémiramis, s'imagin les richesses de l'empire d'Assyrie était le fruit du pillage exerc quelque nation ancienne et opulente, que cette reine avait vaincue, les Assyriens détruisirent, comme ils furent détruits à leur tour p ennemi plus pauvre et plus vaillant qu'eux.

Cependant, quelque vrai que pût être ce fait, il ne résoudrait certainement la question : elle se renouvellerait relativement à lence de cette autre nation subjuguée par les Assyriens, et à la ceux-ci durent leur splendeur. Je crois qu'il y a peu d'exemples grand royaume se soit enrichi par la guerre. Alexandre conquit l'Asie, une partie de l'Afrique, et beaucoup de pays en Europe. Il e les trésors des successeurs de Sémiramis, et de tous les rois qu'ils a rendus leurs tributaires. Il pénétra dans les Indes bien plus avant q miramis elle-même n'avait pénétré, quoique son empire s'étendi qu'aux rives de l'Indus. Malgré cela, la Macédoine ni aucune des p ces de la Grèce ne purent jamais être comparées, pour l'opulence petits districts de Tyr et de Sidon.

La guerre dissipe les richesses dans le moment où elle les acquier commerce bien entendu, soutenu avec constance et avec droiture, e avec exactitude et économie, est le seul moyen qui puisse enrichi grand État; et cent mains occupées à manier la navette du tiss seront d'un plus grand avantage pour leur pays que dix mille autre ne sauront que porter la lance et le bouclier.

Nous n'avons pas besoin d'aller plus loin pour chercher une preu cette vérité. Les sujets de Sémiramis, et les peuples qui vivaient son voisinage, faisaient venir par terre des épices dans le royaume syrie.

Les Ismaélites et les Madianites portaient de l'or d'Éthiopie, et pl rectement encore de la Palestine, dans les États de cette reine, et pendant quelque temps la seule route que suivit le commerce des I Mais, en exécutant le projet insensé d'envoyer une armée dans l pour s'enrichir tout d'un coup, Sémiramis fit cesser le commerce et son empire, qui fut bientôt après anéanti.

Quiconque parcourt l'histoire des plus anciennes nations voit qu

(1) Livre 21, chap. 6.

·hesses et l'industrie ont pris naissance en Orient; que de là elles ont ·t insensiblement des progrès vers l'Occident, en s'étendant tout à la s au septentrion et au midi. On verra en même temps que les richesses la population des peuples ont toujours diminué en raison de l'abandon commerce.

Ces observations doivent rappeler à tous les esprits judicieux une vérité nstamment prouvée dans l'arrangement de ce qui compose l'univers, st que Dieu se sert des moindres causes et des plus petits moyens pour érer les plus grands effets. Dans ses mains, un grain de poivre est le ndement du pouvoir, de la gloire et de l'opulence de l'Inde. Il fait naître gland, et par le moyen du chêne qui en provient, les richesses et le uvoir de l'Inde sont bientôt communiqués à des nations qu'un espace mense de mer a séparées d'elle.

Mais revenons à l'Égypte. Quelque temps avant l'époque dont nous vens de parler, Sésostris passa avec une flotte composée de grands vaisaux du golfe d'Arabie dans l'océan Indien, et ouvrit à l'Égypte le comerce de l'Inde par mer. Je ne veux point croire tout ce qu'on raconte de quantité de vaisseaux qui composaient sa flotte; car on ne nous a guère issé rien de croyable concernant les vaisseaux et la navigation des anens, ou du moins rien qui n'offre des difficultés et des contradictions. ailleurs, je n'ai besoin de parler que de son expédition et non du nome de ses vaisseaux. Il paraît que ce prince renouvela plutôt qu'il ne découvrit cette manière de faire le commerce des Indes orientales; comerce qui, interrompu de temps en temps, peut-être même oublié par les uverains qui se disputaient l'empire du continent d'Asie, n'était pournt jamais abandonné par les peuples eux-mêmes, qui partaient des ports l'Inde et de l'Afrique, et du port d'Édom sur la mer Rouge.

Les pilotes de ces ports étaient seuls instruits d'un secret ignoré du ste des navigateurs, et dont le succès de leur voyage dépendait : c'était phénomène des vents alisés et des moussons. Les pilotes de Sésostris avaient aussi la connaissance, et Néarque semble en avoir eu quelque ée dans le voyage qu'il fit longtemps avant Sésostris, et dont nous alns bientot parler.

L'histoire rapporte que les Égytiens regardaient Sésostris comme leur us grand bienfaiteur, pour leur avoir ouvert le commerce de l'Arabie et s Indes, pour avoir renversé l'empire des rois pasteurs, et enfin pour oir rendu à chaque Égyptien les terres qui lui avaient été ravies ır la violence des pasteurs éthiopiens, lors de l'invasion de ces princes Égypte.

En mémoire de ces événements, Sésostris, dit-on, fit bâtir un vaisseau de cèdre de cent vingt verges de long, dont le dehors était tout couv de plaques d'or et le dedans de plaques d'argent, et il consacra ce mag fique ouvrage dans le temple d'Isis.

Je ne veux point entreprendre la défense de ce fait, ni prouver que sostris eut raison de construire un vaisseau d'une telle grandeur, lors un beaucoup moindre aurait suffi pour l'objet auquel il le destinait. vaisseau n'était vraisemblablement qu'un monument hiéroglyphique actions de ce prince à qui l'Égypte devait le commerce de l'or et de l' gent des mines d'Éthiopie, et l'usage de naviguer sur l'Océan dans vaisseaux construits avec du bois; et il montrait par là que c'étaient seuls qu'on dût employer à cette navigation. Avant le règne de Sésostr les vaisseaux égyptiens étaient faits avec cette espèce de roseaux qu nomme papyrus, et recouverts de peaux d'animaux ou de cuir, constr tion avec laquelle on ne pouvait se hasarder sur l'Océan.

On voit, par les changements que fit Sésostris, de quels avantages Égyptiens lui furent redevables. Quand on se rend compte de ces avan ges, ce qui est aisé à ceux qui ont voyagé en Égypte et en Arabie, l'esprit des peuples a peu changé, on trouve la solution d'un grand p blème : c'est que le commerce par degrés posa les fondements de l'i mense grandeur de l'Orient; il polit les peuples, il les revêtit d'étoffe d et de soie, et porta les arts et les sciences parmi eux à un point de p fection qu'on n'a pas encore surpassé, et cela bien des siècles avant q les nations de l'Europe eussent d'autres habitations que leurs forêts n tales, d'autres vêtements que des peaux de bêtes sauvages ou dom tiques, et d'autre gouvernement que ce premier empire que la natu donne au plus fort.

Cherchons à présent quels furent les rapports que Sésostris établit ent l'Egypte et les Indes; quel fut le commerce de l'Ethiopie et de l'Aral par lequel il enrichit l'Egypte; et quelles relations la péninsule des Ind avait avec ces contrées. Rappelons aussi ces rois qui exercèrent en mêr temps deux métiers si opposés, celui de conquérant et celui de pasteu et voyons ce qu'étaient ces pasteurs assez voisins de l'Egypte, et ass puissants pour ravir les terres de quatre millions d'habitants.

Il nous faut pour cela entrer dans quelques détails sur lesquels les pe nnes qui voudront approfondir l'histoire ancienne ou moderne de cet partie de l'Afrique ne peuvent avoir aucune idée précise, non plus q des différentes nations qui habitent la péninsule de l'Inde ; et nous démo trerons que l'unique source des richesses de l'Orient était le commer très ancien, mais très bien établi entre l'Inde et l'Afrique. Ce qui rend c choses plus facile à expliquer, c'est que les travaux et les occupations s peuples étaient, dès les premiers âges, ce qu'ils sont encore aujour-'hui. Les peuples eux-mêmes ont été, à la vérité, un peu altérés par les olonies étrangères qu'on a introduites parmi eux; mais leurs mœurs, urs usages sont les mêmes qu'ils étaient dans l'origine. Je ne ferai ention à présent que de ce qui a rapport à leur ancienne histoire, et je e parlerai de leurs modernes institutions que dans le cours de mon oyage, et à mesure que je passerai ou que je séjournerai parmi eux.

La Providence a placé les habitants de la péninsule de l'Inde dans un imat qui a de grands inconvénients. La partie où l'air est pur et salubre st couverte de montagnes stériles et escarpées, et, en certains temps de année, il y tombe des torrents de pluie qui viennent inonder les plaines rtiles qui sont au-dessous. A peine ces pluies ont-elles cessé qu'un so-il brûlant leur succède; et ses effets sont tels que les hommes de ces con-ées en deviennent faibles, énervés, et incapables des travaux qu'exige l'a-riculture. Ces plaines unies sont traversées par de grands fleuves et des vières qui, n'ayant que peu de pente, coulent lentement dans les prai-es dont le sol est gras et noir, laissent des eaux stagnantes en beaucoup endroits, charient abondamment des débris d'arbres et de plantes, et mplissent l'air d'exhalaisons putrides. Le riz même, la nourriture ordi-ire des habitants de ces contrées, ne peut croître que lorsqu'on a ondé les champs où on le sème, et, par ce moyen, il les rend pendant usieurs mois inhabitables. La Providence a ainsi ordonné les choses; ais, toujours infaillible dans sa sagesse, elle a amplement dédommagé s peuples de l'Inde.

Ils ne sont point en état de supporter les fatigues du labourage, ni urs terres ne sont pas propres à une culture ordinaire; mais le pays oduit une grande diversité d'épiceries, et surtout cette petite graine i'on nomme poivre, et qu'on regarde avec raison comme celle de toutes i est la plus amie de la santé des hommes. Le poivre croît spontanément est recueilli sans peine. C'était autrefois un remède excellent pour les aladies du pays, et un grand moyen de richesse par la vente qu'on en isait aux étrangers. Cette espèce d'épicerie ne vient que dans l'Inde, ioiqu'elle soit également utile dans les contrées insalubres, et mal-ureusement sujettes aux mêmes maladies. La nature n'a pas placé rtout, comme dans l'Inde, le remède à coté du mal : mais, en forçant homme d'avoir besoin de l'autre, elle a sagement préparé le bonheur genre humain en général. Dans l'Inde et dans des climats identiques, n'emploie pas le poivre en petite quantité, mais on le consomme esque comme du pain.

La nature n'a pas été moins favorable aux Indiens pour ce qui concerne les vêtements. Le ver à soie, sans que les hommes le soignent beaucou sans presque avoir besoin de leur secours, leur fournit une étoffe qui à la fois la plus douce, la plus légère, la plus brillante, et conséquemme la mieux assortie aux climats chauds. Ils ont aussi le coton, producti végétale qui croît autour d'eux en abondance, sans exiger aucun trava et qui peut être considérée comme égalant presque la soie à beauco d'égards, et lui étant supérieure à quelques autres. Le coton est d'ailleu moins cher et d'un usage plus général. Chaque arbre de l'Inde prod sans culture des fruits excellents. Chaque arbre donne un ombrage agr ble, sous lequel, avec une légère navette de roseau à la main, les hal tants peuvent passer leur vie dans les délices, occupés à jouir raisonn blement et tranquillement, et fabriquant leurs étoffes pour leur avanta personnel, pour les besoins de leur famille et pour la richesse de le patrie.

Cependant, quelque abondantes que fussent leurs épiceries, quelq quantité qu'ils en consommassent eux-mêmes et quelque quantité d' toffes qu'ils employassent pour eux, il leur en restait tant qu'ils fur naturellement induits à chercher des objets contre lesquels ils pusse troquer leur superflu. Ils voulurent l'employer à se procurer des chos que la nature leur avait peut-être sagement refusées, et dont, par lég reté, par goût de luxe, ou du moins sans beaucoup de nécessité, leur im gination leur avait créé le besoin.

Loin d'eux, et à l'occident de leur pays, mais sur le même continen était la péninsule d'Arabie, séparée par un long désert et une côte dang reuse. L'Arabie ne produisait point d'épiceries, quoique la nature soum les habitants aux mêmes maladies qui régnaient dans l'Inde. Mais le cl mat était absolument semblable, et le grand usage de ces végétau échauffants était aussi nécessaire dans l'Arabie que dans l'Inde où i croissaient.

Il est vrai aussi que l'Arabie n'était point totalement abandonnée à l'i salubrité de son climat. La nature y avait placé la myrrhe et l'encen qui, employés en parfums et en fumigations, sont de puissants anti-se tiques, mais dont on se sert plutôt comme préservatifs que comme remèd propres à combattre une maladie qui a déjà fait des progrès. Ces produ tions étaient d'ailleurs montées à un prix qu'aujourd'hui nous ne pouvon concevoir ; mais qui pourtant ne diminuait jamais, quelque chose qu arrivât dans le pays où on les recueillait.

La soie et le coton des Indes était naturellement blancs, sans aucun variété, et très sujets à se salir : mais l'Arabie produisait des gommes des teintures de plusieurs couleurs qui flattaient singulièrement le goû s Asiatiques. Nous voyons que l'Ecriture sainte parle des vêtements de uleur comme d'une grande marque d'honneur. Salomon, dans les Prorbes, dit aussi qu'il para son lit avec des tapis d'Egypte. Mais l'Egypte avait de manufactures ni de soie, ni de coton, ni même de laine. Les uvertures que Salomon en tirait y était venues des Indes,

Le baume ou le balsam était aussi une production de l'Arabie. On le ndait toujours très cher, et le prix s'en est soutenu dans l'Orient jus'aux derniers siècles. Quand les Vénitiens faisaient le commerce des des par la voie d'Alexandrie, le baume valait encore son poids en or. Il oît toujours dans le même lieu, et, je pense, dans la même quantité 'il croissait jadis : mais, par plusieurs raisons connues, il est maintent de peu de valeur.

C'est donc la main de la Providence qui, dès le commencement des ècles, posa la base du commerce et des rapports que ces deux contrées vaient avoir entre elles. Les besoins de l'une étaient remplis par ce que i fournissait l'autre. Elles n'auraient pas eu un très long chemin à faire, elles avaient pu communiquer par mer. Mais des vents violents, opiâtres, indomptables, semblaient rendre le passage de l'océan impossie, et nous ne devons pas douter que ce ne fût pendant très longtemps cause pour laquelle le commerce des Indes, se faisant par terre seulecnt, se répandit dans le continent, et devint la source des richesses de émiramis.

Cependant les productions de l'Arabie, toutes précieuses qu'elles étaient, pouvaient, ni par la quantité ni par la qualité, balancer celles que lui ıvoyait l'Inde. Peut-être pouvaient-elles seulement payer ce qu'elle conmmait elle-même. Mais par derrière la péninsule était un vaste contient, portant le nom d'Afrique, capable d'acheter plusieurs centaines de is autant de marchandises que l'Arabie. Placée sous la même zône que Inde, et même plus au midi, les maladies occasionées par le climat, et s besoins de ses nombreux habitants, étaient les mêmes que dans l'Inde en Arabie. En outre elle avait la mer Rouge et diverses communica ons ouvertes ou nord.

Dans ces contrées diverses, ni les objets de premières nécessités, ni les esoins du luxe n'étaient les mêmes que ceux de l'Europe. D'ailleurs, dans s temps dont nous parlons, l'Europe n'était peuplée que de bergers, de hasseurs et de pêcheurs, qui ne connaissaient aucune espèce de luxe, ni 'avaient rien qui pût égaler les productions de l'Inde. Vivant dans les ois et dans les marais, ils ne s'occupaient que des animaux qui servaient les vêtir et à les nourrir.

Les habitants du vaste continent d'Afrique avaient donc besoin de se procurer des objets de nécessité et de fantaisie; mais ils ne posséd ni celles dont l'Arabie avait besoin, ni celles que demandait l'Inde. du moins ce qu'ils croyaient et ce qui les empêcha pendant longte de s'adonner au commerce.

Les Abyssiniens conservent une tradition qu'ils disent avoir eu temps immémorial, et qui est également reçue parmi les Juifs et p les chrétiens; c'est que, peu de temps après le déluge, Cush, petit-fi Noé, passa avec sa famille par la Basse Egypte alors inhabitée, trav l'Atbara, et vint jusqu'aux terres élevées qui séparent le pays enf d'Atbara des hautes montagnes d'Abyssinie.

En jetant les yeux sur un planisphère, on peut voir une chaîn montagnes qui commence à l'isthme de Suez, qui se prolonge comme muraille à environ quarante milles de la mer Rouge, jusqu'à ce que vant par les 13° de latitude, il se divise en deux branches. L'une sui frontières de l'Abyssinie, traverse le Nil, et s'étend en coupant l'Afr jusqu'au bord de l'Océan Atlantique. L'autre va du côté du sud, et to à l'est, conservant une direction parallèle au golfe d'Arabie; ensuite s'avance encore au sud le long de l'Océan Indien, et de la même ma qu'elle a suivi la côte de la mer Rouge.

La tradition abyssinienne rapporte que Cush et sa famille, épouva par l'événement terrible du déluge toujours présent à leur mémoi appréhendant d'éprouver de nouveau un pareil malheur, aimèrent m habiter les cavernes dans le flanc des montagnes, que de s'établir les plaines. Il est plus que probable que bientôt après leur arr témoins des pluies du tropique qui excèdent ordinairement en durée c qui occasionèrent le déluge, ils observèrent qu'en traversant Atb cette partie de la Nubie située entre le Nil et Astaboras, et qu'on a de appelée Méroé, ils étaient tombés d'un climat très sec qu'ils avaient contre d'abord, dans un climat pluvieux, et que les pluies augmenta même à mesure qu'ils avançaient vers le sud; ce qui leur fit préfér s'arrêter aux premières montagnes, où le pays était fertile et agré plutôt que d'aller au-delà risquer d'être engloutis dans une terre sub gée, qui pouvait être aussi fatale à leur postérité que la terre habité Noé l'avait été à leurs pères.

Ceci n'est qu'une conjecture probable que je me permets d'exposer les motifs qui déterminèrent la famille de Cush ne sont pas connus. ce qui est indubitable, c'est que cette race d'hommes se creusa, avec industrie étonnante et avec des outils tout à fait primitifs, des dem non moins commodes qu'admirables dans le sein de montagnes de ma et de granit; demeures qui se sont conservées en grand nombre tou es jusqu'à ce jour et qui semblent devoir subsister jusqu'à la fin des :les.

:es maisons d'une si singulière structure s'étendirent bientôt dans les ntagnes voisines. Les descendants de Cush s'y établirent à mesure ils se multiplièrent, et ils portèrent leur industrie et leurs arts du côté la mer de l'Orient; mais contents de leur premier choix, ils n'aban- nèrent jamais leurs cavernes pour résider dans les plaines.

.es Abyssiniens disent que les enfants de Cush bâtirent la ville d'Axum lque temps avant la naissance d'Abraham. Bientôt après, ils étendirent r colonie jusqu'à Atbara, où nous savons, d'après le témoignage d'Hé- ote, qu'ils cultivèrent avec beaucoup de succès les sciences. C'est ce qu'ils s'établirent vers le pays d'Atbara, que Josèphe les appelle oètes, ou habitants de l'île de Méroé.

.es prodigieux fragments des statues colossales de la constellation du en, qu'on voit encore à Axum, prouvent suffisamment combien ils yaient cet objet digne de leur attention ; et *Seir*, qui, dans le langage Troglodytes et dans celui du pays de Méroé, signifie *chien*, nous rend pourquoi cette province portait le nom de *Siré*, et le grand ive qui la borde celui de *Siris*.

e crois entrevoir la raison pour laquelle, sans abandonner leurs an- nnes demeures dans les montagnes, ils choisirent Méroé pour y bâtir ville. Il y a apparence qu'ils remarquèrent qu'un désavantage pour é, et pour leurs cavernes qui étaient au dessous, résultait du climat. étaient au delà des pluies du tropique, et par conséquent gênés et in- rompus dans leurs observations des corps célestes et dans les progrès l'astronomie, dont ils s'occupaient avec ardeur. Ils durent sentir la :essité de bâtir Méroé, peut-être plus loin d'eux qu'ils n'auraient voulu, la même raison qu'ils avaient bâti Axum dans les hautes contrées l'Abyssinie, c'est-à-dire pour éviter la mouche (phénomène dont je lerai par la suite), qui les poursuivait partout où les pluies du tropique ıbent, et qui doit avoir réglé impérieusement, dans ces premiers temps, rs établissements. Ils portèrent donc leurs pas jusqu'au seizième degré latitude, dans l'endroit où j'ai vu des ruines qu'on dit être celles de roé.

l est probable qu'après leur premier succès à Méroé, ils ne perdirent de temps pour s'avancer jusqu'à Thèbes. Nous savons que cette ville bâtie par une colonie d'Ethiopiens, sortie vraisemblablement de roé; mais on n'est point sûr s'ils en venaient directement ou non. Il t s'être écoulé très peu de temps entre la fondation de ces deux colo- s; car on trouve au dessus de Thèbes, comme au dessus de Méroé, un grand nombre de cavernes, que les nouveaux arrivants creusaie presque au sommet de la montagne pour leurs premières demeures, qui sont encore habitées.

De là nous pouvons juger que leurs premières craintes d'un déluge les avaient pas encore quittés tandis qu'ils voyaient que toute l'Egy pouvait être inondée chaque année sans qu'il y tombât un seul grain pluie. Ils ne se confiaient point à la stabilité des villes, telles que Siré Méroé. Ils trouvaient que les excavations dans les montagnes se faisai avec moins de peine, et étaient bien plus commodes que des maiso qu'il fallait bâtir. Cependant ils ne tardèrent pas à déployer plus courage.

CHAPITRE XVI

mier établissement de Saba et du sud de l'Afrique. — Pasteurs; leurs occupations particu-ères et leur situation. — L'Abyssinie est occupée par sept nations étrangères. — Conjectures ur ces nations.

Tandis que les descendants de Cush étendaient leurs progrès d'une anière si heureuse dans le centre et au nord de leur territoire, leurs eres placés dans le sud ne restaient pas oisifs. Ils s'avançaient dans les ontagnes qui se prolongent parallèlement au golfe d'Arabie. Ce pays dans tous les temps appelé *Saba* ou *Azabo*, mots qui l'un et l'autre gnifient le *sud*. Il ne portait point ce nom parce qu'il était au sud de rusalem, mais parce qu'il était sur la côte méridionale du golfe Arabie, et qu'en partant d'Arabie et d'Egypte c'était la première terre sud qui servait de frontière au continent d'Afrique, plus riche alors, us important et plus connu que le reste du monde.

En s'établissant dans ce pays, ce peuple acquit la propriété de tous les rfums et des aromates de l'Orient, de la myrrhe, de l'encens et de la sse, qui croissent spontanément sur la lisière de terre qui s'étend puis la baie de Bilur à l'occident d'Azab jusqu'au cap Gardefan, et qui là, tournant au sud le long de l'Océan Indien, va se terminer près la te de Mélinde, où l'on trouve de la cannelle, mais d'une qualité férieure.

L'Arabie ne s'était pas probablement alors regardée comme la rivale cette autre côte de la mer Rouge, ni elle n'avait point encore tiré Abyssinie l'encens et la myrrhe pour les naturaliser chez elle, comme le l'a entrepris depuis. Il n'y a nul doute que le principal marché de ces ommes précieuses ne fût dans l'origine établi auprès de Saba, où on les recueillait. Mais la consommation augmentant avec le temps, elles fu transplantées en Arabie, où la myrrhe n'a jamais réussi.

Les Troglodytes se répandirent encore plus avant dans le sud. Cor astronomes, ils avaient besoin de s'éloigner des pluies du tropique d'un ciel nébuleux qui les empêchait de faire des observations co pondantes avec celles de leurs frères de Thèbes et de Méroé. Mais ils pénétraient au delà du tropique du sud, plus voyant que les pl étaient abondantes, ils continuaient à construire leurs maisons co la crainte d'un déluge le leur avait appris. Ils trouvèrent là de hautes montagnes d'un roc solide, et situées dans un beau climat. heureux encore que leurs frères qui s'en étaient allés du côté du n ils découvrirent que leur nouveau pays recélait beaucoup d'or et d'arg ce qui détermina leur genre de travail, et devint la source de l richesses. Dans ces montagnes, appelées les montagnes de Sofala, trouve souvent de grandes quantités de ces deux métaux, formant grains purs, sans aucun alliage.

La balance du commerce, qui avait été si longtemps défavorable à l'Ar et à l'Afrique, tourna alors à leur avantage. L'or et l'argent avaient considérés dans l'Inde comme les objets les plus propres à servi retours pour ses marchandises. Il est impossible de dire si c'est la qu ou la beauté de ces métaux, ou quelque autre raison plus puissante, détermina les hommes à en faire le signe général du commerce. L' toire des événements de ce temps-là est perdue, s'il est vrai qu'elle jamais été écrite. Ainsi toutes nos recherches à cet égard sont vaines

Quoi qu'il en soit, le choix des Indiens fut maintenu dans leur p pendant un grand nombre de siècles, et a été adopté depuis par to les nations, à peu près au même taux et dans les mêmes proporti que l'or et l'argent eurent d'abord. C'est dans l'Inde que ces mét commencèrent à être portés dès les premiers temps. Qu'est devenu quantité immense que les Italiens en ont reçu ? est-elle consommée ? elle cachée ? ou par quelle voie s'écoule-t-elle ? Voilà des questions qu n'ai jamais vu résoudre d'une manière satisfaisante.

Les descendants de Cush, établis dans leurs premières montagnes demeurèrent, tandis que les colonies du nord s'avançaient de Méro Thèbes, et s'occupaient sans relâche des progrès de l'architecture et de fondation des villes, pour lesquelles on commençait à quitter les caverr Ainsi les nouveaux colons devinrent laboureurs, commerçants, artist ils furent plus encore : ils furent astronomes pratiques, par l'avant qu'ils eurent d'être placés sous un méridien nuit et jour exempt nuages ; car tel était celui de la Thébaïde.

is comme il n'en était pas de même de leurs frères, que six mois
uie chaque année confinaient dans leurs cavernes, nous ne devons
outer que la vie sédentaire ne leur fût utile, en les engageant à
iper de la rédaction des observations multipliées que faisaient tous
urs ceux qui vivaient sous un ciel plus pur. Nous savons aussi que
ttres ou du moins une sorte de lettres, ainsi que les caractères
métiques, furent inventés par les Cushites du centre; pendant que
mmerce, l'astronomie, l'histoire naturelle des variations des vents
s saisons occupaient ceux qui s'étaient avancés vers le sud.
nature des occupations de ces derniers, le soin de ramasser l'or, de
illir et de préparer les épiceries, les retint continuellement chez eux.
profit consistait à répandre ces épiceries sur la surface du continent.
s messagers étaient obsolument nécessaires aux Cushites pour
ier leurs marchandises, et la Providence leur en avait préparé un
une nation voisine. Cette nation était, à beaucoup d'égards, diffé-
d'eux. Elle avait les cheveux longs, les traits européens, la couleur
peau d'un brun foncé, mais non pas comme le Maure noir, ou le
e. Elle vivait dans les plaines, avait des maisons faciles à transporter,
ait des troupeaux nombreux de bétail, et errait au gré de ses besoins
ivant les changements qui survenaient dans le pays qu'elle habitait.
iommes étaient appelés en hébreu *Phut*, et dans toutes les autres
ies *Pasteurs*. On les appelle encore de même, car ils existent tou-
. Ils ont la même occupation; jamais ils n'en connurent d'autres.
ie peut donc s'y méprendre. Ils se désignent sous différents noms,
ne Balous, Bagla, Belowée, Berberi, Barabra, Zilla et Habab (1),
ous signifient *Pasteur*. Le pays qu'ils habitaient fut appelé Barbarie
es Grecs et par les Romains, d'après le mot Berber, qui signifiait
nairement *pasteurs*. Les anciens écrivains qui parlent des *Pasteurs*
lent connaître fort peu ceux de la Thébaïde, et encore moins ceux
Ethiopie : ils tombent tout de suite sur les Pasteurs du Delta, afin de
oir en être plus tôt quittes, et les repousser dans l'Assyrie, en
stine et en Arabie. Ils ne disent ni quelle fut leur origine, ni par
s moyens ils devinrent si puissants, ni quelles étaient leurs occupa-
s, ni quel pays ils habitèrent d'abord, ni ce qu'ils sont devenus
is; ils semblent croire enfin que leur race soit entièrement éteinte.
oute l'occupation des Pasteurs fut de répandre dans le continent les
chandises de l'Arabie et de l'Afrique. C'est là ce qui les fit devenir
grande nation, parce qu'à mesure que leur commerce augmenta, ils

Il est vraisemblable que quelques-uns de ces mots expriment différents degrés parmi eux.

accrurent le nombre de leurs bestiaux, ils se multiplièrent eux-mê ils étendirent leur territoire.

Revenons à la chaîne des montagnes que j'ai déjà décrites, et qu élevées, s'étendent presque droit au nord le long de l'Océan Indien, lèlement à la côte, et jusqu'au cap Gardefan. Là, elles changent de tion, ainsi que la côte, et se prolongent vers l'ouest jusqu'au détr Bab-el-Mandeb, renfermant le lieu où croissent l'encens et la m pays très considérable à l'occident d'Azab. De Bab-el-Mandeb, ces gnes s'avancent vers le nord, en suivant la côte de la mer Rouge, e se terminent enfin aux plaines de sable de l'isthme de Suez, qui tir bablement son nom de Suah, *Pasteur*.

La longue lisière de terre qui s'étend sur les bords de l'Océan et de la mer Rouge était sans doute nécessaire aux pasteurs pour rier les marchandises dans les ports de ces mers, et de là à Thèb Memphis, sur le Nil. Cependant, le principal siége de leur réside de leur empire était cette partie basse et unie de l'Afrique, qui se entre le Tropique du nord et les montagnes de l'Abyssinie. Ce pa divisé en plusieurs districts. Celui qui s'étend le long de la côte, Masuah jusqu'à Suakem, et qui, ensuite, tourne vers l'occident et nue à suivre cette direction jusqu'aux déserts de Sélima et aux c de la Lybie, borné par le Nil au midi et par le Tropique au septen se nomme le pays de *Beja*. La contrée voisine est ce district qu forme d'un bouclier, où Méroé était, dit-on, bâtie. Ce nom de Mér fut donné par Cambyse. On l'appelle aujourd'hui Atbara. Il est entre le Nil et Astaboras. Entre le fleuve Mareb, l'ancienne As pes, à l'orient, et Atbara, à l'occident, est la petite plaine de Derki tre district des Pasteurs.

Toute cette chaîne de montagnes qui va de l'est à l'ouest, renfe Derkin et Atbara au sud, et où commencent les contrées montueu l'Abyssinie, est habitée par le nègre Cushite, aux cheveux laineux. nomme Shangala, il loge, comme ses premiers pères, dans les cav et, après avoir été le peuple le mieux cultivé et le plus savant de vers, il est tombé, par un revers étrange, dans une ignorance brut se voit maintenant chassé par ses voisins comme une bête sauvage ces mêmes forêts où il vivait jadis au sein de la liberté, de la m cence et du luxe.

Mais les plus nobles, les plus belliqueux de tous les Pasteurs son contredit ceux qui habitaient jadis, et qui habitent encore les mont d'Habab, dont la chaîne s'étend depuis les environs de Masuah j Suakem.

ns l'ancienne langue de ce pays, *so* et *suah* signifient pasteur et pas-
. Quoique nous ne connaissions aucun rang, aucune distinction
.i eux, nous pouvons croire que ceux qu'on appelait simplement *Pas-*
composaient la classe ordinaire qui gardait les troupeaux. Quel-
uns se désignaient par le titre d'Hicsos, que nous prononçons *Agsos*,
ıi veut dire *pasteurs armés*, ou pasteurs qui portent le harnais.
-là étaient sans doute les soldats ou les Pasteurs qui se dévouaient à
ıattre pour leur nation.

troisième classe, dont on nous a conservé le nom, s'appelait *Ag-ag*,
'on croit être les nobles ou les chefs des Pasteurs armés. C'est de là
vint leur titre de *rois des rois* (1). Le pluriel de ce mot est Agagi,
ı écrit, suivant l'orthographe éthiopienne, Agaazi.

en de plus diamétralement opposé que les mœurs et la manière de
du Cushite et celles du Pasteur, son messager. Le premier, quoi-
eût abandonné ses cavernes et qu'il vécût dans les cités qu'il avait
s, restait nécessairement confiné chez lui, ramassant de l'or, arran-
t les envois de ses épiceries, et chassant pour se procurer de l'ivoire
quoi manger pendant l'hiver. Ses montagnes et les villes fondées
ui étaient placées sur une terre noire et grasse; de sorte que, dès
les pluies du Tropique commençaient à tomber, un phénomène éton-
le privait de ses bestiaux. Des essaims innombrables de mouches
saient partout où il y avait de cette terre grasse. Ce fléau rendait le
ite absolument dépendant du Pasteur.

t insecte, qu'aucun naturaliste n'a encore décrit, s'appelle *Zimb*. Il est
eu plus gros qu'une abeille, et d'une forme moins allongée. Ses ailes,
larges que les ailes de l'abeille et séparées comme celles d'une mou-
ordinaire, sont d'une membrane qui ressemble à de la gaze, sans au-
tache ni variété de couleur. Il a la tête grosse; la partie supérieure
a bouche est tranchante et se termine par un poil très fort et pointu
viron un quart de pouce de longueur. La partie inférieure est aussi
ée de deux poils semblables. Ces trois poils, joints ensemble, résis-
presque autant au doigt qu'une forte soie de cochon. Ses jambes
inclinées en dedans, entièrement velues, et d'une couleur brune.

ussitôt que cette mouche paraît et qu'on entend son bourdonnement,
les bestiaux cessent de paître et courent égarés dans la plaine, jus-
ce qu'ils tombent de terreur, de fatigue et de faim. On ne peut re-
ier à ce fléau qu'en se hâtant d'abandonner la terre noire, et de con-
e les troupeaux dans les sables d'Atbara, où on les laisse pendant

Tel était le nom du roi d'Amalec, Arabe pasteur, mis à mort par Samuel.

tout le temps de la pluie. Leur cruel ennemi n'ose les poursuivi que-là.

Ce qui rend le pasteur capable de faire ses longs et pénibles vc au travers de l'Afrique, c'est le chameau, que les Arabes appellent peusement *le navire du désert.* Il semble avoir été créé exprès p service, et il est doué de toutes les qualités nécessaires pour le t auquel on l'emploie. Le chardon le plus sec, le buisson le plus dé de feuilles suffit pour le nourrir; il ne les mange même, pour ne pa dre de temps, qu'en avançant dans sa route, sans s'arrêter, sans sioner un instant de retard. Comme il a besoin de traverser des d immenses où l'on ne trouve point d'eau et où la terre n'est jamais h tée par les rosées du ciel, il a la faculté, quand il arrive à une sour pouvoir prendre une provision d'eau qui le désaltère pendant trente de suite. Pour qu'il puisse contenir cette grande quantité de liqui nature a formé au-dedans de lui, de larges citernes qu'il remplit et il tire ensuite ce qu'il veut pour le verser dans son estomac, de la manière que s'il le tirait d'une source. Par ce moyen, il marche t long du jour avec patience, avec vigueur, portant des fardeaux gieux dans ces contrées désolées par des vents empoisonnés, et couv d'un sable toujours brûlant. Mais bien qu'il soit d'une grande tai d'une force étonnante, bien que sa peau soit très épaisse et défendu un poil dur et serré, il lui est impossible d'endurer les violentes pi de la mouche *Zimb*, et, dès qu'elle paraît, il ne faut point perd temps pour le mener aux sables d'Atbara. Car s'il a été attaqué par son corps, sa tête, ses jambes se couvrent de grosses tumeurs qui corient, se putréfient, et le font périr.

L'éléphant et le rhinocéros qui, en raison de leur masse énorme, besoin chaque jour d'une grande quantité de pâture et d'eau, ne peu pas se sauver dans le désert et dans les endroits arides, quand la sa le requiert. Mais ils se roulent dans la vase ou dans la boue qui, en desséchée sur eux, forme une espèce de cuirasse et les rend capable résister à leur ennemi ailé. Cependant, j'ai trouvé quelques tuberc sur la peau de presque tous les éléphants et les rhinocéros que j'ai et je ne puis les attribuer qu'à la piqûre du zimb.

Les peuples du rivage de la mer, depuis Mélinde au cap Gardefa Saba et le long de la côte de la mer Rouge, sont obligés de quitter l demeures dès que la saison des pluies commence, et de se transpo dans les contrées sablonneuses les plus voisines, pour prévenir la des tion de leur bétail.

Ce n'est point une émigration de quelques personnes seulement.

itants de tout le pays qui s'étend du côté du nord des montagnes de yssinie aux bords du Nil et à Astaboras, sont obligés, une fois tous ans, de chercher un asile sûr dans les sables de Béja. Il n'y a point ternative. Il ne leur reste aucun moyen d'éviter ce voyage, quoique des des de voleurs soient toujours dans le chemin, prêtes à les dépouiller la moitié de leur subsistance. Ces brigands sont même aujourd'hui s dangereux que jamais comme nous l'expliquerons en parlant du aume de Sennaar.

'armi tous ceux qui ont parlé de ces contrées, le prophète Isaïe est le l qui ait fait mention du zimb et de la manière dont il agit.

Et il arrivera dans ce jour que le Seigneur fera entendre sa voix, et ppellera la mouche qui se tient sur les bords des rivières de l'Egypte. — Et ces mouches viendront, et elles se tiendront toutes dans la vallée lu désert et dans les trous des rochers, sur les herbes et sur les uissons. »

es montagnes dont j'ai déjà parlé, et qui traversent le pays des Pas-rs, divisent les saisons si exactement par une ligne tirée tout le long de r sommet, que, tandis que le côté de l'est, faisant face à la mer, est ndé de pluie pendant les six mois qui font notre hiver d'Europe, le é de l'ouest jouit d'un soleil toujours pur et d'une végétation active. suite, pendant les six mois qui font notre été d'Europe, Athara ou le é de l'ouest de ces montagnes est sans cesse couvert de nuages et ndées ; le Pasteur de l'est vers la mer Rouge fait paître ses troupeaux is de gras pâturages, dans des prairies couvertes de la plus riche ver-re, où il jouit d'un temps toujours serein, sans craindre le zimb ni un autre ennemi. De si grands avantages ont naturellement induit le steur à choisir sa résidence à Béja et à Atbara, et l'ont soumis en me temps à la nécessité de changer perpétuellement de place. Cepen-it cet inconvénient est si peu de chose, ce voyage si court, qu'en ant les pluies qui tombent à l'ouest des montagnes, un homme peut, is quatre heures de temps, jouir d'une autre saison, et trouver un eil brûlant du côté de l'est.

Lorsque Carthage fut bâtie, les charrois de cette ville commerçante fu-t confiés aux Lehabim ou Lubim, paysans de la Lybie ; ce qui aug-nta beaucoup les occupations, la puissance et le nombre des Pasteurs. ns les pays où les vaisseaux ne pouvaient aller, on suppléa à la naviga-n par des multitudes immenses de chameaux ; nous voyons que dès les miers âges, cette manière de faire le commerce était, du côté de l'Ara-, entre les mains des Ismaélites, qui de la pointe du sud de la péninsule rendaient avec des chameaux en Palestine et en Syrie. La Genèse même nous apprend qu'ils portaient de la myrrhe et des épiceries, poivre, qu'ils troquaient contre de l'argent. Ils avaient aussi du ba mais il semble que dans ce temps-là ils tiraient ce baume de Giléad.

Nous sommes fâchés, en voyant un fait si curieux, que l'Ecriture a conservé, de trouver qu'aux premiers siècles même du commer l'Inde on lui avait joint étroitement un autre commerce, que la phil pie moderne regarde comme déshonorant l'espèce humaine. Là or clairement par la Genèse que l'usage de vendre des hommes était u sellement établi. Joseph est acheté aussi promptement, et vendu er en Egypte avec autant de facilité que le serait de nos jours un bœ un chameau.

Trois nations, Javan, Tubal et Meshech sont citées pour avoir fai principal commerce des hommes, qu'elles allaient vendre à Tyr; et Jean rapporte que de son temps ce commerce était en vigueur à Baby

Les Pasteurs éthiopiens portèrent d'abord le commerce du côté de la Rouge qu'ils habitaient. Ils introduisirent les marchandises qui ven des Indes à Thèbes, et parmi les différentes nations de nègres répar dans le sud-ouest de l'Afrique, dont ils reçurent en échange de l'or leur revenait sans doute moins cher que celui d'Ophir, parce qu'ils av moins de chemin à faire pour transporter leurs marchandises.

Thèbes devint opulente et superbe, quoique, d'après la plus grand ceinte qu'on lui ait donnée, elle ne put jamais être ni très grande, n populeuse. Cette ville n'est point désignée dans l'Ècriture sainte par ancien nom. Avant le temps où vivait Moïse, elle fut détruite par Sa prince des Agazi ou des Pasteurs éthiopiens. Le nom qu'elle porte au d'hui veut dire la même chose que celui qu'elle avait déjà porté. La mière signification de son nom de *Médinet-Tabu* est, je crois, *la vill notre père*. L'histoire nous apprend que ce fut en mémoire de son pèr Sésostris la nomma. Dans l'ancien langage cette ville s'appelait *Amr No*. La seconde interprétation est que ce nom vient de *théba*, mot qu hébreu signignifie l'arche que Noé eut ordre de bâtir. « Tu te constru » une arche (*théba*) de bois poli. »

En effet, la forme des temples de Thèbes ne paraît pas très éloign l'idée qu'on a donnée de l'arche. Mais enfin la troisième conjecture, que Thèbes étant la première cité soutenue par des piliers, et bâtie de férents morceaux de pierre, elle dut son nom à la première exclama de plaisir ou d'étonnement que laissèrent échapper les architectes : *t* en voyant qu'elle se tenait debout seule et sans appui. C'est aussi, ce semble, la signification la plus conforme à la langue hébraïque et à l'ét pienne.

Les Pasteurs, la plupart du temps amis et alliés des Egyptiens ou shites, étaient quelquefois leurs ennemis. Nous n'avons pas de peine à deviner les motifs. Il y en a plusieurs très vraisemblables, pris dans mœurs opposées, et surtout dans la différence du régime diététique. s Egyptiens adoraient la vache, et les Pasteurs la tuaient et la manaient. Ces derniers étaient en même temps sabéens ou adorateurs de mée céleste, c'est-à-dire du soleil, de la lune et des étoiles. Immédianent après l'édification de Thèbes et les progrès de la sculpture, l'idolâe et le plus grossier matérialisme corrompirent les mœurs pures et la igion spéculative des sabéens. Nous ne devons pas chercher d'autre ıses des guerres qui s'allumèrent entre ces premiers peuples que la férence de religion.

Thèbes fut donc détruite par Salatis, qui renversa la première dynastie s Cushites ou des anciens rois égyptiens, commencée par Ménès. Ce t alors l'époque de ce qu'on appelle le second âge du monde ou de la nastie des Pasteurs, qui exercèrent une tyrannie si cruelle, et qui ravint les terres à ceux à qui elles appartenaient. Sésostris détruisit cette nastie; ensuite il appela Thèbes, d'après le nom de son père, Ammon-; il fit faire ces embellissements que nous avons vus dans les sépulcres Thèbes, et il fonda Diospolis sur la rive opposée du Nil.

La seconde fois que les Pasteurs conquirent l'Egypte, ils étaient comandés par Sabaco. On a imaginé que Thèbes fut renversée par ce prince, ndis qu'Ezéchias était roi de Juda. Il est dit, en effet, qu'Ezéchias fit la ix avec le roi d'Egypte So, comme l'appelle le traducteur, qui prenc ur le nom propre du roi le nom de *So*, qui désigne seulement sa quaé de pasteur.

D'après cela, il est certain que tout ce que l'Ecriture sainte dit d'Amon-No doit s'appliquer à Diospolis, située sur l'autre bord du Nil. Dioslis et Ammon-No, quoique séparées par le fleuve, étaient pourtant gardées comme une même ville, au milieu de laquelle le Nil coulait qu'il divisait en deux parties. L'histoire profane nous démontre claiment ce fait, et le prophète Nahum l'explique aussi exactement, si mot de *mer* on substitue celui de *fleuve*, comme cela doit être.

Il y eut encore une troisième invasion des Pasteurs. Alors Memphis ait déjà bâtie; et l'on dit qu'un roi d'Egypte renferma dans une ville ommée *Abaris* deux cent quarante mille de ces barbares, qu'il prit r capitulation, et qu'il bannit dans la terre de Chanaan. J'avoue qu'il e semble très peu probable que deux cent quarante mille hommes aient é enfermés dans une ville, de manière à pouvoir soutenir un siége. ais quand ce fait serait vrai, il signifierait seulement que Memphis, bâ-

tie dans la basse Égypte, près du Delta, fut en guerre avec les Past
de l'isthme de Suez ou des districts voisins, comme Thèbes l'avait
avec les Pasteurs de la Thébaïde. Cependant tout ce qu'on a écrit de
pulsion totale des Pasteurs par quelque roi d'Egypte qu'on nomme
dans quelque endroit qu'on désigne, est absolument fabuleux, puisq
ont demeuré jusqu'à ce jour dans les lieux qu'ils avaient envahi.
vérité, ils n'y sont peut-être pas en aussi grand nombre que quan
commerce des Indes suivait la route du golfe d'Arabie ; mais leur na
y est encore bien plus considérable qu'aucune autre.

Les montagnes habitées par les Agaazi s'appellent *Habab*, nom
ils ont eux-mêmes tiré le leur. Habab, dans leur langage, ainsi que d
la langue arabe, signifie un serpent ; et c'est, je pense, ce qui expli
la fable historique qu'on trouve dans le livre d'Axum, et qui dit qu
serpent conquit la province de Tigré, et y régna.

L'on demandera peut-être si on ne trouve point dans l'Abyssinie d'a
peuple que les deux nations des Cushites et des Pasteurs. N'y a-t-il
quelque autre race plus blanche, plus belle, vivant au sud des Aga
D'où est-elle venue ? Dans quel temps s'y est-elle établie ? Comment
nomme-t-on ? A cela, je répondrai qu'il y a plusieurs nations auxque
cette description convient, qui portent chacune un nom particulier,
qui toutes ensemble sont connues sous celui d'*Habesh*, en latin *conven*
ce qui signifie un certain nombre de personnes différentes qui se renc
trent accidentellement dans un endroit.

Suivant la chronique d'Axum, le plus ancien recueil des antiquités
l'Afrique, livre estimé à un point que je ne puis dire, et dont l'auto
est la plus respectable après celle de l'Ecriture sainte, entre la créat
du monde et la naissance de Jésus-Christ, il s'écoula cinq mille c
cents ans (1) ; l'Abyssinie ne fut peuplée que mille huit cent huit
avant le Christ ; et deux cents ans après l'époque de son établisseme
c'est-à-dire mille six cent huit ans avant la naissance du Sauveur, elle
submergée par un déluge, tout le pays fut ravagé et défiguré, de so
qu'on le nomma *Ouré-Midre*, c'est-à-dire *la campagne dévastée*,
comme il est dit dans l'Ecriture sainte, *la terre que le déluge a gâté*
Environ mille quatre cents ans avant Jésus-Christ, un grand nom
d'hommes qui parlaient différents langages en vinrent prendre possessi

Comme ils étaient amis des Agaazi, Pasteurs qui habitaient les hau
contrées de Tigré, ils s'établirent paisiblement, et chacun occupa la te

(1) Huit de moins que les Grecs et les autres auteurs qui se sont conformés à la version
Septante.

ì lui convint le mieux. Cet établissement est appelé, dans la chronique Axum, Angaba, c'est-à-dire l'entrée des nations qui finirent de peupler Abyssinie.

La tradition dit encore que ce peuple venait de la Palestine. Tout la me semble porter un grand caractère de vérité. Quelque temps après nnée 1500, il y eut une inondation qui fit de très grands ravages. usanias dit que cette inondation arriva en Ethiopie, pendant que crops régnait dans la Grèce; et environ mille quatre cent quatre-vingt-x ans avant Jésus-Christ, les Israélites entrèrent dans la terre promise us Caleb et sous Josué. Nous ne devons point être étonnés de l'impreson terrible que fit cette invasion sur l'esprit des habitants de la Palesne. Nous voyons, par l'histoire de la femme de mauvaise vie qui reçut s Hébreux, que les différentes nations établies dans le pays avaient été s longtemps informées par des prophéties publiquement accréditées rmi eux, qu'ils devaient être exterminés par les Israélites, qui, penant quelque temps, menacèrent leurs frontières. Aussi, quand Josué eut ssé le Jourdain, qu'il sépara miraculeusement avant que son armée it conquis le pays de Chanaan, et quand il eut fait tomber les murailles Jéricho, une terreur panique s'empara de tous les peuples de Syrie et la Palestine.

Les divers peuples de ces états nombreux, mais faibles, qui parlaient hacun un langage différent, voyant un conquérant suivi d'une immense rmée, déjà en possession d'une partie du pays, et qui, loin de suivre les ois ordinaires des vainqueurs, faisait périr les vaincus sous des scies et es herses de fer, exterminait les hommes, les femmes et les enfants, et ouvent même le bétail ; ces peuples, dis-je, ne purent se déterminer à ttendre plus longtemps l'arrivée d'un ennemi si redoutable, et ils cherhèrent leur sûreté dans une prompte fuite. Les pasteurs de l'Abyssinie t d'Atbara étaient ceux chez qui ces malheureux devaient le plus natuellement se réfugier; le commerce leur avaient depuis longtemps fait onnaître réciproquement leurs mœurs, et ils avaient droit de réclamer es lois de l'hospitalité, puisqu'ils avaient souvent traversé le pays les uns es autres.

En observant les diverses contrées où ces nations se sont placées, il emble évidemment que leurs établissements se sont faits paisiblement et le bon accord. Elles ne sont point séparées entre elles par de hautes monagnes, ni par de larges rivières; mais par de petits ruisseaux qui sont sec la plus grande partie de l'année, par des éminences ou des levées le terre, par des lignes imaginaires de démarcation tracées sur le sommet de quelques montagnes éloignées. Ces bornes n'ont jamais été ni contestés, ni changées. Mais elles sont affermies par une antiq tradition. Les peuples dont nous parlons ont chacun leur langa différent, comme nous apprenons dans l'Ecriture que les petits états la Palestine avaient chacun le leur; mais ils ne connaissent to d'autre caractère ou d'autre écriture que le geez, qui est l'écriture q le Cushite pasteur inventa et employa le premier.

Je puis ajouter, pour renforcer encore les preuves que j'ai données leur origine, que la malédiction de Chanaan semble les avoir suivis. I n'ont obtenu aucune souveraineté; mais ils ont servi les rois des Agaa ou des Pasteurs. Ils ont coupé du bois, ils ont puisé de l'eau, et ils font encore.

La première, la plus considérable de ces nations, occupa la provin d'Amhara. Elle était, à son arrivée, aussi peu connue que les autres. Ma il survint une révolution dans le pays, qui obligea le roi de se retirer Amhara; et la cour se tint plusieurs années dans cette province. C'est là cause que le géez, ou la langue des Pasteurs, cessa d'être parlée, qu'on la conserva pour l'écrire seulement comme une langue mort Les livres sacrés étant tous dans cette langue, sauvèrent le géez d'u oubli total.

La seconde de ces nations était celle des Agows, qui s'établirent Damot, l'une des provinces du sud de l'Abyssinie, située immédiateme au-dessous des sources du Nil.

La troisième est celle des Aows de Lasta, ou les Tchératz-Agows, no qui leur vient de Théra, leur principal établissement. Leur langage e différent des autres. Ils sont troglodytes, vivant dans des cavernes; ils paraissent adorer le Siris ou le Tacazzé, à peu près de la même m nière que les habitants de Damot adorent le Nil.

Je présume que les anciens noms de ces deux dernières nations se con fondirent dans leur nouvel établissement, et que celui qu'ils portent de puis n'est qu'un composé de deux mots, Ag-Oha, qui signifie les pasteur du fleuve. J'imagine aussi que l'idolâtrie, qu'ils introduisaient dans ce contrées en adorant le Nil et le Siris, est une preuve qu'ils sortent d pays de Chanaan, où l'on avait remplacé, par un matérialisme absurde, l pur sabéisme des Pasteurs, qui fut longtemps la seule religion de cett partie de l'Afrique.

La quatrième de ces nations est celle qui vit dans la partie méridional des bords du Nil, près de Damot. Elle s'est donné le nom de Gafat, mo qui veut dire opprimé, arraché, repoussé, chassé par la violence. Si nou suivons l'idée que nous présente le nom des Gafat, nous serons portés à croire que cette nation faisait partie des tribus persécutées par Roboam, 'et successeur de Salomon. Je ne donne pourtant point ceci comme fait digne de foi. L'aspect de ce peuple et la tradition du pays dénient 'il ait jamais été juif, et qu'il ait même eu quelque affinité avec la co- ie qui vint s'établir en Afrique sous les auspices de Menilek et de la ne de Saba, et qui y fonda la hiérarchie hébraïque. Les Gafat décla- nt qu'ils sont païens et qu'ils l'ont toujours été. Ils disent qu'ils parta- nt avec leurs voisins, les Agows, le culte qu'ils rendent au Nil, culte nt il m'est impossible d'expliquer l'étendue et les particularités.

Le cinquième peuple est une tribu, laquelle, si nous en croyons la res- nblance des noms, nous ferait imaginer que nous avons découvert, ns ce canton de l'Afrique, une partie de cette grande nation des Gau- s, qui s'est si prodigieusement étendue en Europe et en Asie. Une com- raison de son langage et de ce qui nous reste de celui des Gaulois, doit e certainement très curieuse. Ce peuple se nomme Galla; il est le plus nsidérable d'entre ces nations.

Dans leur langue, le nom de Galla signifie pasteur (1). Ils disent qu'an- nnement ils vivaient sur les bords du pays où tombent les pluies té, en dedans du tropique du sud; que, ainsi que les pasteurs d'Atbara, faisaient les charrois entre l'océan Atlantique et l'océan Indien, et 'ils pourvoyaient des marchandises des Indes tout l'intérieur de la ninsule.

L'histoire de ce commerce est inconnue. Il devait être moins ancien, is presque aussi étendu que celui qui se faisait en Égypte et en Arabie. st sans doute à l'époque de l'abandon des mines de Sofala, après la couverte du nouveau monde, qu'il commença à décheoir. Les Portu- is le trouvèrent encore dans un état florissant au temps de leurs pre- ères conquêtes sur cette côte, et il se fait encore de la même manière côté du cap Nègre, sur l'océan Atlantique.

C'est de là, c'est des environs du cap Nègre qu'il faudrait partir pour mmencer les découvertes dans l'intérieur de la péninsule d'Afrique, et r les deux côtés du tropique du sud. L'on trouverait probablement par- ut de la protection et des secours dans ce grand trajet, et on n'aurait soin que d'un peu d'intelligence du langage.

Quand cette multitude d'hommes n'eut plus d'occupation ni pour ses stiaux ni pour elle-même, elle abandonna son pays natal et se jeta du té du nord, où elle se trouva auprès de la ligne, enveloppée par la pluie, froid et des nuages qui ne lui laissaient presque jamais voir le soleil.

(1) Ils se nomment aussi Agaazi ou Agagi. Ils ont envahi le royaume de Congo, au sud de la ne, sur la mer Atlantique, ainsi que cette partie du royaume d'Adel et de l'Abyssinie, qu'ils cupent sur l'Océan Indien.

Impatients de cet affreux climat, ces hommes s'avancèrent encore p loin; et, vers l'an 1537, ils débordèrent dans la province de Rili quittèrent bientôt l'usage de leurs chameaux pour monter à cheva présent, ils sont tous cavaliers.

Je ne m'étendrai pas en ce moment davantage sur ce qui les rega parce que je serai obligé d'en faire souvent mention dans le cours de r voyage.

Les Falasha sont aussi un peuple de l'Abyssinie, qui a son langage ticulier, dont je donnerai également un échantillon. L'histoire des lasha paraît très curieuse; cependant, je ne peux pas plus dire d'eux des Galla, qu'ils faisaient partie des nations qui s'enfuirent de la Pa tine aux approches de Josué. Ils ont toujours été et ils sont encore Ju Ils conservent des traditions de leur origine, et des causes qui les obl rent de se séparer de leurs compatriotes.

APPENDICE

L'Egypte depuis la fin du XVIIIe siècle jusqu'à nos jours

ısi qu'on l'a vu par le récit de Bruce, à la fin du XVIIIe siècle, les pouvoirs étaient concentrés gypte entre les mains des Mameluks-Beys; la Porte n'y avait plus la moindre autorité effec- t n'en retirait aucun revenu.

ınarchie résultant de cet état de choses était surtout fatale aux Européens que le commerce ait en Egypte. Le gouvernement français s'émut des exactions exercées contre nos voyageurs s résidents, et en 1795, une enquête fut ordonnée.

s suites de cette enquête amenèrent la célèbre expédition de 1798, laquelle, après trois ans et mois d'occupation, eut pour résultats positifs, avec les admirables travaux des savants qui nt accompagné l'expédition, de jeter les germes d'une renaissance égyptienne.

voriser cette renaissance, dans l'intérêt de la sécurité et de l'équilibre du monde moderne, a toujours été, depuis cette époque, la politique de la France.

commandé au sultan par notre ambassadeur à Constantinople, un des hommes remarquables tre siècle, Méhémet-Ali, fut nommé pacha en Egypte.

lutte s'ouvrit aussitôt entre le nouveau pacha et les Mameluks. Appelés par la milice, les An- se présentèrent devant Alexandrie; mais ils ne purent débarquer grâce à l'activité déployée Téhémet-Ali, dont les talents et l'énergie ne tardèrent pas à dominer la situation.

rès avoir entièrement détruit le pouvoir des Mameluks, Méhémet-Ali s'occupa activement de ınisation intérieure du pays. Il encouragea l'agriculture et les arts, il enrégimenta des nègres s fellahs et les façonna à la discipline et à la tactique européennes; puis, avec cette armée régu- il entreprit la conquête de la Haute-Nubie, du Semaar, du Kordofan et de l'Ethiopie jus- ıx frontières de l'Abyssinie.

s victoires alarmèrent le gouvernement ottoman, et Méhémet-Ali, accusé de rébellion, dut, en protestant de sa soumission, prendre les armes contre son suzerain.

rès de brillants succès remportés par lui-même et par son fils Ibrahim-Pacha, l'intervention France amena un arrangement entre le sultan et Méhémet-Ali qui, soutenu par la France, t que l'autorité de vice-roi restât héréditaire dans sa famille.

r le même traité, il rendit à la Porte la Syrie et l'Arabie, qu'Ibrahim avait conquises, mais en ıche son autorité sur le Soudan et sur la Nubie fut reconnue. Tel est encore aujourd'hui le territoire sur lequel s'étend l'autorité du Khédive.

Egypte a été divisée par Méhémet-Ali en soixante-quatre départements, non compris les provin- u Soudan (1) et les villes du Caire, de Damiette et de Rosette, qui ont une administration à

euvre de Méhémet-Ali (2) resta stationnaire sous le règne de son petit-fils Abbas-Pacha; à l'avènement de Mahomet-Saïb, oncle et successeur d'Abbas-Pacha, elle reçut une impulsion elle (1854). Ce prince, élevé en Egypte par des professeurs français, avait puisé, dans une ıction solide et dans une éducation libérale, le goût de la civilisation européenne et des senti- s de justice et de clémence fort rares jusqu'alors chez les souverains orientaux. Il organisa ée, la justice et les services administratifs sur de nouvelles bases. De grands travaux d'uti- ublique furent, les uns entrepris par ses ordres, les autres protégés et patronnés par lui. ainsi qu'il fit reprendre et continuer le barrage du Nil commencé par Méhémet-Ali, qu'il fit ruire le chemin de fer du Delta au Caire et du Caire à la Mer Rouge, celui de Tantah à Sama- et l'embranchement de Beuha à Zagazig. L'Egypte lui doit en outre le balisage et l'éclairage rt d'Alexandrie, le curage du canal Mamoudièh avec route latérale, l'établissement du télégra- lectrique sous-marin qui relie l'Egypte à l'Europe, la création de la compagnie maritime de djidièh. Son nom se rattache enfin à une des entreprises les plus colossales de notre siècle. ut-être de tous les temps : le percement de l'isthme de Suez, que son successeur Ismaïl-Pa- eu l'honneur de voir achever, entreprise grâce à laquelle l'Egypte est en voie de recouvrer ıntique importance géographique et commerciale.

l'on rapproche ce tableau sommaire que nous venons de tracer de l'état actuel de ce pays, description qu'en a donnée Bruce, description très fidèle à l'époque où vivait le célèbre voya- on reconnaîtra sans peine que, contrairement à ce qui a eu lieu dans le reste de l'Orient, une ution complète s'est accomplie en Egypte en moins d'un siècle. Il importe de ne pas oublier 'est à l'influence de la France que ce progrès si remarquable est dû.

On appelle Soudan les quatre provinces que l'Egypte possède en Nubie et qui sont le Dongolah, le Berber, le r et le Kerdofan. Les trois premières ont été conquises en 1820, la quatrième quelques années plus tard !

Méhémet-Ali est mort en 1844. Il était né en 1769.

TABLE DES MATIÈRES

Limoges. — Imp. MARC BARBOU ET Cie, rue Puy-Vieille-Monnaie.

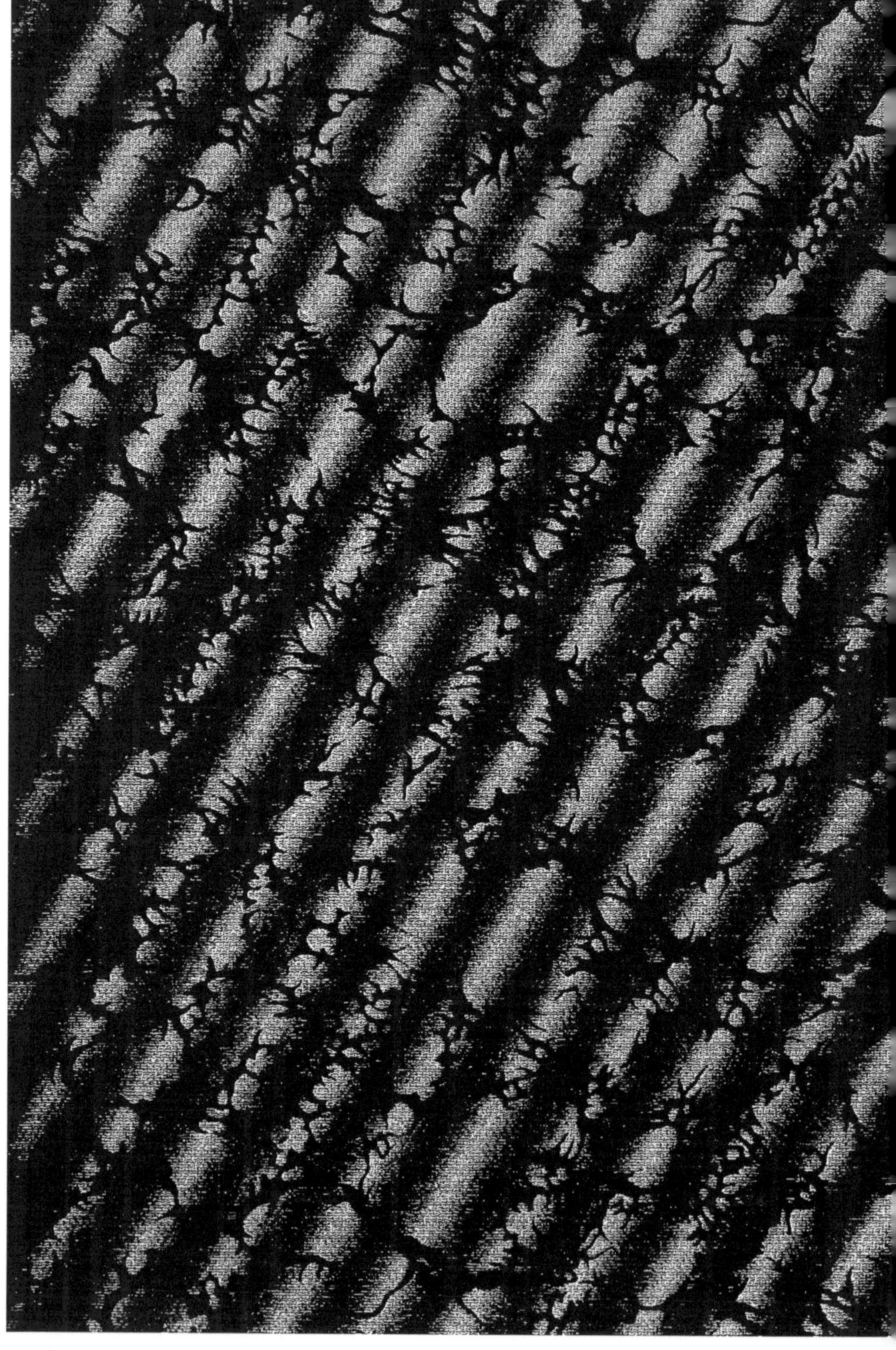

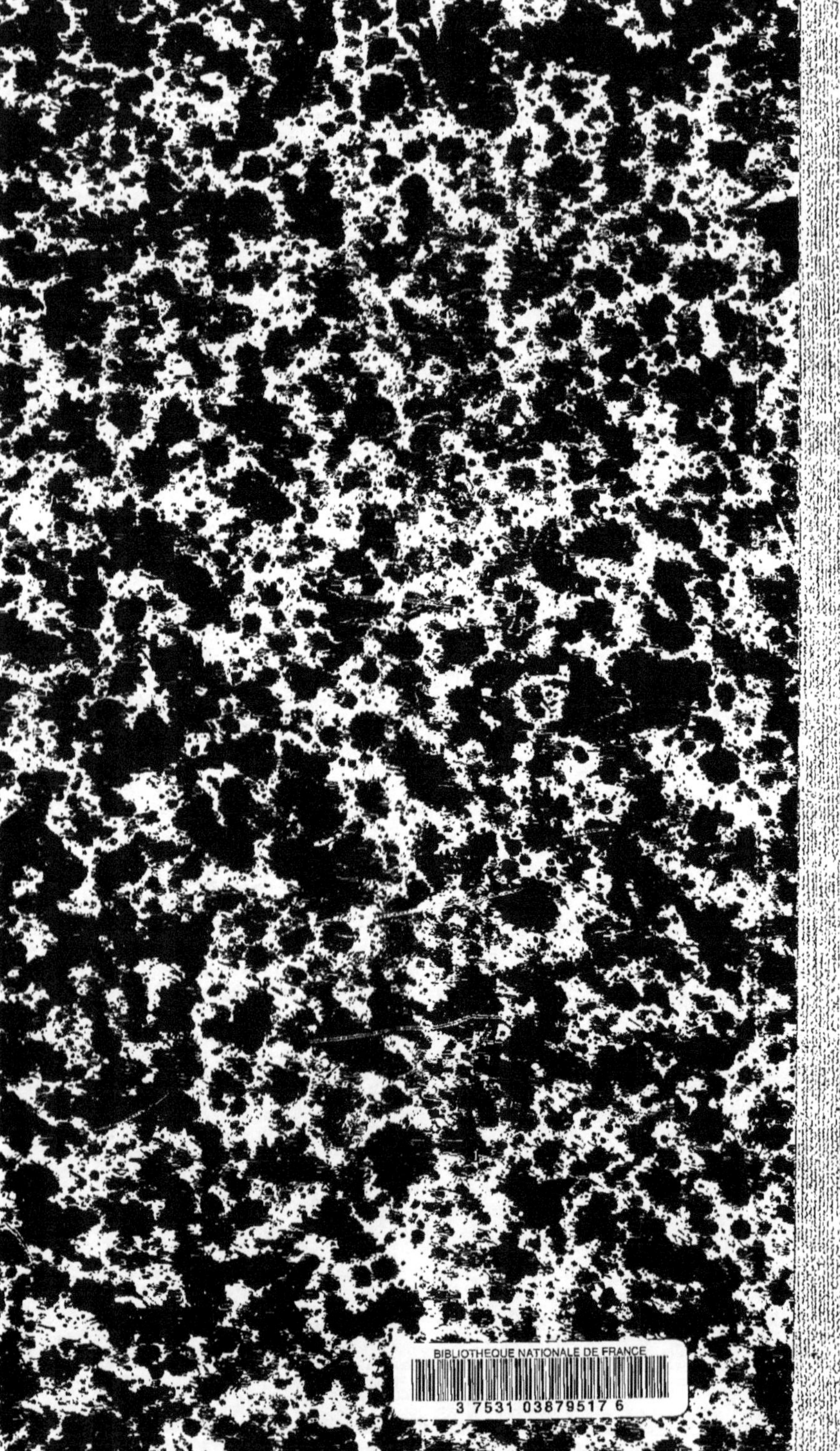

www.ingramcontent.com/pod-product-compliance
Ingram Content Group UK Ltd.
Pitfield, Milton Keynes, MK11 3LW, UK
UKHW021851190726
13855UKWH00001B/258

9 782012 97401